无线单片机技术丛书

ZigBee2007/PRO 协议栈实验与实践

李文仲　段朝玉　等编著

北京航空航天大学出版社

内容简介

介绍掌握 ZigBee 技术的关键——ZigBee 协议栈。从 ZigBee1.0 到 ZigBee1.1，再到目前的 ZigBee PRO，协议栈的结构、功能调用、参数设置、软件代码等都有了重大的变化，掌握的难度也在不断增加。如何在这复杂的协议栈技术手册和浩瀚的代码中抓住其中的精髓？如何驾驭协议栈和实现自己的应用设计？只有靠具体动手实践，靠大量的实验去体验和观察。同时介绍了本书涉及的 ZigBee 芯片 CC2520 及相关低功耗微控制器 MSP430。

本书没有太多的理论描述，主要从实践入手，让读者更多地体会 ZigBee 协议如何用程序实现，如何利用 ZigBee 协议达到需要的目的，如何在 ZigBee 协议栈之上建立自己的应用，从而更快速地完成项目。

本书可作为从事单片机、无线应用、自动化控制、无线传感等技术的工程技术人员的学习、参考用书，也可作为高等院校的计算机、电子、自动化专业无线通信课程的教材。

图书在版编目(CIP)数据

ZigBee2007/PRO 协议栈实验与实践/李文仲，段朝玉等编著. 北京:北京航空航天大学出版社，2009.3

ISBN 978-7-81124-493-9

Ⅰ. Z…　Ⅱ. ①李…②段…　Ⅲ. 无线电通信—通信网　Ⅳ. TN92

中国版本图书馆 CIP 数据核字(2009)第 021433 号

ZigBee2007/PRO 协议栈实验与实践

李文仲　段朝玉　等编著

责任编辑　孔祥燮　范仲祥　范竟华

*

北京航空航天大学出版社出版发行

北京市海淀区学院路 37 号(100083)　发行部电话:010—82317024　传真:010—82328026

http://www.buaapress.com.cn　E-mail:bhpress@263.net

涿州市新华印刷有限公司印装　各地书店经销

*

开本:787×960　1/16　印张:20.5　字数:459 千字

2009 年 3 月第 1 版　2009 年 3 月第 1 次印刷　印数:5 000 册

ISBN 978-7-81124-493-9　定价:35.00 元

序　言

当今世界通信技术迅猛发展。ZigBee 作为一种新兴的短距离无线通信技术，正有力地推动着低速率无线个人区域网络 LR－WPAN(Low－Rate Wireless Personal Area Network)的发展。ZigBee 是基于 IEEE 802.15.4 标准的应用于无线监测与控制应用的全球性无线通信标准，强调简单易用、近距离、低速率、低功耗(长电池寿命)且极廉价的市场定位，可以广泛应用于工业控制、家庭自动化、医疗护理、智能农业、消费类电子和远程控制等领域，拥有广阔的应用前景。

ZigBee 技术核心是运行于微控制器内部的一套软件，也称之为软件 ZigBee 协议栈，负责该协议规范制定的是 ZigBee 联盟。ZigBee 联盟于 2004 年 12 月通过了 ZigBee1.0(也称 ZigBee2004)标准，之后于 2005 年 9 月公布并提供下载。

2006 年 12 月，ZigBee 联盟又推出 ZigBee1.1(也称 ZigBee2006)版。ZigBee1.1 较原有 ZigBee1.0 作了比较大的改进，例如新增 ZCL(ZigBee Cluster Library)、集团装置(Group Device)、多播(Multicast)功效及更丰富的网络拓扑，并且可以直接通过无线方式(Over The Air，OTA)进行组态配置和软件更新，此外还移除了 KVP(Key Value Pair)的信息格式。

2007 年 10 月，ZigBee 联盟推出 ZigBee2007，制订出 ZigBee Pro Feature Set(简称 ZigBee PRO)的新标准，对 ZigBee 协议栈进行了重大升级，加强了对家庭自动化(Home Automation，HA)、建筑/商业大楼自动化(Building Automation，BA)和高级抄表结构(Advanced Meter Infrastructure，AMI) 3 种应用类型的支持；同时在自动跳频以及支持更大的网络、更高级的路由算法等方面的改进和提高，将 ZigBee 协议栈的可用性和可靠性提高到一个全新的阶段。

成都无线龙通讯科技有限公司(以下简称无线龙)自 ZigBee 协议公开以来，一直专注于 ZigBee 技术的研究开发，在 ZigBee 开发系统和相关教材书籍方面，努力跟踪该技术的发展。ZigBee1.0 的协议配套教材为《ZigBee 无线网络技术入门与实战》，配套开发系统为 C51RF－JKS；ZigBee1.1 的协议配套教材为《ZigBee2006 无线网络与无线定位实战》，配套开发系统为 C51RF－3－PK。本教材就是专门为 ZigBee PRO 协议而作，配套系统为 C51RF－CC2520－PK。

掌握 ZigBee 技术的关键是掌握 ZigBee 协议栈，从 ZigBee1.0 到 ZigBee1.1，再到目前的 ZigBee PRO，协议栈的结构、功能调用、参数设置、软件代码等都有了重大的变化，掌握的难度也在不断增加。如何在这复杂的协议栈技术手册和浩瀚的代码中抓住其中的精髓？如何驾驭协议栈和实现自己的应用设计？只有靠具体动手实践，靠大量的实验，去体验和观察。因此本书没有太多的理论描述。如果读者需要了解相关 ZigBee 理论，可查阅北京航空航天大学出版社出版的《ZigBee 无线网络技术入门与实战》和《ZigBee2006 无线网络与无线定位实战》两本书。如果读者具有一些 ZigBee 的理论基础知识，那么此书必定会让读者尽快地去验证并应用

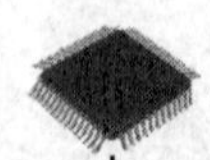

这些理论。如果读者还对 ZigBee 技术一无所知，那么此书前面的小部分理论性章节会让读者对 ZigBee 技术不再陌生。如果读者已经有 ZigBee 的开发经验，那么通过本书将使读者更进一步地领会最新 ZigBee PRO 协议应用。

此书也非常适合高校 ZigBee 技术的教学，因为大量的实例让学生学习不再空洞，让学生把高深的理论知识通过本书的实验直观地演示 ZigBee 组网、ZigBee 数据传输、ZigBee 网络拓扑等功能，使学生学习起来更加得心应手。

本书第 1、2 章主要介绍 ZigBee 必要的理论知识。其中：第 1 章主要介绍了从 ZigBee 的起源到 ZigBee PRO 技术的发展历程，ZigBee 技术的基本概念和基础知识，以及 ZigBee 技术的应用和将来的发展概述；第 2 章主要介绍目前市面上普遍采用的 ZigBee 芯片，重点介绍本书涉及的 ZigBee 芯片 CC2520 及相关处理器 MSP430。

第 3 章主要对无线龙推出的经典 ZigBee 专业开发系统 PK 进行全面讲解，为后续的实践打下硬件基础。为了承接 ZigBee2006 协议开发系统，介绍了 C51RF－3－PK 系统，并对 ZigBee2007/PRO 协议推出的 C51RF－CC2520－PK 进行了更为详细的介绍。

第 4、5 章针对 ZigBee2006 协议栈两个非常具有代表性的例程进行分析。其中：第 4 章介绍了 ZigBee 网络的建立、加入、退出，以及数据传输等 ZigBee 网络的基本功能；第 5 章介绍了 ZigBee 协议中非常具有实用性的“绑定”功能。通过这两章的介绍，读者应该能在 ZigBee2006 协议栈基础上建立自己的应用，并完成基于 ZigBee2006 协议栈的项目。

第 6～8 章主要对 ZigBee2007/PRO 协议栈进行剖析。其中：第 6 章是 ZigBee2007 基础实验，主要是让读者感觉 ZigBee2007 与 ZigBee2006 的区别；第 7 章是 ZigBee PRO 基础实验，让读者第一次认识这个 ZigBee 联盟推出的新概念，并通过程序去亲身体会它的存在和优势；第 8 章是 ZigBee PRO 进阶实验，通过 ZigBee 联盟规定的家庭自动化模式实现家庭智能化演示。

第 9 章介绍无线龙在前面所有实验基础上开发的一套无线传感器网络应用。从硬件的设计，到软件的实现，最后通过上位机 PC 软件监控界面来全面监控整个基于最新 ZigBee PRO 协议的传感器网络。本章对之前所学进行了全面总结，也为学习 ZigBee 协议画上了一个圆满的句号。

无线龙的工程师们为本书的实验开发了全部代码，而且这些实验均在无线龙系列开发系统上进行了实际验证。第 4、5 章实验是在C51RF－3－PK系统上验证通过的；第 6～8 章实验是在 C51RF－CC2520－PK 系统上验证通过的；而第 9 章的无线网络传感器方案是在 C51RF－CC2520－WSN 系统上验证通过的。

希望每位读者在学习完本书后都能自己动手开发 ZigBee 相关项目，也希望本书能为读者带去一份精彩的技术人生。我们的初衷是真诚地为读者服务！

最后，要特别感谢北京航空航天大学出版社的全力支持，如果没有他们的努力和辛勤劳动，这本书是不会这么快出版的。

作　者
2008 年 10 月
于锦江河畔

目　录

第 1 章　ZigBee 技术概述

第 2 章　低功耗微控制器 MSP430 与 ZigBee 芯片 CC2520

第 3 章　ZigBee 无线网络多功能开发系统

第5章 ZigBee 无线网络开发进阶

第 6 章　ZigBee2007/PRO 入门

第 7 章　ZigBee2007/PRO 进阶

第 *1* 章 ZigBee 技术概述

ZigBee 是一种新兴的短距离、低速率无线网络技术。它是一种介于无线标记技术与蓝牙之间的技术提案，此前被称作 HomeRF Lite 或 FireFly 无线技术，主要用于近距离无线连接。它有自己的无线电标准，是通过数千个微小的传感器之间相互协调来实现通信的。这些传感器只需要很少的能量，以接力的方式通过无线电波将数据从一个传感器传到另一个传感器，所以通信效率非常高。而这些数据就可以进入计算机用于分析，或者被另外一种无线技术如 WiMax 收集。

1.1 ZigBee 技术的演变与进展

ZigBee 的基础是 IEEE 802.15.4。它是 IEEE 无线个人区域网(Personal Area Network，PAN)工作组的一项标准，被称作 IEEE 802.15.4(ZigBee)技术标准。

ZigBee 不只是 802.15.4 的名字。因为 IEEF 仅规范了低级媒体控制层(MAC)层和物理层协议，所以 ZigBee 联盟对其网络层协议和 API 进行了标准化。IEEE 802.15.4 完全协议用于一次可直接连接到一个设备的基本节点的 4 KB，或者作为 Hub 或路由器的协调器的 32 KB。每个协调器可连接多达 255 个节点，几个协调器则可形成一个网络，而对路由传输的数目则没有限制。ZigBee 联盟还开发了安全层，以保证这种便携设备不会意外泄漏其标识，而且这种利用网络的远距离传输不会被其他节点获得。

ZigBee 联盟成立于 2001 年 8 月。2002 年下半年，英国 Invensys 公司、日本 Mitsubishi 公司、美国 Motorola 公司及荷兰 Philips 半导体公司四大巨头共同宣布，它们将加盟“ZigBee 联盟”，以研发名为“ZigBee”的下一代无线通信标准。这一事件成为该项技术发展过程中的里程碑。

到目前为止，除了 Invensys、Ember、Mitsubishi、Motorola、TI(德州仪器)、Freescale(飞思卡尔)和 Philips 等国际知名的大公司外，该联盟已有 200 多家成员企业，并在迅速发展壮大。

其中涵盖了半导体生产商、IP服务提供商、消费类电子厂商及OEM商等，例如Honeywell、Eaton和Invensys Metering Systems等工业控制和家用自动化公司，甚至还有像Mattel之类的玩具公司。所有这些公司都参加了负责开发ZigBee物理和媒体控制层技术标准的IEEE 802.15.4工作组。

有关ZigBee的详细介绍，可查阅北京航空航天大学出版社出版的《ZigBee2006无线网络与无线定位实战》。

1.1.1 ZigBee技术的由来

在蓝牙技术的使用过程中，人们发现蓝牙技术尽管有许多优点，但仍存在着许多缺陷。对工业、家庭自动化控制和遥测遥控领域而言，蓝牙技术显得太复杂，且功耗大、距离近、组网规模太小等，因此这些领域对无线通信的需求越来越强烈。正因为如此，经过人们的长期努力，ZigBee协议于2004年正式制定。

ZigBee是一个由可多达65 000个无线数传模块组成的无线数传网络平台，十分类似现有移动通信的CDMA网或GSM网。其中每一个ZigBee网络数传模块类似移动网络的一个基站，在整个网络范围内，它们之间可以进行相互通信；每个网络节点间的距离可以从标准的75 m，到扩展后的几百米，甚至几公里。另外，整个ZigBee网络还可以与现有的其他各种网络链接。例如，可以通过互联网在北京监控云南某地的一个ZigBee控制网络。

不同的是，ZigBee网络主要为自动化控制数据传输而建立，而移动通信网主要为语音通信而建立。每个移动基站价值一般都在百万元人民币以上，而每个ZigBee"基站"却不到1 000元人民币。每个ZigBee网络节点不仅本身可以与监控对象连接，例如与传感器连接直接进行数据采集和监控，还可以自动中转别的网络节点传过来的数据资料。除此之外，每一个ZigBee网络节点(FFD)还可在自己信号覆盖的范围内，与多个不承担网络信息中转任务的孤立子节点(RFD)无线连接。

每个ZigBee网络节点(FFD和RFD)可支持多达31个的传感器和受控设备，并且每一个传感器和受控设备还可以有8种不同的接口方式。另外，ZigBee可以采集和传输数字量和模拟量。

1.1.2 ZigBee技术的发展历程

ZigBee是以IEEE 802.15.4标准为基础发展起来的无线通信技术。2000年12月，工作小组成立，负责起草IEEE 802.15.4标准。2002年10月，ZigBee联盟当时的成员有Philips Semiconductor、Honeywell、Mitsubishi、Invensys和Motorola等。其中Philips Semiconductor于2004年4月退出，改由Philips Lighting(飞利浦照明)接替其在ZigBee Alliance中的原

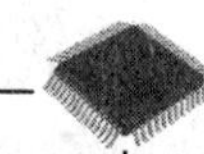

有会员位置。

2004年12月,ZigBee1.0标准(又称为ZigBee2004)出台,之后于2005年9月公布并提供下载。2006年12月,又对ZigBee1.0进行了修订,推出了ZigBee1.1版(又称为ZigBee2006)。ZigBee1.1对原有ZigBee1.0作了若干修改,例如新增ZCL(ZigBee Cluster Library)、群化式装置(Group Device)、多播(Multicast)功效,以及直接通过无线方式(Over The Air,OTA)进行组态配置。此外,还移除了KVP(Key Value Pair)的信息格式。

然而ZigBee1.1依然无法达到最初的理想,此标准又于2007年10月完成再次修订(称为ZigBee2007/PRO,或者ZigBee PRO或ZigBee2007),推出了ZigBee Pro Feature Set(简称ZigBee PRO)的新标准。此新标准ZigBee联盟更专注3种应用类型的拓展,包括家庭自动化(Home Automation,HA)、建筑/商业大楼自动化(Building Automation,BA)和先进抄表基础建设(Advanced Meter Infrastructure,AMI)。

ZigBee PRO与之前的ZigBee1.1有诸多的不同,且推翻了许多在ZigBee1.0、1.1版本中的设计,例如移除了Cskip的地址排定(Address Assignment)法。这就表示ZigBee PRO不支持1.1版本中的树状路由(Tree Routing)法。然而却同时增加了新的机制,例如或然性的地址安排(Stochastic Address Assignment)、多对一性的路由(Many to One Routing)和来源节点性的路由(Source Routing)。

另外,还增加了快速频率切换(Frequency Agility)、封包拆解(Fragmentation)与重组(Reassembly)及群组性寻址(Group Addressing)等功能,并且将安全性机制区分成标准安全与高度安全两种模式。

由于许多标准有直接以制定年份为名的习惯,因此ZigBee1.0有时也称为ZigBee2004。ZigBee1.1有时也称为ZigBee2006。ZigBee PRO有时也称为ZigBee2007。又如IEEE 802.16d于2004年完成,有时也称为IEEE 802.16 2004。另外,从修订角度而言,ZigBee1.0为Rev 7,1.1版本为Rev 13,PRO版本则为Rev 16。

自从2003年12月CHIPCON公司推出业界第一款ZigBee收发器CC2420以来,各大半导体厂家可谓百家争鸣,先后推出了许多款ZigBee收发芯片,其中仍然以CHIPCON公司最受关注。先后有多家公司推出与ZigBee收发芯片匹配的专业处理器,除了CHIPCON公司外,就以微芯公司的PIC18F4620和ATMEL公司的A222222最为成功。2004年12月,CHIPCON公司推出了全球第一个IEEE 802.15.4/ZigBee片上系统(SoC)解决方案——CC2430无线单片机。该款芯片内部集成了一颗增强型的8051内核以及业内性能卓越的ZigBee收发器CC2420。2005年12月,CHIPCON公司再接再厉,推出了内嵌定位引擎的ZigBee/IEEE 802.15.4解决方案CC2431。

2006年2月,TI公司收购了CHIPCON公司,以巩固其在RF行业的龙头地位。之后,TI公司在发布的ZigBee收发器以及无线单片机上进行不断修订,也陆续开发出了许多具有针对性的开发系统,并于2006年10月把其自身的MSP430处理器用于对ZigBee收发器的控制,而且在2007年5月又推出了整套CC2420＋MSP430 ZigBee/IEEE 802.15.4 Development Kit开发包。另外，TI公司于2008年2月，推出了第二代ZigBee/IEEE 802.15.4收发芯片CC2520；2008年4月，推出了ZigBee协处理器CC2480；2008年6月，推出了2.4 GHz放大芯片CC2591。

在国内，嵌入式无线开发工具供应商成都无线龙通讯科技有限公司（以下称无线龙）从2005年就开始进行ZigBee无线网络技术研发，并相继跟随芯片发展步伐推出相关ZigBee开发工具。例如ZigBee2004开发系统C51RF-3-JKS，配套北京航空航天大学出版社出版的《ZigBee无线网络技术入门与实战》；ZigBee2006开发系统C51RF-3-PK，配套北京航空航天大学出版社出版的《ZigBee2006无线网络与无线定位实战》；ZigBee2007开发系统C51RF-CC2520-PK，配套北京航空航天大学出版社出版的《ZigBee2007/ PRO协议栈实验与实践》；ZigBee协处理器CC2480开发工具ARMRF2-STR911。

不仅是硬件，软件方面TI公司也跟进得相当快，而且是唯一一家免费公开协议栈的公司。

2007年1月，TI公司宣布推出ZigBee协议栈（Z-Stack），并于2007年4月提供免费下载版本V1.4.1。Z-Stack达到ZigBee测试机构德国莱茵集团（TUV Rheinland）评定的ZigBee联盟参考平台（golden unit）水平，目前已为全球众多ZigBee开发商所广泛采用。Z-Stack符合ZigBee2006规范，支持多种平台，其中包括面向IEEE 802.15.4/ZigBee的CC2430片上系统解决方案、基于CC2420收发器的新平台以及TI公司的MSP430超低功耗微控制器（MCU）。

除了全面符合ZigBee2006规范以外，Z-Stack还支持丰富的新特性，如无线下载，可通过ZigBee网状网络（Mesh Network）无线下载节点更新。Z-Stack还支持具备定位感知（Location Awareness）特性的CC2431。上述特性使用户能够设计出可根据节点当前位置改变行为的新型ZigBee应用。

Z-Stack与低功耗RF开发商网络，是TI公司为工程师提供的广泛性基础支持的一部分，其他支持还包括培训和研讨会、设计工具与实用程序、技术文档、评估板、在线知识库、产品信息热线以及全面周到的样片供应服务。

2007年7月，Z-Stack升级为V1.4.2，之后对其进行了多次更新，并于2008年1月升级为V1.4.3。2008年4月，针对MSP430F4618＋CC2420组合把Z-Stack升级为V2.0.0；2008年8月，升级为Z-Stack V2.0.0，支持CC2520＋MSP430；2008年7月，Z-Stack升级为V2.1.0，支持ZigBee PRO and Smart Energy。

Z-Stack 2.1.0软件全面支持ZigBee与ZigBee PRO特性集并符合最新智能能源规范，非常适用于高级电表架构（AMI）。Z-Stack 2.1.0软件可与无线龙的C51RF-CC2520-PK平台协同工作。该平台包括MSP430超低功耗微控制器、CC2520 RF收发器以及CC2591距离扩展器，通信距离可达数公里。该软件提供了其所支持的应用范例库，其中包括智能能源、

家庭自动化以及无线下载(OAD)等功能。

目前,TI公司一共推出了3种ZigBee方案:方案1为单芯片(SOC)CC2430/ CC2431;方案2为协处理器(CC2480)方案,提供AT命令接口;方案3为微控制器加射频收发器(CC2520/CC2420)。

方案1和3功耗理想,其中方案1是单芯片方案,集成度高;方案3是采用TI MSP430加上外置的射频收发器。方案2的ZigBee协处理器可以与任何微控制器接口,下一步还将与DSP对接,因此方案2更加灵活,易于尽快上市。

对于方案1,无线龙提供的开发平台是C51RF-3-PK;对于方案2,提供的开发平台是RF2-STR911;对于方案3,提供的开发平台是C51RF-CC2520-PK。相关开发平台介绍,详见第3章。

1.2 ZigBee技术特点

ZigBee技术特点包括以下几方面。

- 可靠:采用了碰撞避免机制,同时为需要固定带宽的通信业务预留了专用时隙,避免了发送数据时的竞争和冲突;节点模块之间具有自动动态组网的功能,信息在整个ZigBee网络中通过自动路由的方式进行传输,从而保证了信息传输的可靠性。
- 时延短:针对时延敏感的应用做了优化,通信时延和从休眠状态激活的时延都非常短。通常时延都在15~30 ms之间。
- 网络容量大:可支持高达65 000个节点。
- 安全:ZigBee提供了数据完整性检查和鉴权功能,加密算法采用通用的AES-128。
- 高保密性:采用64位出厂编号,并支持AES-128加密。
- 数据传输速率低:只有10~250 KB/s,专注于低传输应用。
- 功耗低:在低功耗待机模式下,两节普通5号干电池可使用6个月到2年,免去了充电或者频繁更换电池的麻烦。这也是ZigBee的支持者一直引以为自豪的独特优势。
- 成本低:因为ZigBee数据传输速率低,协议简单,且ZigBee协议免收专利费,所以大大降低了成本。
- 优良的网络拓扑能力:ZigBee设备具有无线网络自愈能力,ZigBee具有星、树和网状网络结构的能力,因此通过ZigBee无线网络拓扑能简单地覆盖广阔范围。
- 有效范围大:有效覆盖范围为10~75 m(通过功放可在低功耗条件实现1 000 m以上的通信距离),具体依据实际发射功率的大小和各种不同的应用模式而定,基本上能够覆盖普通家庭或办公室环境。
- 工作频段灵活:使用的频段分别为2.4 GHz(全球)、868 MHz(欧洲)及915 MHz(美

国),均为免执照频段。

ZigBee技术和RFID技术在2004年就被列为当今世界发展最快,市场前景最广阔的10大最新技术中的两个。关于这方面的报道,只需在百度或GOOGLE搜索栏中键入"ZigBee",就会看到大量的有关报道。总之,今后若干年,都将是ZigBee技术飞速发展的时期。

尽管,国内不少人已经开始关注ZigBee这门新技术,而且也有不少单位开始涉足ZigBee技术的开发工作,然而,由于ZigBee本身是一种新的系统集成技术,应用软件的开发必须与网络传输、射频技术和底层软硬件控制技术结合在一起,因而深入理解这个来自国外的新技术,再组织一个在这几个方面都有丰富经验的配套队伍,本身就不是一件容易的事情。因此到目前为止,国内除了成都无线龙等几家公司外,有关ZigBee开发的公司还是很少。但可喜的是,随着无线龙ZigBee各个系列的实用开发系统推向市场(可通过http://www.c51rf.com查看最新的消息),目前各大高校以及公司相继加入了ZigBee的开发行列中。

1.3 ZigBee2007/PRO特性

ZigBee2007规范定义了ZigBee和ZigBee PRO的两个特性集。全新ZigBee2007规范构建于ZigBee2006之上,不但提供了增强型功能,而且在某些网络条件下还具有向后兼容性。

1.3.1 ZigBee与ZigBee PRO比较

ZigBee特性集提供了树寻址、AODV网状路由、单播、广播和群组通信,以及安全等特性。相比之下,ZigBee PRO用随机寻址取代了树寻址;其虽然包括了ZigBee2006和ZigBee2007规范中所使用的相同的AODV路由,但却提供了多对一源路由备选方案。ZigBee PRO还增加了有限的广播寻址功能,并增加了对"高级"安全性的支持功能。ZigBee和ZigBee PRO特性集均对可选频率捷变和拆分提供了更多的支持。

ZigBee的树寻址按照等级分配地址。ZigBee PRO采用的随机寻址法随机地为设备分配地址,并通过不断监控和达到"管理"流量将冲突挑选出来。ZigBee不仅受益于可靠、独特的寻址方法,而且不存在经常性的监控通信与处理地址冲突的开销。但ZigBee PRO却得益于调整功能,如当通信限制会导致一个由多个(5个以上)跳频(Hop)组成的网络时,或当一个网络由多个移动终端设备组成时,该优势是以不断增加的启动延迟为代价的。这是因为ZigBee PRO必须允许一定的时间用来解决地址冲突问题,而对于树寻址而言则并非必须。

ZigBee和ZigBee PRO路由均使用Ad Hoc方式的按需距离矢量(AODV)路由协议,但是只有ZigBee PRO可支持多对一源路由选项。在牺牲一个较大协议栈的前提下,多对一源路由实现了快速路由建立,此时多个设备(如传感器)均向一个接收器(Sink)报告(如网关设

备)。对于自主双向和点对点通信(如灯控开关和灯),多对一特性就变得不那么高效了,并且在一些情况下会变得不合时宜。

ZigBee和ZigBee PRO均支持集群寻址,但是ZigBee PRO增加了对有限广播集群寻址的支持,可在所有集群成员相对紧密邻近时防止整个网络出现不必要的溢流(Flooding)。该特性在降低大型网络的宽通信开销方面极为有用,但随之而来的是占用更多宝贵的节点空间。

虽然存在一些细微的差异,但ZigBee与ZigBee PRO之间最主要的特性差异就是对高级别安全性的支持。高级别安全性提供了一个在点对点连接之间建立链路密匙钥机制,并且当网络设备在应用层无法得到信任时增加了更多的安全性。像许多ZigBee PRO特性那样,高级安全特性对于某些应用而言非常有用,但在有效利用宝贵节点空间方面却付出了很大代价。

尽管ZigBee和ZigBee PRO在大部分特性上相同,但只有在有限条件下二者的设备才能在同一网络上同时使用。如果所建立的网络(由协调器建立)为一个ZigBee网络,那么ZigBee PRO设备将只能以有限的终端设备的角色连接和参与到该网络中。即该设备将通过一个父级设备(路由器或协调器)与该网络保持通信,且不参与到路由或允许更多的设备连接到该网络中。同样,如果网络最初建立为一个ZigBee PRO网络,那么ZigBee设备也只能以有限的终端设备的角色参与到该网络中来。

事实上,许多采用了ZigBee的产品都将是专用方案或应用规范,任何特定网络往往都只允许使用特定厂家的设备,在医疗行业尤为如此。这是因为目前该领域还没有定义和批准公共方案。但是,对于那些不同厂商的众多设备都必须作为一个单一协同运行网络来完成指定服务或功能的市场,则需要对公共方案进行规范,以保证所有网络中的设备都“讲”同一种语言,并具有互操作性。本文中的互操作性是指某公司A的一款产品(灯控开关)可与另一家公司B的产品(灯镇流器)进行通信,而无须这两家公司在此之前制定通信协议来确保设备的协同工作。

ZigBee初期主要面向家庭和商业楼宇自动化市场,随着更多公司和专业人员投身于ZigBee并进一步了解了其功能和差异,ZigBee开始进入更广阔的市场。除了关注于老年护理及生活辅助、医疗、电信、资产追踪、娱乐和更多其他用途的产品外,ZigBee还进入了先进抄表基础设施(AMI)领域。

除批准ZigBee2007规范(ZigBee和ZigBee PRO特征集)外,ZigBee联盟将注意力集中于最终确定和正式测试几种应用方案,并对网络中支持的设备类型及这些设备之间通信的语言进行了定义。家庭自动化(HA)就是首个获批准的公共方案,其已经成熟并在相当长的一段时间内得到了使用。以AMI为目标的智能能源(SE)技术目前已被批准,并且在2008年5月完成最终测试和参考平台(Golden Unit)认证。商业楼宇自动化(CBA)不久就会进行测试。同时,由于更多的公司均在该联盟规范内开发产品和进行技术研究,接下来会出现更多的公共方案。例如医疗,特别是个人健康和医院护理(PHHC)领域,由于它有望在ZigBee上实施IEEE 11073标准,因此在不久的将来会受到更多关注。

1.3.2 不同ZigBee版本的兼容分析

对于ZigBee规范的演进，从ZigBee1.0、ZigBee1.1到目前的ZigBee2007/PRO，并非原本的规范设计有严重的瑕疵，迫使ZigBee联盟改良规范；相反的，正是ZigBee应用越来越广泛，使原本的设计必须在不同的应用领域中进行调整。例如ZigBee联盟目前积极推广的市场，如家庭自动化（Home Automation）、商业大楼自动化（Building Automation）和自动读表系统（Automatic Meter Reading）。这3种应用的差异极大，使得新版的ZigBee PRO必须进行功能上的调整，如在ZigBee PRO中移除CSKIP位置配置（Address Assignment）、树状路由（Tree Routing）等2006版的功能。新增的功能则包括随机位址分配（Stochastic Address Assignment）、多对一/源节点路由（Many to One Routing/Source Routing）、组播（Multicast）、频率捷变（Frequency Agility）、分割/重组（Fragmentation/Re - assembly）及标准和高安全模式（Standard and High Security Modes）等。也正是因为这些功能的调整，使厂商对于版本间的相容性问题产生疑虑。因此，以下将针对几个主要功能上的改变，利用封包格式进行说明，并分析相容性问题。

对于ZigBee而言，网络层负责网络机制的建立与管理，并具有自我组态（Self Configure）与自我修复（Self Healing）能力。在网络层中，ZigBee定义了3个角色，如图1.1所示。第一个是网络协调器节点（Coordinator），负责网络的建立（WPAN Formation）及网络位置的分配；第二个是网络路由器节点（Router），主要负责找寻、建立及修复资料封包路由路径（Routing Path），并负责转送资料封包，同时也可配置网络位置给子节点（Child）；最后一个是网络终端节点（End Device），只能选择加入别人已经形成的网络，可传送资料，但不能帮忙转送封包。

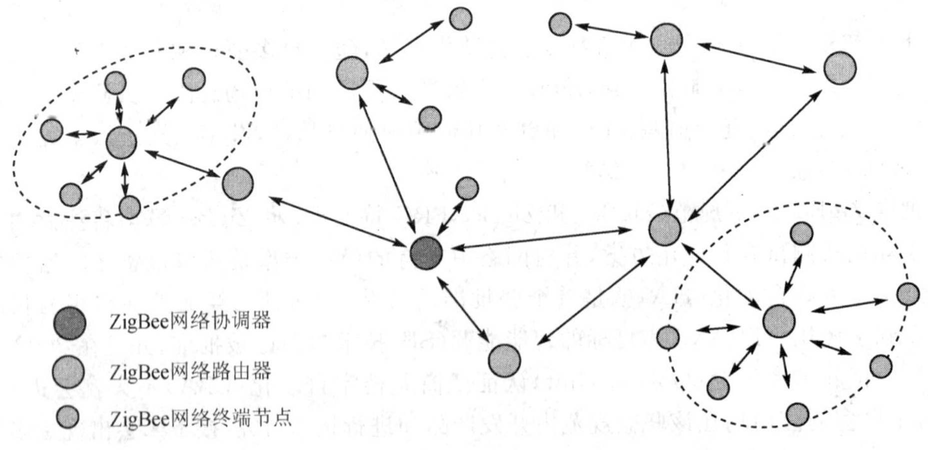

图1.1 ZigBee网络

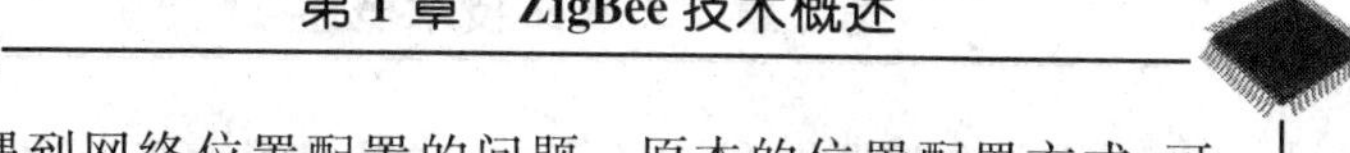

因此，在网络形成的过程中，首先就遇到网络位置配置的问题。原本的位置配置方式，可通过下列计算公式得到：

$$\mathrm{Cskip}(d)=\begin{cases}1+C_m*(L_m-d-1);R_m=1\\ \dfrac{1+C_m-R_m-C_m*R_m^{L_m-d-1}}{1-R_m}\end{cases}$$

式中　Cskip()：函数计算网络位置；

C_m：一个父节点可拥有的最多子节点数；

R_m：一个父节点可拥有的最多路由数；

L_m：网络中的最大深度；

d：该设备深度。

Cskip 会根据系统原先设定的网络参数，包含每个节点可接受的最多子节点(Max Children)，这些子节点中可担任最多路由器节点(Max Router)的数量及整个网络系统中的最大深度(Max Depth)。利用这些参数计算出的 Cskip 参数，可让每个加入网络的节点配置一个唯一的网络位置，且不会与其他节点重复。而由于这个配置方式(见图 1.2 和表 1.1)会使所配置到的网络位置与节点在整个系统网络拓扑(Topology)中实际的相对位置有绝对关系，所以这个配置方式最大的好处是简易，而且可作为树状路由的依据。

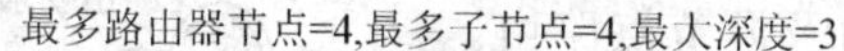

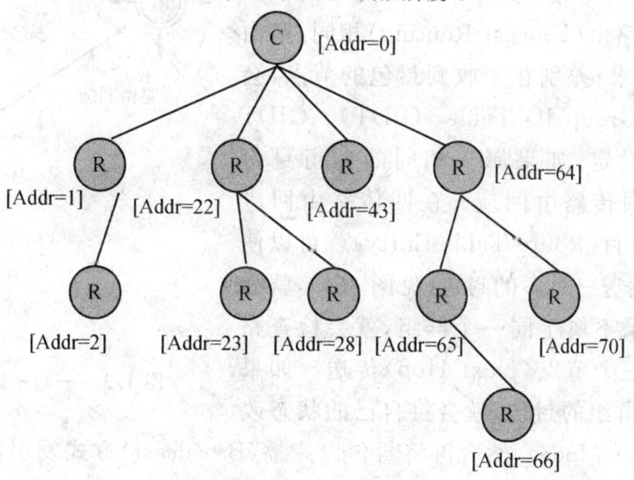

图 1.2　Cskip 位置配置范例

表 1.1　图 1.2 的参数描述

d	0	1	2	3
Cskip(d)	21	5	1	0

最多路由器节点、最多子节点、最大深度等参数，与整个系统网络拓扑有密切的关系，但问题是建立一个系统时，通常会使用自我组态功能。所谓自我组态就是让系统中所有的节点根据现场的网络信号状态决定要加入的父节点(Parent)，所以在系统自我组态完成前，是无法事先知道网络会形成的拓扑状态，因此也就不知道上述 3 个参数应该如何设定。这样，要事先在系统建立前设定这些参数会有困难，特别是对大型的网络节点系统更是如此。

因此在 ZigBee PRO 的规格中，网络位置配置的方法则改为随机选取的方式(Stochastic Address Assignment)。既然网络位置是随机选取配置的，所以所有子节点的网络位置就与在整个系统网络拓扑中实际的相对位置完全没有关系，也因此 ZigBee PRO 不支持树状路由。

1. 路由方式

对网络层而言，当网络形成后，最重要的工作就是协助封包的路由(Routing)。原本的路由方式，称为一对一路由(Unicast Routing)。以图 1.3 为例，节点 A 会传送路由要求(Route Request)，试图建立一条可把资料传送到节点 C 的路径，中间的路由器节点 B 也会协助转发这个命令，直到节点 C 收到这个命令，然后回传路由回应(Route Reply)才算完成，而建立的路由表格(Route Table, RT)也可使用。

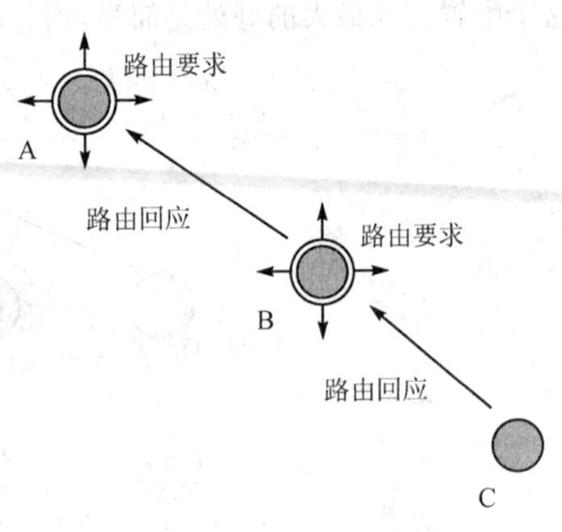

图 1.3　一对一路由要求与回应

而在 ZigBee PRO 中，则新增加了一对多路由(Multicast Routing)、多对一路由及源节点路由。一对多路由与一对一路由(Unicast Routing)相同，路由节点会发出路由要求；差别在于收到封包的节点，会检查群组身份表(Group ID Table, GIDT)。GIDT 由当地(Local)端设定，如果属于相同的群组身份(Group ID)，就会回传路由回应。在回传路由回应后，建立的路由表条目(Route Table Entry)就可以使用了。因此，如果发送一对多的封包(见图 1.4)，就会先检查 GIDT。如果不属于同一个群组，就会检查路由表，把封包往下一个节点(Next Hop)传送。如果检查到是属于自己群组的封包，就会将自己的状态改成会员模式(Member Mode)，然后再将封包以广播(Broadcast)方式发出，确保同一个群组的节点都能够接收到这笔资料。当然，为了避免这个广播的封包在网络上一直重复传送，当节点的状态为会员模式时，会检查广播传送表(Broadcast Transmission Table)，以确保不再重复传送同样的封包。

就应用而言，很多时候会把资料集中收集，多数的节点都会把资料往同一个节点送，因此，整个网络拓扑就如树状一样。由于 ZigBee PRO 放弃树状路由的功能，此时为建立树状的路由路径，只有每个节点都做一对一路由，才能建立往源节点(Originator/Source)的路径。这样

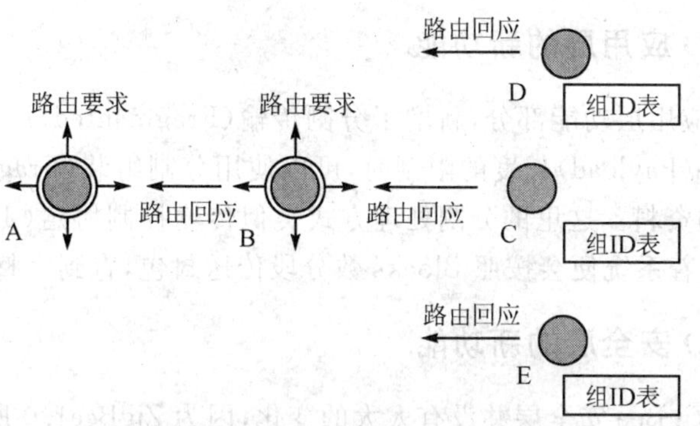

图 1.4　一对多路由的路由要求与回应

会花较多的时间，效率较低，所以必须提出一个新的路由方式，即所谓的多对一路由，如图 1.5 所示。由源节点发送多对一路由的路由要求，当接收到这个封包的节点时，就会直接建立一条往源节点路由的路径，所以所有节点很快就会建好路由条目。

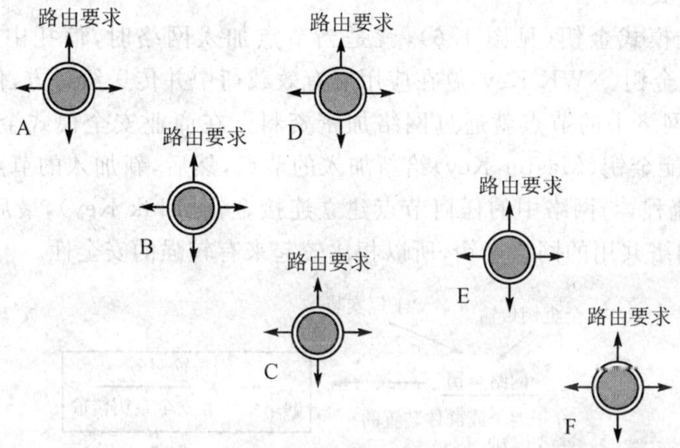

图 1.5　多对一路由的路由要求

反向基本上还是得通过一对一路由的方式，建立起源节点对于其他节点的路由路径。不过，在 ZigBee PRO 中增加了源节点路由的方式，就是当路由路径有变化时，节点会先发出一个路由记录命令(Route Record Command)。该命令中会记录这条路径上经过的节点，因此当源节点接收该命令后，会把这条路径记录在源节点路由表(Source Route Table)。只要源节点把资料传送到其他节点时，会先到源节点路由表寻找路由路径，以加快速度，并且减少建立路由路径或路径修复的次数。

2. ZigBee PRO 应用层的新功能

ZigBee PRO 在应用层功能部分，新增了分割传输（Fragmented Transmission）功能，就是当超过有效载荷资料（Payload）长度的限制时，可以使用分割组装（Fragment & Assemble）的功能传送长度较长的资料。这里的分割处理方式类似传输控制协定（TCP）的分割方式，先设定区块（Block）数，接着系统便会按照 Blocks 数分段传送封包，直到完整的封包送完为止。

3. ZigBee PRO 安全层的新功能

其实这几年来，ZigBee 安全层并没有太大的变化，因为 ZigBee1.0 所定的规格对应用来说已很完整，而且在低频宽、低运算能力的平台上使用很复杂的安全机制也非易事。ZigBee1.0 已定义所谓的住宅模式（Residential Mode）和商业模式（Commercial Mode），即 ZigBee PRO 中的标准模式（Standard Mode）和高安全模式（High Security Mode），但在过去版本的认证中，并未有商业模式相关的测试案例，因此大部分堆叠并未支援，但在 ZigBee PRO 中则要求一定要支援商业模式。

所谓住宅安全模式金钥（见图 1.6），就是当节点加入网络时，信托中心（Trust Center，TC）会配一把网络金钥（NWK Key）放在应用层有效载荷中并传送给对方，传送过程不做任何的加密动作，所有网络中的节点就通过网络加密资料。在商业安全模式金钥（见图 1.7）中，TC 会先配一把万能金钥（Master Key）给新加入的节点，然后，新加入的节点再用这把万能金钥通过 SKKE 的流程，与网络中的任何节点建立连接金钥（Link Key），最后再利用连接金钥加密后产生一把网络共用的网络金钥，所以相比较起来有较强的安全性。

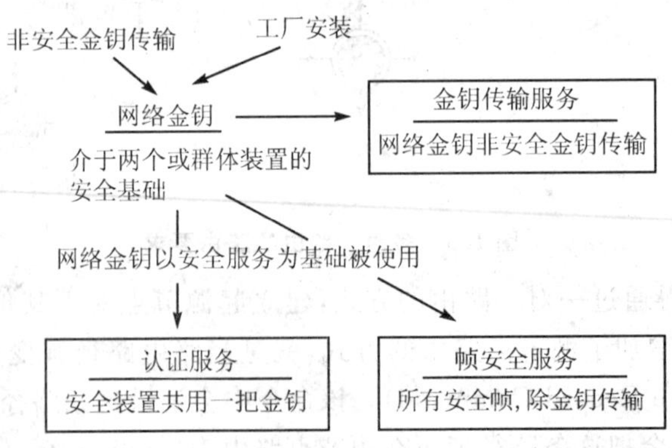

图 1.6　住宅安全模式金钥

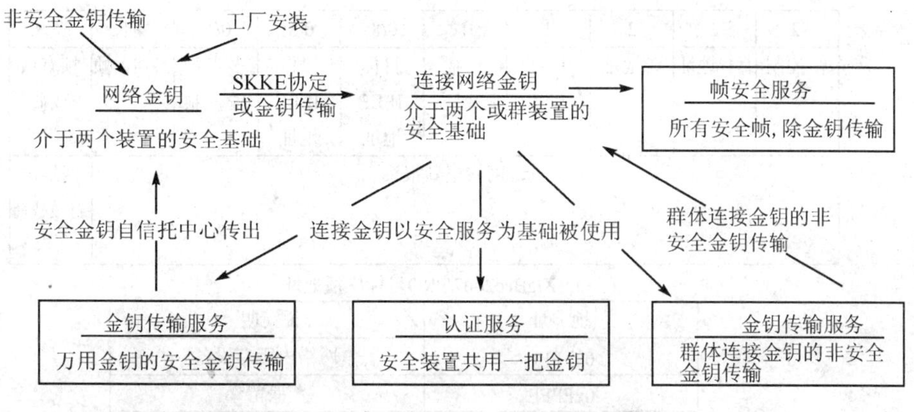

图 1.7　商业安全模式金钥

4. 网络层封包格式

下面从网络层和应用层的封包格式中了解 ZigBee2006 与 ZigBee PRO 两个新旧版本的相容性问题。

对于 ZigBee2006 与 ZigBee PRO 而言，网络层的帧格式相同(见图 1.8)，所以两个版本在网络层中可互通。不过，在多对一路由功能中，须使用在广播位置(Broadcast Address)的栏位中定义旗标，而在 ZigBee2006 的规格中并未定义多对一路由功能旗标(见图 1.9)。试想这样一种情景，假设有一个 ZigBee PRO 的网络已形成，然后有一个 ZigBee2006 的节点要加入，将无法辨识和执行多对一路由的功能。

字节	2	2	2	1	1	0/8	0/8	0/1	变长	变长
	帧控制	目标地址	源地址	广播半径	广播序列号	目标 IEEE 地址	源 IEEE 地址	多点传输控制	源路由帧	帧有效载荷
	网络层帧报头									网络层有效载荷

图 1.8　ZigBee2006 与 ZigBee PRO 网络层封包格式

另外一点比较重要的就是网络位置分配方式。前面已提到，网络在形成过程中，父节点应负责给子节点分配网络位置，在网络形成之后可用来作为封包路由的依据。在 ZigBee2006 中，是以 Cskip 为位置配置的唯一方法，但在 ZigBee PRO 中却把 Cskip 当作是一个选项，也就是不强迫一定要支援。同样，试想一种情景：如果一个在 ZigBee PRO 中使用 Cskip 的父节点采用随机的方式产生网络位置，然后分配给 ZigBee2006 的子节点，而此父节点因无法执行树

字节	2	2	2	1	1	0/8	0/8	0/1	变长	变长
	帧控制	目标地址	源地址	广播半径	广播序列号	目标IEEE地址	源IEEE地址	多点传输控制	源路由帧	帧有效载荷
	网络层帧报头									网络层有效载荷

ZigBee2007/PRO目标广播地址

地　址	说　明
0xFFFF	网络内所有设备
0xFFFE	保留
0xFFFD	macRxOnWhenIdle=TRUE
0xFFFC	目标地址为所有路由器及协调器
0xFFFB	目标地址为低功耗路由设备
0xFFF8~0xFFFA	保留

图 1.9　网络层广播位置栏位意义

状路由，因此对于网络的封包路由就会产生混乱。

5. 应用层封包格式

在应用层的封包格式（见图 1.10 和图 1.11）中，对于 ZigBee PRO，多了一个扩展标头（Extended Header）的栏位，当在收送应用层资料须使用分割组装传输时，就需要使用这个栏位来记录。但是这个栏位并不是固定的，也就是说，当不使用分割功能时，这个栏位是不存在的，所以 ZigBee2006 与 ZigBeePRO 在应用层基本上可相通。

字节	1	0/1	0/2	0/2	0/2	0/1	1	变长
	帧控制	目的节点	集团地址	串ID	模式ID	源节点	安全帧计数	帧有效载荷
		地址域						
	安全帧头							安全帧有效载荷

图 1.10　ZigBee2006 安全帧

6. 安全层封包格式

严格地说，安全层并非独立的协定，而是在网络层和应用层都设计了相同的安全机制。在 ZigBee PRO 规范中，要求各层协定使用 CCM 安全机制（见图 1.12、图 1.13），CCM 即 CTR（Counter Mode）与 CBC－MAC（Cipher Block Chaining Mode）的缩写。CTR 是加解密的演算

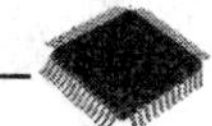

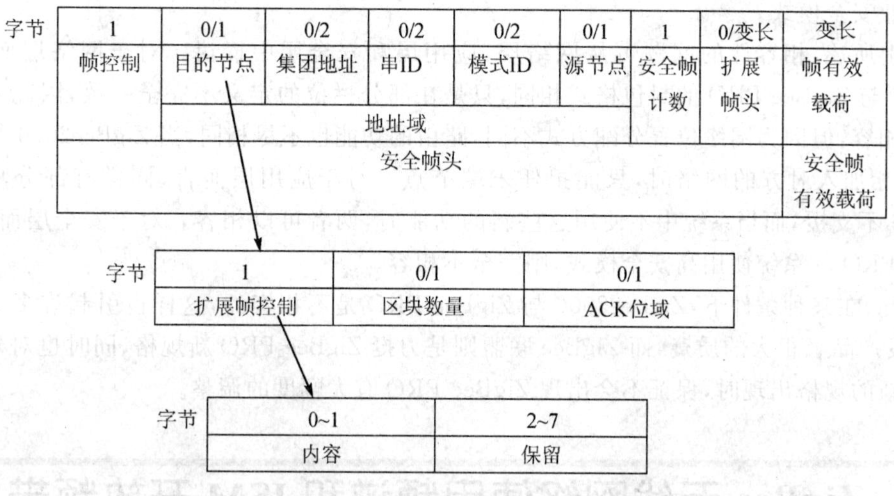

图 1.11 ZigBee2007/PRO 安全帧

法。CBC-MAC 是检查资料有无被篡改的演算法。经过 CCM 加密之后,过程中会在每一层资料的前后增加额外的标头(Auxiliary Header)与 MIC 栏位。使用不同的安全模式,除金钥配置的程序不同外,以封包的格式来看也完全不同,因此不同的安全模式也会造成两个标准间不相容。

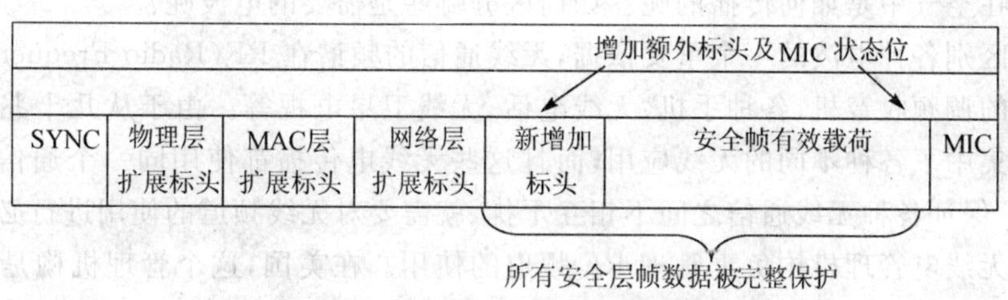

图 1.12 ZigBee2006 安全层封包格式

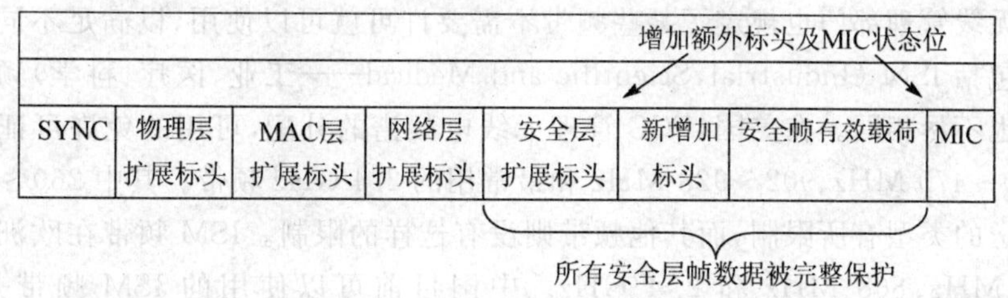

图 1.13 ZigBee2007/PRO 安全层封包格式

ZigBee2006 采用称为住宅安全的单一安全模式,ZigBee PRO 须支持 ZigBee2006 装置并加上商业安全模式。

综上所述，相容性的问题可从网络层、应用层和安全层中探讨。对于网络层而言，ZigBee2006与ZigBee PRO的封包格式相同，只是在部分栏位的定义不完全一致，因此两者在网络层可相容，但因为网络位置分配方式不同，路由的功能也不尽相同，当ZigBee2006与ZigBee PRO互相加入对方的网络时，只能担任末端节点。对于应用层而言，同样有部分功能ZigBee2006不支援，而当系统中不使用这些新的功能时，两者可以相容。对于安全层而言，如果ZigBee PRO的系统使用高安全模式，则完全不相容。

因此，在某种条件下，ZigBee2006与ZigBee PRO是不相容的，这样也引起许多使用ZigBee开发产品者很大的质疑，而ZigBee联盟则是力挺ZigBee PRO新规格，同时也对外宣称在未来更新的规格出现时，保证不会出现ZigBee PRO有大幅度的调整。

1.4　ZigBee无线网络使用频谱和ISM开放频带

在日常生活中，经常能够看到各式各样的天线。对于一个无线系统来说，能够正确地发送和接收信息是最基本的要求。天线作为无线通信中不可缺少的一部分，其基本功就能是接收和发送无线电波。发射时，把高频电流转换为电波；接收时，把电波转换为高频电流。那么这么多的电波在空气中是如何传播的呢？如何区分哪些是需要的电波呢？

频谱是区别各种电波的一个重要依据，无线通信的频谱在RF(Radio Frequency)这一段，包括了常见的调频收音机、各种手机、无线电话、无线卫星电视等。由于从几十兆赫到几千兆赫的频谱上集中了各种不同的无线应用，而且这些无线电传播都使用同一个通信媒介——空气，所以为了保证各种无线通信之间不相互干扰，就需要对无线频道的使用进行必要的管理。

各国的无线电管理机构负责管理RF频道的使用。在美国，这个管理机构是美国联邦通信委员会(FCC)，欧洲是欧洲电信标准化协会(ETSI)，中国是中国无线电管理委员会。频道管理最基本的规则就是无线发送器的使用需要获得许可。

各国的无线管理部门也规定了某些频带不需要许可就可以使用，以满足不同的需要。这些频带通常包括ISM (Industrial，Scientific and Medical——工业、医疗、科学)频带。各国的无线电管理也不尽相同。在美国，FCC管理无线电频谱的分配，可用的免许可证的频带包括27 MHz、260～470 MHz、902～928 MHz和最常用的2.4 GHz频带。其中260～470 MHz频带对数据传送的类型有所限制，而其他频带则没有这样的限制。ISM频带在欧洲所分配到的频率为433 MHz、868 MHz和2.4 GHz。中国目前可以使用的ISM频带是433 MHz和2.4 GHz。

除了ISM频带外，在中国，低于135 kHz，在北美、南美和日本，低于400 kHz，也都是可以使用的免费频段。各国对无线频谱资源的管理，不仅规定了相关的ISM开放频道的频率，同

时也严格规定了在这些频率上所使用的发射功率。在实际使用这些频率时，需要查阅各国无线频谱管理机构的不同的具体技术要求。

中国的无线电管理要求的具体技术参数请查阅中国信息产业部发布的《微功率(短距离)无线电设备管理暂行规定》。

IEEE 802.15.4(ZigBee)工作在ISM频段，定义了两个工作频段，即2.4 GHz频段和868/915 MHz频段。在IEEE 802.15.4中，总共分配了27个具有3种速率的信道：在2.4 GHz频段有16个速率为250 kb/s的信道；在915 MHz频段有10个速率为40 kb/s的信道；在868 MHz频段有1个速率为20 kb/s的信道。其中2.4 GHz是全球通用的ISM频段，915 MHz是北美的ISM频段，868 MHz是欧洲的ISM频段。

1.5 ZigBee技术的广阔应用前景

ZigBee的出发点是希望能发展一种易布建的低成本无线网络，同时其低耗电性将使产品的电池能维持6个月到数年的时间。在产品发展的初期，将以工业或企业市场的感应式网络为主，提供感应辨识、灯光与安全控制等功能，再逐渐将市场拓展至家庭中的应用。

ZigBee技术弥补了低成本、低功耗、低速率无线通信市场的空缺，其成功的关键在于丰富而便捷的应用，而不是技术本身。随着正式版本协议的公布，更多的注意力和研发力量将转到应用的设计和实现、互联互通测试和市场推广等方面。有理由相信，在不远的将来，将有越来越多的内置ZigBee功能的设备进入人们的生活，并将极大地改善人们的生活方式。

通常，符合以下条件之一的应用就可以考虑采用ZigBee技术：

- 需要数据采集或监控的网点多；
- 要求传输的数据量不大，但要求设备成本低；
- 要求数据传输可性高，安全性高；
- 无线传感器网络；
- 设备体积很小，不便放置较大的充电电池或者电源模块；
- 电池供电；
- 地形复杂，监测点多，需要较大的网络覆盖；
- 现有移动网络的覆盖盲区；
- 使用现存移动网络进行低数据量传输的遥测、遥控系统；
- 使用GPS效果差或成本太高的局部区域移动目标的定位应用。

根据ZigBee Alliance(ZigBee联盟)的观点，一般可将ZigBee应用于以下领域：

- 家庭自动化；
- 健康医疗服务；

- 无线自动读表系统；
- 智能小区；
- 无线传感器网络；
- 无线工业控制；
- 智慧型标签。

ZigBee 技术的应用前景被非常看好。ZigBee 在未来的几年中将在工业控制、工业无线定位、家庭网络、汽车自动化、楼宇自动化、消费电子、医用设备控制等多个领域具有广泛的应用前景。特别是家庭自动化和工业控制，将成为今后 ZigBee 芯片的主要应用领域。

在工业领域：利用传感器和 ZigBee 网络，使得数据的自动采集、分析和处理变得更加容易，可以作为决策辅助系统的重要组成部分。

在汽车领域：主要应用于传递信息的通用传感器。由于很多传感器只能内置在飞转的车轮或者发动机中，比如轮胎压力监测系统，这就要求内置的无线通信设备使用的电池有较长的寿命（长于或等于轮胎本身的寿命），同时应能克服嘈杂的环境和金属结构对电磁波的屏蔽效应。

在精确农业领域：传统农业主要使用孤立的、没有通信能力的机械设备，主要依靠人力监测作物的生长状况，而采用了传感器和 ZigBee 网络（见图 1.14）后，农业将可以逐渐地转向以信息和软件为中心的生产模式，使用更多的自动化、网络化、智能化和远程控制的设备来耕种。

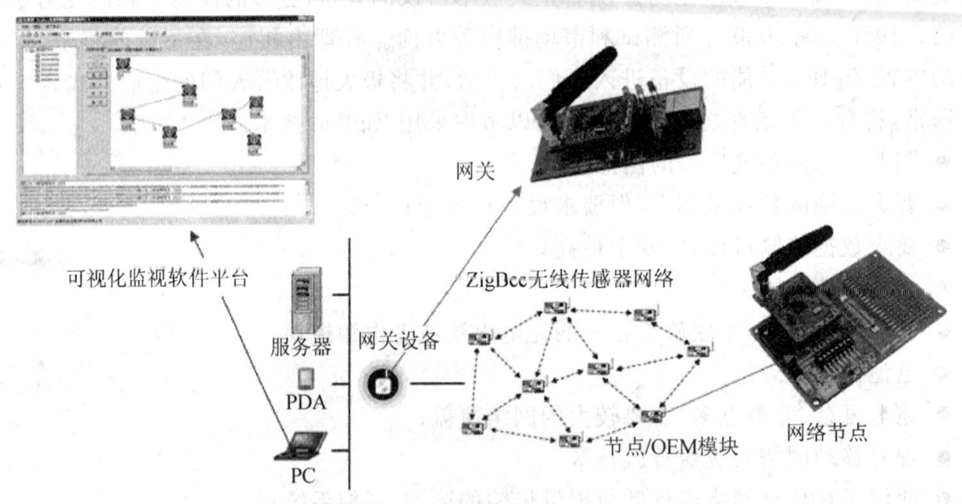

图 1.14　无线龙 ZigBee 无线传感器网络

在家庭和楼宇自动化领域：家庭自动化系统作为电子技术的集成被得到迅速扩展。易于进入、简单明了和廉价的安装成本等成了自动化居家和建筑开发及应用无线技术的主要原因。

在医学领域：将借助于各种传感器和ZigBee网络，准确而实时地监测病人的血压、体温和心跳速度等信息，从而减轻医生查房的工作负担，有助于医生做出快速的反应，特别是对重病和病危患者的监护和治疗。

在消费和家用自动化市场：可以联网的家用设备有电视、录像机、无线耳机、PC机外设(键盘和鼠标等)、运动与休闲器械、儿童玩具、游戏机、窗户和窗帘、照明设备、空调系统和其他家用电器等。

在国内，目前ZigBee网络应用范围非常广泛，很多人们想象不到的地方也在使用ZigBee技术。例如，在工业领域，ZigBee技术不仅用来控制照明灯的开关，还可用来检查高速路上照明灯的工作情况。以前，工程师要开车到高速路上去检查哪些照明灯已经坏了需要维修，因为车速较快，不能记下所有要检修灯的编号，但通过ZigBee网络，工程师只需坐在电脑前，就能很清楚地监测到整个高速路上照明灯的工作情况。这是目前一个热点应用。再如，ZigBee技术用于进出的控制，它可以记录汽车的进出，也可以用于人员进出时传输相关指纹识别数据，进行身份认证。此外，通过ZigBee网络的路由器功能，它可以用来实时监控煤矿内各点的安全状况，防止相关事故的发生。另外，在加油站，一些客户不希望布线，他们正在考虑采用ZigBee无线技术来传输相关数据。

在消费电子方面，ZigBee技术可以代替现在的红外遥控，而它与红外遥控相比有两个优势：一是消费者可以不用站在家电前边就能进行遥控操作；二是消费者每一个操作都会有反馈信息，告诉他们是否实现了相关的操作。再如，ZigBee可以用于家庭保安，消费者在家中的门和窗上都安装了ZigBee网络，当有人闯入时，ZigBee可以控制开启室内摄像装置，这些数据再通过Internet或WLAN网络反馈给主人，从而实现报警。此外，目前一些家电生产大企业正在为不同家电产品如空调、热水器等安装ZigBee，用户可以通过ZigBee无线网络来控制这些产品的开启。由于手机和PDA可以作为未来的便携式遥控装置，当家电、灯光和门禁都已陆续具备ZigBee功能后，手机和PDA上也会装上ZigBee模块，这样就可对这些装置进行遥控。目前大的手机企业已经推出了带有ZigBee技术的样机，一旦市场上各种电子设备都安装上ZigBee模块，手机企业就可以推广带ZigBee的手机。

在建筑智能化领域，各种灯光的控制、气体的感应与监测，如煤气泄漏的感应和报警都可以应用ZigBee技术。再如，三表(电表、气表和水表)上采用ZigBee技术，相关管理部门不但可以实现自动抄表功能，还可以监控仪表(如电表)的状态，防止偷电事件的发生。

在数字家庭(见图1.15)方面，除了上述家电遥控、灯光开启及保安应用外，还有一些智能化的高端应用。例如在电冰箱中放入一个ZigBee模块和相应的传感器，当人们去超市购买食品，不确定是否还要再购买一些鸡蛋时，可以发一个信息回家，查看冰箱中的鸡蛋情况，决定是否购买。

这里要说明一点，在数字家庭领域，ZigBee技术能承担比较重要应用的前提是大多数家电、灯光、门禁等设施都要具备ZigBee功能，它们可以在家中建起一个ZigBee网络，之后，手

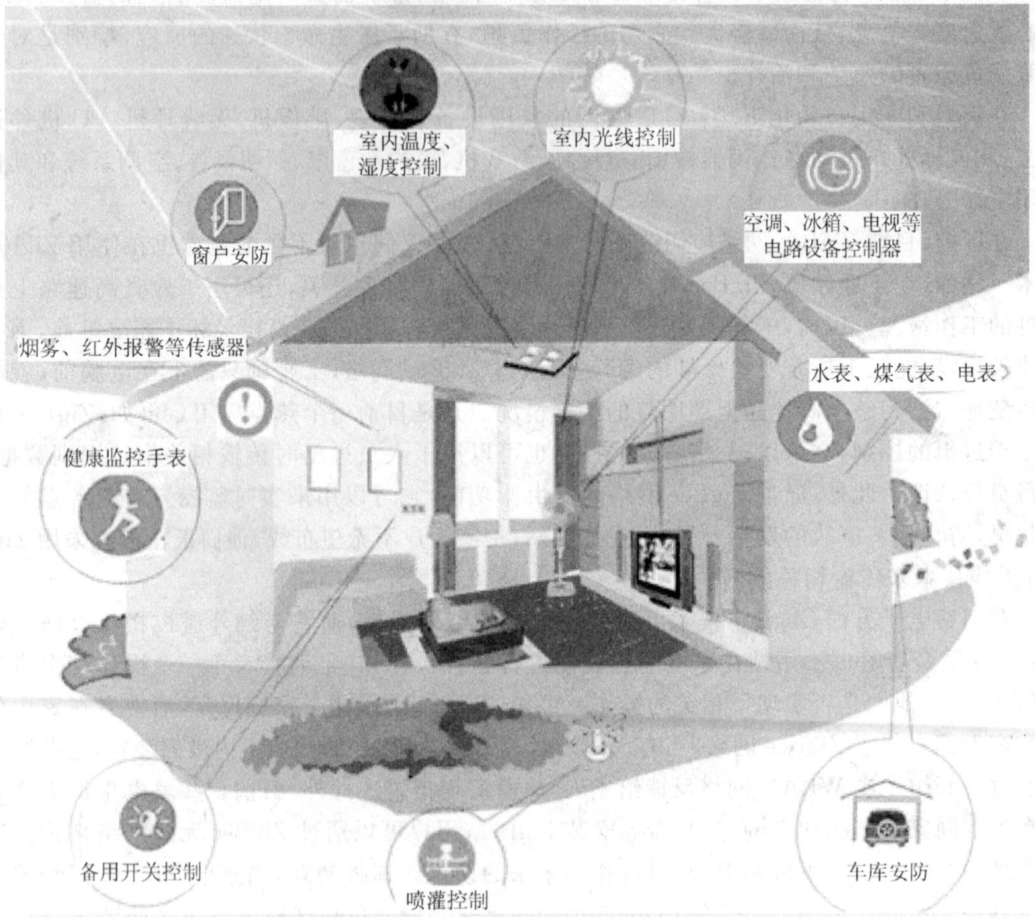

图 1.15　无线龙数字家庭解决方案

机和 PDA 也加入了 ZigBee 功能，实现对这些设备的遥控，才能逐步实现数字家庭的功能。

ZigBee 技术应用广泛，包括智能家居、建筑自动化、自动仪表读取（AMR）、工业自动化、冷冻管理和货柜防护。这些应用让企业节省能源，带来经济及环保效益；智能家居提升家居安全、舒适度及娱乐享受；监测如道路及桥梁等公用基建的损耗，避免设施损坏甚至人员伤亡；追踪易变质货品在运输过程中的新鲜度等。目前已开发以 ZigBee 为基础的数码智能家居服务，让用户通过手机或互联网监察及控制他们的家居设施，如灯光、烟雾侦测器、入侵侦测器、温度调节、燃气阀门及电子门锁等，并且均可通过以 ZigBee 为基础的无线“住宅通道”连接至互联网。

此外，如无线龙等公司均使用 TI 公司的 ZigBee 技术，制造无线电力、燃气及水表，为公用

事业机构节省数以百万元计的成本。把ZigBee技术融合至商业照明,可为酒店及办公室节省电费。

在ZigBee的领域中,只要能用上单片机的场合,就会有用到ZigBee的机会。由于ZigBee技术新,客户都还处在熟悉的阶段,要求一些消费性电子产品使用ZigBee的技术并不成熟,但是在一些有关保安、安全、人身或物资监控追踪上,已经看到以IEEE 802.15.4作为PHY/MAC平台,加上ZigBee Networking的联网技术正广泛地推广开来。在数字家庭领域应用中,普遍认为ZigBee最适合于家用的无线感测网络骨干,再配合速率较高的家庭PLC或以太网,来达到全屋覆盖、移动点覆盖的目标。第一批的数字家庭应用比较偏向于老年看护、防盗防窃以及节能控制等方面的应用。而对于被看好的自动抄表及相关资源管理应用方面,由于目前ZigBee模块的成本相对于住宅用表的总成本还较高,用户还不能接受,因此工业和商业领域会先应用ZigBee抄表技术。总体来说,2008年和2009年ZigBee会切入到一些特殊市场,随着成本的下降,它才能被数字家庭慢慢接受。

2008年有多家ZigBee芯片厂商推出新一代的ZigBee射频芯片,将单片机和射频芯片整合在一起的SoC也已经蓄势待发。有30多家公司于2007年9月的ZigBee展览会上展示最新的产品。事实上,TI、无线龙等公司现已把产品交付给客户,开发的产品亦达百余种。2010年将是ZigBee产品大规模面世的一年,原因是随着ZigBee技术的成熟,现在已有越来越多的公司、学校加入ZigBee的研发学习行列。据无线数据调查集团(Wireless Data Re－search Group)预测,2009年ZigBee设备市场及配件以收益计算的增长将达80亿美元。在市值多于80亿美元的微控制器嵌入式产品中,只有少于2%附有网络功能。这显示了企业意识到连接微控制器至监察及管理网络的市场需要,亦正是ZigBee开发商把握巨大商机的时候。

第2章

低功耗微控制器MSP430与ZigBee芯片CC2520

MSP430系列微控制器是一种特别强调超低功耗的芯片，很适合应用于采用电池供电的长时间工作场合。在这个系列中有很多型号，它们是由一些基本功能模块按不同的应用目标组合而成的。MSP430系列的CPU采用16位精简指令系统，集成有16位寄存器和常数发生器，发挥了最高的代码效率。它采用数字控制振荡器(DCO)，使得从低功耗模式到唤醒模式的转换时间小于6 μs。

CC2520是第二代ZigBee/IEEE 802.15.4无线电频率(RF)收发器。该产品专门用于企业、科学研究所与医疗部门的2.4 GHz非正式频率宽度，具有当今业界最佳的选择性/共存性及优异的链路预算功能特点。其产品目标在于满足各种应用中ZigBee/IEEE 802.15.4和专有无线系统的要求，包括工业监控、家庭与楼宇自动化、机顶盒、远程控制以及无线传感器网络。

在一套典型的系统中，CC2520产品能与诸如MSP430等微控制器以及一些额外无源组件协同工作。

2.1 低功耗微控制器MSP430

TI公司的具有超低功耗、16位精简指令、RISC混合信号处理器的MSP430微控制器平台，为各种低功耗和便携式应用提供了最终解决方案。

2.1.1 关键特性

MSP430的关键特性如下：

- 现代的16位RISC CPU，能以极少的代码量实现新型应用。
- 超低功耗架构与高度灵活的时钟系统，可显著延长电池使用寿命。
- 0.1 μA RAM保持模式。

- 0.8 μA 实时时钟模式。
- 250 μA/MIPS 工作模式。
- 除集成各种智能外，其各种高性能模拟与数字外设可大幅减少 CPU 的工作量。
- 5 种省电模式。
- 片内比较器。
- 指令周期为 125 ns。
- 工作电压为 1.8～3.6 V。
- 高达 120 KB 的程序存储器、8 KB 的 RAM，三通道直接存储器存取（DMA）。
- 8 通道 12 位 ADC 与双通道 12 位 DAC 等。
- 通用串行通信接口（UCSI）能通过灵活的标准实施方案（支持 I^2C、SPI、IrDA 和 UART）来缩短开发时间。
- 0.5 μA 的待机功耗。

2.1.2　MSP430 模块化架构

MSP430 采用冯·诺依曼架构（所有程序、数据存储以及外设均共享同一总线结构，并采用统一的 CPU 指令与寻址模式），如图 2.1 所示。通过使用通用存储器地址总线（MAB）和存储器数据总线（MDB）将 16 位 RISC 的 CPU、各种外设及高度灵活的时钟系统进行完美结合。通过使先进的 CPU 与模块化存储器映射的模拟和数字外设协同工作，MSP430 能够为当前与未来的混合信号应用提供解决方案。

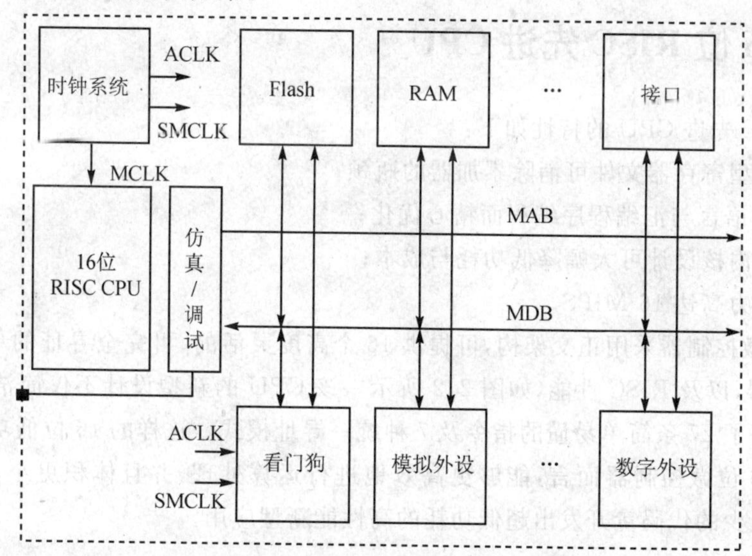

图 2.1　MPS430 的冯·诺依曼架构（vonNeumann architecture）

1. 器件配置

- 1～120 KB 的 ISP Flash 存储器；
- 高达 10 KB 的 RAM；
- 14～100 引脚可供选择。

2. 集成外设

- 10/12 位 SAR ADC；
- 16 位 Sigma Delta ADC；
- 12 位 DAC；
- 比较器；
- LCD 驱动器；
- 电源电压监控器(SVS)；
- 运算放大器；
- 16 位和 8 位计数器。

3. 超低功耗

- 零功耗掉电复位(BOR)；
- 1 μs 时钟启动；
- 不足 50 nA 的引脚漏电流；
- 看门狗定时器；
- UART/LIN；
- I^2C；
- SPI；
- IrDA；
- 硬件乘法器；
- DMA 控制器；
- 温度传感器。

2.1.3　16 位 RISC 先进 CPU

16 位 RISC 先进 CPU 的特性如下：

- 采用大型寄存器文件可消除累加器的瓶颈；
- 针对 C 语言与汇编程序编程而精心优化；
- 紧凑的内核设计可大幅降低功耗与成本；
- 处理能力高达 16 MIPS。

MSP430 微控制器采用正交架构，可提供 16 个高度灵活的、可完全寻址的单周期操作 16 位 CPU 寄存器，以及 RISC 性能，如图 2.2 所示。该 CPU 的新型设计不仅简洁，而且功能十分丰富，仅采用了 27 条简单易懂的指令及 7 种统一寻址模式。这样的 16 位低功耗 CPU 相对于其他 8 位/16 位微控制器而言，能够更高效地进行运算处理，并且体积更小，代码率更高。目前，它能以极少的代码量开发出超低功耗的高性能新型应用。

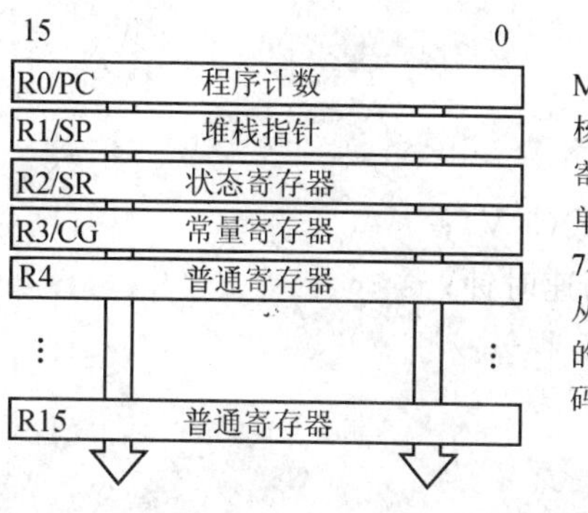

图 2.2 MSP430 寄存器

2.1.4 超低功耗性能

MSP430 专为超低功耗应用而精心设计。高度灵活的时钟系统、多种操作模式及零功耗 BOR 不仅可大幅降低功耗，同时还能显著延长电池使用寿命。MPS430 BOR 功能始终处于工作状态，即便是在各种低功耗模式下也可实现最可靠的性能。

MSP430 CPU 架构不仅具备 16 个寄存器、16 位数据以及地址总线，并以最大限度降低内存存取功耗，而且还具有快速矢量中断结构(Vectored - interrupt Structure)，因而能够显著降低 CPU 软件标志轮询(Flag Polling) 导致的浪费(见图 2.3)。此外，众多优异的智能硬件外设特性还允许更高效地完成任务，而且无需 CPU 干预。许多 MSP430 客户已开发出可运行超过 10 年的电池供电产品，期间无须更换电池。

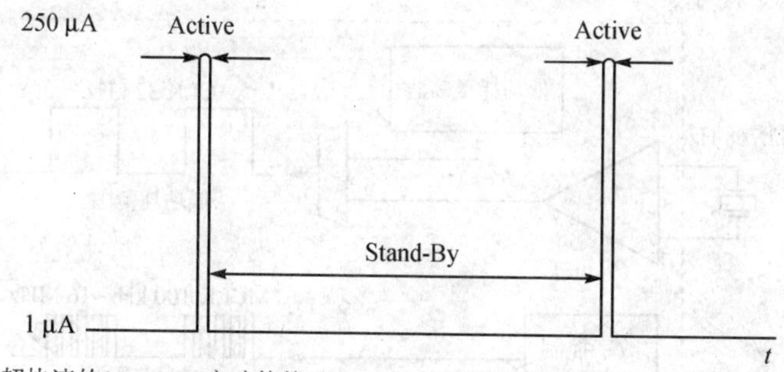

图 2.3 MSP430 低功耗任务配置文件

MSP430 的超低功耗特性如下：

- 多种工作模式；
- 0.1 μA 断电模式；
- 0.8 μA 待机模式；
- 250 μA/MIPS 全速工作模式(3 V)；
- 具有瞬时启动稳定特性的高速时钟；
- 1.8～3.6 V 的宽工作电压；
- 零功耗掉电复位；
- 不足 50 nA 的引脚漏电流；
- 指令执行的 CPU 周期降至最低；
- 低功耗外设选项。

2.1.5 灵活的时钟系统

MSP430 微控制器时钟系统的特性如下：

- 用于超低功耗待机模式的低频辅助时钟；
- 用于高性能处理的高速主系列时钟；
- 高稳定性，受运行时间与外界温度变化的影响极小。

MSP430 微控制器的时钟系统专为电池供电的应用而精心设计。多个振荡器可用于支持事件驱动的突发任务。低频辅助时钟(ACLK)可通过通用的 32 kHz 时钟晶振或内部超低功耗振荡器(VLO)直接驱动，无需采用额外的外部组件。ACLK 可用作后台实时时钟自唤醒功能。集成的高速数控振荡器(DCO)可作为 CPU 的主系统时钟源，也可作为高速外设使用的子系统时钟(SMCLK)源(见图 2.4)。根据设计，DCO 能够在 1 μs(F2xxx)或者 6 μs(x1xx、

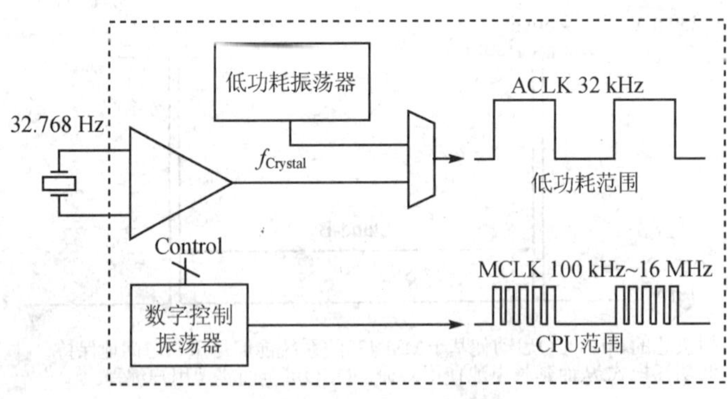

图 2.4 多振荡器时钟系统

x4xx)内激活并实现稳定工作。采用 MSP430 的解决方案可在极短的突发间隔内高效利用 16 位RISC CPU,从而实现极高性能与超低功耗。

2.1.6　智能外设

在使用纯软件实现相应的功能时,CPU 利用率可达 100%,并消耗功率。高效使用外设允许关闭 CPU 来降低功耗,或让 CPU 执行其他任务,以实现最高性能。MSP430 器件外设要求极少量的软件服务。

卓越的硬件特性使人们能够集中利用 CPU 资源实现差异化的目标应用特性,而不必花费大量时间用于基本的数据处理上。这意味着,能以更少的软件与更低的功耗实现更低成本的系统。

ADC10/ADC12 模块可支持速率超过 200 ks/s 的高速 10 位或 12 位模/数转换。该模块采用的 10 位或 12 位 SAR 内核,具备 5、8 或 12 组输入通道,采样选择控制,1.5 V/2.5 V 基准信号发生器以及内部温度传感器等。ADC10 具有数据传输控制器(DTC),而 ADC12 则具有 16 字转换与控制缓冲器。这些新增特性使采样能够在无需 CPU 干预的情况下即可进行转换与存储。

BOR 电路可对欠压情况进行检测,同时其复位电路能够在提供或者断开电源时通过触发 POR 信号对器件进行复位。MSP430 零功耗 BOR 电路能够在所有低功耗模式下均保持工作状态。

Comparator_A/Comparator_A+模块可支持精确的斜率模/数转换、电压监控以及外部模拟信号监控等,能够实现准确的电压和电阻值测量。该模块具有可选的参考电压发生器和输入多路复用器(CompA+)。

DAC12 模块是一种 12 位电压输出 DAC,具有内部或外部参考电压选项,可实现最低功耗的可编程建立时间,同时还能够配置为 8 或 12 位工作模式。当存在多组 DAC12 模块并行工作时,可以将其编成一组,以实现同步运行。

直接存储器存取控制器 DMA 能够在无需 CPU 干预的情况下在整个地址段上将数据从一个地址传输至另一个地址。DMA 不仅可显著增加外设模块的吞吐量,而且还能大幅降低系统功耗。该模块具有多达 3 个独立传输通道。

ESP430CE1 模块(集成于 FE42x 器件中)将 SD16、硬件乘法器及 ESP430 嵌入式处理器引擎进行了完美集成,非常适用于单相电能测量应用。该模块在无需 CPU 的情况下也能够独立进行测量计算。

Flash 存储器可实现位、字节和字的可寻址性与可编程性。其主存储器段大小为 512 字节。此外，每个 MSP430 还可为 EEPROM 仿真提供高达 256 字节的 Flash 信息存储器(Flash Information Memory)。通过 JTAG 调试接口、引导加载程序(Bootstrap Loader)以及在系统工具(In - system)可对 Flash 存储器进行读取、写入及擦除操作。

MSP430 器件拥有多达 10 个 I/O 端口：P1～P10。每个端口均有 8 个 I/O 引脚。每个 I/O引脚均可配置为输入或者输出，并可被独立地读取或者写入。P1 与 P2 端口都具备中断能力。MSP430F2xx 器件拥有可单独配置的内置上拉或下拉电阻。

LCD/LCD_A 控制器可自动生成多达 160 段的信号，能够直接驱动 LCD 显示器。MSP430LCD 控制器可支持静态、2 组多路复用、3 组多路复用及 4 组多路复用 LCD。LCD_A 模块包含可用于控制对比度的集成充电泵。

硬件乘法器模块 MPY 可支持 8/16 位×8/16 位带正负或者不带正负符号的乘法，并可选择“乘法与累加”功能。其是一种不影响 CPU 任务的外设，并可通过 DMA 模式进行存取。最新 F47xx 系列器件上的 MPY 可实现高达 32 位×32 位的运行。

MSP430 集成运算放大器 OA 具有单电源、低电流工作模式，轨至轨输出及可编程建立时间等优异特性。可编程的内部反馈电阻以及多个运算放大器之间的相互连接能够实现各种软件可选择的配置选项，例如单位增益模式、比较器模式、反向 PGA、非反向 PGA、差分及仪表放大器等。

Scan IF 模块 SCANIF 是一种可编程状态机，具有能够以最低功耗自动测量线性或旋转运动的模拟前端。该模块支持各种类型的 LC 与阻性传感器和正交编码。

SD16/SD16_A 模块具备多达 3 个内部参考电压为 1.2 V 的 16 位 Δ - Σ A/D 转换器。每个模/数转换器拥有 8 个全差分复用的输入，如内置温度传感器。该转换器为过采样比率可选的二阶过采样 Δ - Σ 调制器，SD16_A 过采样比率最大为 1 024，SD16 为 256。

电源电压监控器 SVS 是一种用于监控 AVCC 电源电压或外部电压的可配置模块。当电源电压或外部电压降至用户所选阈值以下时，经配置的 SVS 可设置标志或触发 POR 复位。

Timer_A 与 Timer_B 均为异步 16 位定时器/计数器，具备多达 7 个采集/比较寄存器和 4 种运行模式。该定时器可支持多种采集/比较模式、PWM 输出与内部定时，同时还具有各种中断功能。

通用同步/异步接收/传输 USART 外设接口支持与同一硬件模块的异步 RS - 232 和同步 SPI 通信。此外，MSP430F15x 与 MSP430F16x USART 模块还支持 I^2C 接口标准，以及可编程波特率和独立的接收与传输中断功能。

通用串行通信接口 USCI 模块具有两组可同时使用的独立通道。异步通道(USCI_A)支持 UART 模式、SPI 模式、IrDA 的脉冲成形及 LIN 通信的自动波特率检测，同步通道 USCI_B 支持 I^2C 和 SPI 模式。

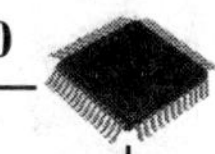

通用串行接口USI模块是一种数据宽度高达16位的同步串行通信接口,可支持SPI与I^2C通信,对软件的要求非常低。

2.1.7 MSP430应用

MSP430超低功耗16位RISC混合信号处理器平台为电池供电型测量应用提供了极佳的解决方案。MSP430适用于各种无线解决方案,其中包括27 MHz、RFID以及基于IEEE 802.15.4与ZigBee标准等的低功耗节能型RF网络。

MSP430产品线可提供超低功耗、节电机制与高性能集成模拟的独特组合,因而能够实现整套代码与架构兼容的设备。MSP430与RF解决方案完美适用于诸如无线键盘/鼠标、无线VoIP、遥控以及无线游戏配件等众多应用领域。此外,该系列解决方案也正好适用于家庭与楼宇自动化等应用,如告警与安全监控系统、自动抄表系统(AMR)、有源RFID系统以及其他监控与控制系统。

(1) 计量仪表应用

MSP430的水、电、气计量和自动抄表功能专为计量仪表应用而精心设计。MSP430超低功耗微控制器将超低功耗与高性能模拟集成进行了完美结合。MSP430可使设备实现水、气、电(单相至三相)的计量能力,并支持AMR(自动抄表系统)的RF无线接口。

(2) 安全监控应用

MSP430可为安防领域提供广泛的产品系列,这些解决方案非常适用于玻璃破碎探测器、烟感探测器,以及其他能使财产免遭非法使用、盗窃或毁损的设备等。MSP430将高度的模拟集成(如高性能模/数转换器)与优异的超低功耗特性完美地结合在一起,是安全监控设备的理想解决方案。

(3) 便携式医疗应用

随着便携性日益成为医疗产品的趋势,制造商纷纷寻求既能降低设计复杂度,同时又能加速产品开发进程的先进技术。在大多数医疗设备中,采集的生理信号均为模拟信号,因而需要首先对其进行诸如放大与滤波这样的信号调整,然后才能测量、监控或显示。MSP430为超低功耗处理器提供了具有完整信号链的高集成度平台,非常适用于血压计、肺活量计、脉搏计以及心率计等应用领域。

2.2 MSP430F2618简介

本书所介绍的ZigBee2007实验例子程序是基于MSP430F2618低功耗微控制器的。

2.2.1　MSP430F2xxx 介绍

德州仪器(TI)宣布推出最低功耗 16 位通用微控制器——MSP430F2xxx 高性能微控制器家族的 5 个最新产品系列。这种最新微控制器不仅为 MSP430F1 系列中的相应器件提供了直接升级路径,简化了开发工作并实现了完整的引脚与软件兼容性,而且还使处理能力及电池使用寿命提高了 1 倍之多,存储容量也相应增加。对于读表设备、传感器、工业控制系统、手持式设备以及各种其他嵌入式系统的开发人员,MSP430F2xxx 微控制器不仅能够提高产品性能,延长使用寿命,还能尽可能减少重复设计工作。

通过高度模拟集成,TI 公司的 MSP430F2xxx 微控制器架构能够满足新一代控制系统的要求。该器件集成了高达 120 KB 的片上存储器,并支持 20 位地址字,因此将总体可寻址存储(无翻页)容量提升至 1 MB,从而支持更复杂程序的开发。各种模拟与数字外设选项支持终端产品的增强特性,同时还降低了系统成本与功耗。例如,仅 0.5 μA 的待机功耗几乎不会造成电池消耗,而且待机模式的快速唤醒功能还进一步降低了电池负载。该微控制器具备1.8～3.6 V 的宽泛工作电压范围,而灵活的时钟架构使设计人员能够实施选定的处理速度与工作电压。由于在 3.3 V 电压下实现了 16 MHz 的全速处理器状态,电池使用寿命与系统成本得以进一步优化,为满足电源设计要求留有了余地。

这 5 种最新微控制器系列产品实现了 TI 公司为 MSP430 客户全面升级 F2xxx 的承诺。新产品中的片上选项包括高达 120 KB 的程序存储器、3 通道直接存储器存取(DMA)、8 通道 12 位 ADC 与双通道 12 位 DAC 等。通用串行通信接口(UCSI)能通过灵活的标准实施方案(支持 I^2C、SPI、IrDA 和 UART)来缩短开发时间。

借助高达 120 KB 的 Flash 存储器与 8 KB 的 RAM,MSP430F241x 和 MSP430F261x 可满足需要较高处理能力的系统需求,而 MSP430F24x 和 MSP430F23x 则是更加通用的器件。在上述器件中,MSP430F2418 和 MSP430F2618 非常适合在低功耗 ZigBcc 网络中工作,而 MSP430F2410 则能满足 IEEE 802.15.4 无线网络和自动读表等应用的要求。

MSP430F2xxx 微控制器的推出不仅使 MSP430 客户能够实现更高性能、更低功耗以及更大设计灵活性的技术升级,同时还开启了全新的应用可能,使包括要求更大存储容量的便携式嵌入式控制系统在内的各种系统都能受益于这种高度的模拟集成。

2.2.2　MSP430F2618 特性

● 低电压:1.8～3.6 V。

- 超低功耗：
  - 激活模式：365 μA(在 1 MHz，2.2 V)；
  - 标准模式 (VLO)：0.5 μA；
  - Off 模式(RAM Retention)：0.1 μA。
- 从标准模式唤醒时间小于 1 s。
- 16 位 RISC 结构，62.5 ns 指令周期。
- 3 通道 DMA。
- 12 位 A/D 转换。
- 内部参考电压，采用保持、自动扫描等特点。
- 双同步 12 位(D/A 转换)。
- 带 3 个捕捉比较寄存器的 16 位 Timer_A 。
- 带 7 个捕捉比较寄存器的 16 位 Timer_B 。
- 片上比较器。
- 4 类串口：

◇ USCI_A0 和 USCI_A1：
- UART；
- IrDA；
- 同步 SPI。

◇ USCI_B0 和 USCI_B1：
- I^2C；
- 同步 SPI。

2.3　ZigBee 芯片 CC2520

美国 TI 公司宣布推出第二代 ZigBee/IEEE 802.15.4 无线频率(RF)收发器 CC2520。该款产品专门用于企业、科学研究所与医疗部门的 2.4 GHz 非正式频段。它具有当今业界最佳的选择性/共存性及优异的链路预算功能特点。其产品目标在于满足各种应用中 ZigBee/IEEE 802.15.4 与专有无线系统的要求，包括工业监控、家庭与楼宇自动化、机顶盒、远程控制以及无线传感器网络。

在一套典型的系统中，CC2520 能与诸如 MSP430 等微控制器以及一些额外无源组件协同工作。CC2520 为各种应用提供了广泛的硬件支持，包括数据包处理、数据缓冲、突发传输、数据加密、数据认证、空闲通道评估、链接质量指示以及数据包计时信息等，从而降低了主机控制器上的负载。MSP430 系列产品具备各种高集成度外设，如动态存储器存取(DMA)、数/模转换器(DAC)和模/数转换器，产品能够在实现高性能的同时，确保功耗很低，因此它对于基于 ZigBee 的应用而言是完美选择。

CC2520 的关键参数包括 1.8～3.8 V 电源电压，－40～＋125 ℃工作温度，103 dB 链路预算以及 50 dB 相邻通道排斥能力等。CC2520 还为 CC2420 RF 收发器提供了方便的升级路径。

2.3.1　CC2520 的特性

TI 公司的 CC2520 是第二代的 ZigBee/IEEE 802.15.4 RF 收发器，主要用于 2.4 GHz 的 ISM 频段。CC2520 工作温度可高达 125 ℃，可提供极好的灵敏度和共存性能，有极好的连接性能，并可低电压工作。此外，CC2520 支持帧处理、数据缓冲、突发传输、数据加密、数据鉴权、空闲频道检测、连接质量指示以及帧定时信息等，从而降低了主控制器的加载。CC2520 广泛应用于 IEEE 802.15.4 系统、ZigBee 系统、工业监视和控制系统、家庭和建筑物自动化、自动读表、低功耗无线传感器网络、机顶盒和遥控系统以及消费类电子产品中。

1. 应　用

- IEEE 802.15.4 系统。
- ZigBee 系统。
- 工业监测和控制。
- 家庭和楼宇自动化。
- 自动抄表。
- 低功耗无线传感器网络。
- 机顶盒和远程控制。
- 消费类电子产品。

2. 主要特点

- 信道选择性/共存性。
- 相邻信道抑制：49 dB。
- 备用信道抑制：54 dB。
- 优秀的链路预算(103 dB)，400 m 视线范围。
- 温度范围：－40～＋125 ℃。
- 宽电源范围：1.8～3.8 V。

- IEEE 802.15.4 标准的 MAC 硬件支持。
- 一个 AES-128 安全模块。
- CC2420 接口兼容模式。

3. 低功耗

- RX (接收帧，- 50 dBm) 为 18.5 mA 。
- TX 为 33.6 mA(在+5 dBm 时)。
- TX 为 25.8 mA(在 0dBm 时)。
- 低功耗模式<1 μA 。

4. 射 频

- IEEE 802.15.4 标准扩频基带调制解调器与 250 kb/s 的数据传输速率。
- 优秀的接收灵敏度(在-98 dBm 时)。
- 可编程输出功率高达+5 dBm。
- 射频频率为 2 394～2 507 MHz。
- 符合世界范围的无线电频率法规：ETSI EN 300 328 和 EN300 440 class 2 (欧洲)，FCC CFR47 第 15 部分(美国) 和 ARIB STD-T66 (日本)。

5. 处理器支持

- 数字接收信号强度指示/LQI 支持。
- 自动清除信道评估的访问——CSMA/CA。
- 自动 CRC 校验。
- 768 字节 RAM 用于灵活的缓冲和安全处理。
- 完全支持 MAC 的安全性。
- 4 线 SPI 接口。
- 6 个可配置 I/O 引脚。
- 中断发生器。
- 帧过滤和处理引擎。
- 随机数发生器。

2.3.2　CC2520 引脚描述

CC2520 采用 QFN－28 封装，引脚图如图 2.5 所示，引脚描述如表 2.1 所列。

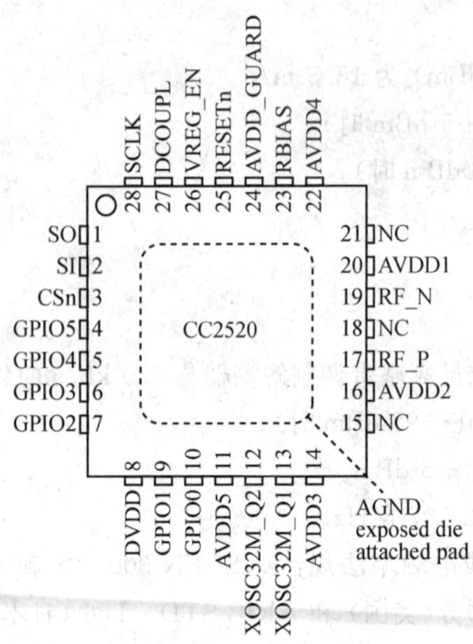

图 2.5　CC2520 引脚图

表 2.1　CC2520 引脚描述

引脚符号	引脚编号	类　型	描　述
SPI			
SCLK	28	I	SPI 接口：串口时钟，最大为 8 MHz
SO	1	O	SPI 接口：串口输出
SI	2	I	SPI 接口：串口输入
CSn	3	I	SPI 接口：片选，低电平为选中
GPIO			
GPIO0	10	IO	普通数字 I/O
GPIO1	9	IO	普通数字 I/O
GPIO2	7	IO	普通数字 I/O
GPIO3	6	IO	普通数字 I/O

续表 2.1

引脚符号	引脚编号	类　型	描　述
GPIO4	5	IO	普通数字 I/O
GPIO5	4	IO	普通数字 I/O
杂　项			
TESETn	25	I	外部复位引脚，低电平有效
VREG_EN	26	I	当该引脚为高电平时，数字稳压器被激活
NC	15、18、21		
模　拟			
RBIAS	23	A	参考电流的外部偏置电阻，56 kΩ，±1 %
RF_N	19	RF	负 RF 输入信号，低噪声放大器在接收模式下的负射频输出信号，PA 在传输模式
RF_P	17	RF	正 RF 输入信号，低噪声放大器在接收模式下的正 RF 输出信号，PA 在传输模式
XOSC32M_Q1	13	A	晶体振荡器引脚 1
XOSC32M_Q2	12	A	晶体振荡器引脚 2
电源/地			
AVDD	11、14、16、20、22	模拟电源	1.8～3.8 V 模拟电源
AVDD_GUARD	24	模拟电源	电源的数字噪音隔离和数字电压调节器
DCOUPL	27	数字电源	1.6～2.0 V 数字电源输出的去耦 注：此引脚电压不能被用来提供给任何外部设备
DVDD	8	数字电源	1.8～3.8 V 数字电源
AGND	模具垫	模拟地	

2.3.3　CC2520 与 CC2420 的区别

CC2420 与 CC2520 的比较如表 2.2 所列。

表 2.2　CC2520 与 CC2420 比较

特　性	CC2420	CC2520
标准	IEEE 802.15.4 2003	IEEE 802.15.4 2006
最大输出功率	0 dB	5 dB
典型灵敏度	−95 dBm	−98 dBm
时钟输出	无	配置的频率是 1～16 MHz
用户接口	SPI 控制操作	通过 GPIO 传输指令集形式
寄存器访问	无晶体振荡器运行时也可以访问	只有晶体振荡器运行时才能访问
数字输出	没有施密特触发器	所有数字输入都有施密特触发器
数字输出	固定配置	高度灵活配置
启动	XOSC 的手动启动	复位(reset_n)后 XOSC 自动开始，接收到 SRES 指令后 XOSC 手动启动
晶体频率	16 MHz	32 MHz
数据包分析	无硬件支持	硬件支持非侵入性数据传输和接收帧分析
最大的 SPI 时钟频率	10 MHz	8 MHz
RAM 大小	364 字节	768 字节
工作电压	2.1～3.6 V	1.8～3.8 V
最大工作温度	85 ℃	125 ℃
安全	有限的灵活性	高度灵活的安全指示。更多的 RAM 可允许更灵活的处理
封装	QLP-48,7 mm×7 mm	QFN-28 (RHD),5 mm×5 mm
RF 频率范围	2 400～2 483.5 MHz	2 394～2 507 MHz

2.3.4　CC2520 典型设计

CC2520 只需要很少的外部元件就能正常运行，典型的应用电路如图 2.6 所示。

注意：图 2.6所示并不表示电路板上元器件的布局结构，电路板元器件的布局会大大影响 CC2520 的射频特性。

MSP430F2618 非常适用于 CC2520。建议采用如表 2.3 所列对应连接 MSP430F2618 与 CC2520，这样就与原装参考设计一样，那么用 Z-STACK 协议栈相对来说也比较容易。

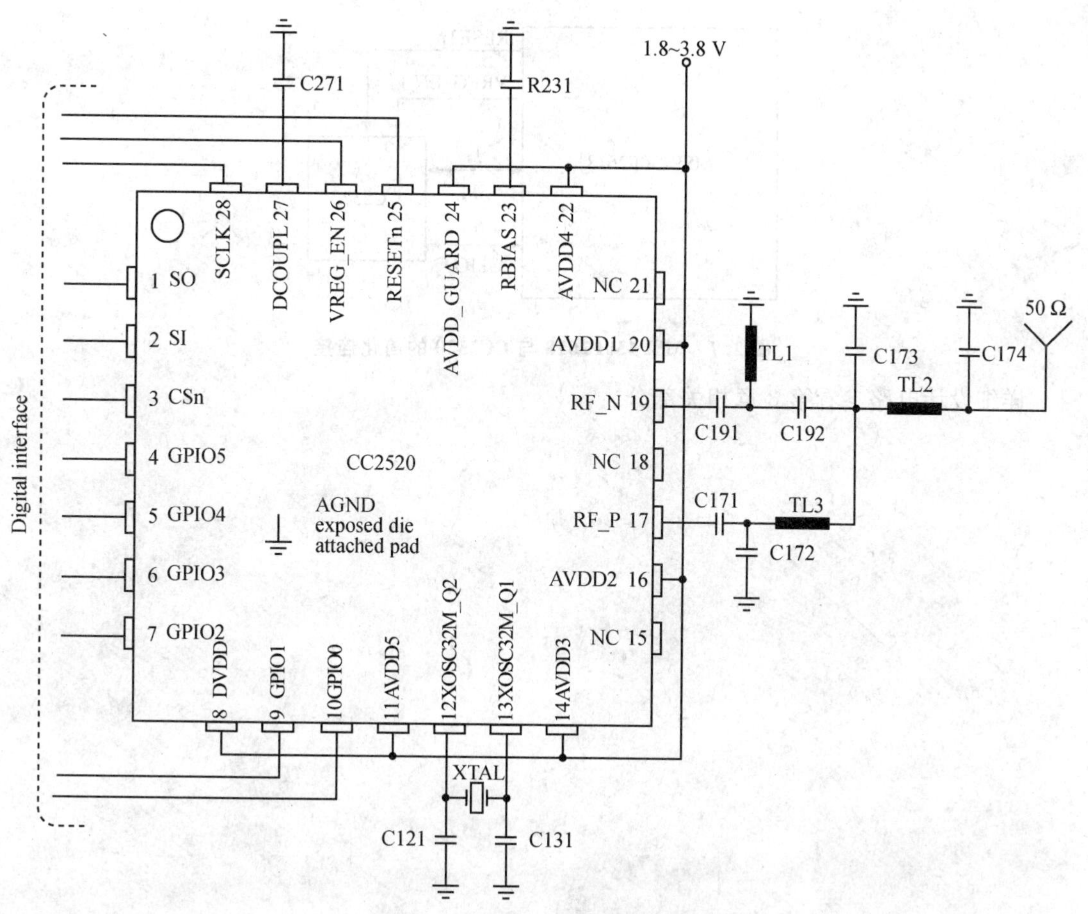

图 2.6 CC2520 典型设计电路

表 2.3 CC2520 与 MSP430F2618 引脚匹配

CC2520	MSP430F2618	CC2520	MSP430F2618
VREG_EN	P01.0/TACLK/CAOUT	GPIO0	P01.3/TA2
RESETn	P05.7/TBOUTH/SVSOUT	GPIO1	P01.5/TA0
SCLK	P05.3/UCB1CVLK/UCA1STE	GPIO2	P01.6/TA1
SO	P05.2/UCB1SOMI/UCB1SCL	GPIO3	P01.1/TA0/BSLTX
SI	P05.1/UCB1SIMO/UCB1SDA	GPIO4	P01.2/TA1
CSn	P05.0/UCB1STE/UCA1CLK	GPIO5	P01.7/TA2

图 2.7 描述了 MSP430F2618 与 CC2520 的简化连接图。

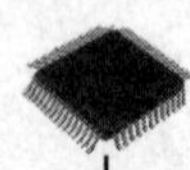

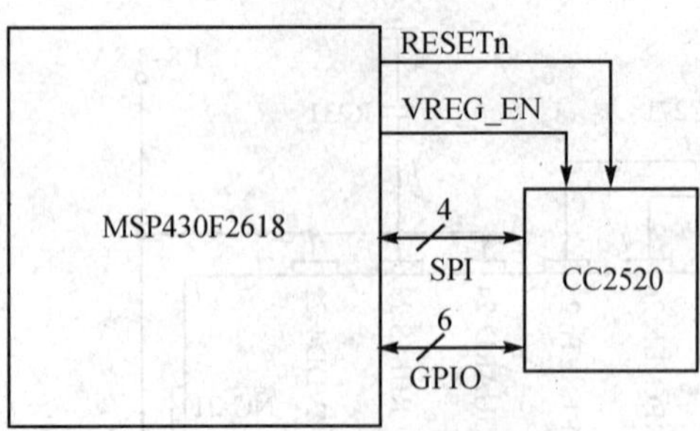

图 2.7　MSP430F2618 与 CC2520 的简化连接

详细设计电路参看第 3 章相关部分。

第3章 ZigBee无线网络多功能开发系统

由于ZigBee技术是目前嵌入式应用的大热门，所以目前世界上很多公司都陆续投入这个市场。市场上各种ZigBee的技术方案五花八门，争奇斗艳，但俗话说“外行看热闹，内行看门道”。以大家的眼光看，每个方案的提供商，无不追求一个“利”字，芯片公司为了推销自己的产品，推销给用户不同的微控制器、不同公司的硬件平台、不同的编译调试系统。

如果用户想快速入门上手，想在现有知识基础上进行ZigBee开发，那么采用一套以C8051为内核及IAR软件集成开发环境的开发系统，将会是客户的首选。

本章将介绍以C8051微处理器(CC2430/CC2431)为核心的ZigBee无线开发平台。需要的基本硬件包括开发板、计算机、仿真器、协议分析仪、ZigBee高频模块等。需要的软件分为两部分：一部分是CC2430/CC2431微控制器软件编程集成开发平台，如本书推荐的IAR高级编译、汇编、查错等综合软件；另一部分是ZigBee协议栈，例如成都无线龙公司精简版协议栈源代码、TI公司提供的免费ZigBee协议栈及工具软件等。

下面先来介绍如何组建ZigBee的硬件平台。

3.1 无线网络ZigBee开发系统平台选择

今天的世界，已经是无线的世界，未来的世界，更是无线的天下。

无线应用已成为国内外嵌入式应用热点，从方便、灵活的“无线工业控制”，到方便、舒适的“无线数字家庭”；从方便千家万户的便民项目“无线抄表免入户”，到彻底改变商品标签RFID；从生命保护线的“无线矿井定位”，到方便、快捷的“集装箱定位系统”。千千万万无线项目、无线产品，如雨后春笋一样不断涌现，预报一个无线应用百花齐放的春天正在向我们走来。

无线通信技术的发展日新月异，各种新的无线通信技术层出不穷，从Wi-Fi，到蓝牙，再到今天短距离通信的热点ZigBee/无线定位、无线传感器网络，令电子工程师们应接不暇。如果电子工程师有机会通过少量的投资，迅速建立起自己的无线网络开发平台，并通过自己动手

实践，掌握开发无线网络的技术经验和核心技术，那么在今天这个无线的时代应该是非常重要的事情。

3.1.1 如何选择嵌入式无线开发工具和平台

1. 了解市场以及技术发展状况

目前世界上很多公司都陆续投入无线市场，市场上各种ZigBee的技术方案五花八门，争奇斗艳。这对于初次进入无线领域的工程师来说，既要面对复杂的ZigBee无线通信协议，又要面对超高频的硬件环境，再加上完全陌生的指令系统及硬件平台，这无疑对学习ZigBee技术是"雪上加霜"。

那么如何解决呢？建议选择8051微处理器为ZigBee的核心。8051微处理器诞生已有30多年，目前在国内最为普及，大学、中专都设有这样的课程，各种参考书到处都有，其开发软件KEIL、IAR也早已被大家熟悉，用起来最顺手。

有言论说，8051"老了"，怕不能担当此重任；也有言论说，8051会产生数字噪声，影响无线通信……以科学眼光看，这些都是没有科学依据的说法。随着芯片技术的不断发展，今天的8051早已经脱胎换骨，它只是片上系统(SoC)的小部分，而且在低功耗、高速度、低噪声等方面有了质的飞跃。以TI/CHIPCON公司的ZigBee微控制器CC2430/CC2431为例，其8051内核经过特别设计，可以和2.4 GHz的ZigBee无线收发电路完美地配合，绝不会因为其8051内核的高速运行而对高频无线通信有任何影响。

从8051入手学习ZigBee技术，有如下好处：

① 无须重新学习微处理器结构原理，无须重新熟悉编译/调试工具。

② 对片上系统的I/O、定时器、A/D、PWM、看门狗等，也无须重新学习。

③ 如果没有单片机的基础，学起来也非常容易，也容易找到人请教、交流。

从技术角度看，ZigBee技术的核心是软件，如果微处理器是8051，则ZigBee是由C51代码组成的一堆软件。无论是无线数据传输，还是路由算法、网络拓扑等，都是各种函数的组合、代码的组合。如果熟悉C51编程，就很容易熟悉ZigBee的代码，同时将自己的应用代码与ZigBee结合在一起。

对硬件而言，如果已经熟悉8051，则学习ZigBee最好从片上系统(无线单片机)开始进入。这是因为对于初学无线的工程师而言，从无线单片机开始，可以避开硬件/高频方面的很多难点(像CC2430/CC2431/CC1110/CC2510无线部分完全集成在芯片中，外部只有很少几个零件，几乎完全不需要考虑如何焊接，如何调试无线高频部分硬件)，直接进入最关键的部分的学习。

入门最理想的是选择8051内核的ZigBee无线单片机。理想的选择是最新的CC2430/

CC2431，如果需要高精度无线定位，则可以容易地扩展到 CC2431(关于这两种无线单片机，请查阅北京航空航天大学出版社出版的《ZigBee2006 无线网络与无线定位实战》一书介绍)。

注意： CC2430/CC2431 无线单片机是目前世界上仅有的、带 128 KB Flash 存储器的、采用 8051 内核的 ZigBee 无线单片机。

2. 根据应用需要，选择合适的开发工具

如果应用主要考虑成本，而且比较简单，例如设计一个简单的遥控器产品，包括遥控一个窗帘、灯的开关、简单的点对点数据传输、遥控门铃、无线电子显示牌、无线键盘、无线鼠标、无线游戏手柄等，而且系统工作在 300 MHz～2.4 GHz 的高频频段，则可以选择采用比较成熟及价格低廉的 NRF9E5/NRF24E1/CC1110/CC2510 无线单片机芯片及价格较低的 C51RF-2/C51RF-PS 系列仿真器和开发工具(包括该开发工具配套的全部无线通信培训教材)；如果采用 MCU+RF 的技术方案，则可以选择 CC1100/CC2500/NRF2401/NRF905 等无线芯片和无线龙 C51RF-S3100(8051 单片机+RF 芯片)开发平台。

如果应用比较复杂，有较多的节点共同工作，需要有比较复杂的网络拓扑进行连接，例如超级星状网络、树(串)状网络、网状网络等，或者需要兼容 802.15.4 国际短距离无线通信标准(其应用系统包括：井下人员安全系统、高精度实时定位系统、大容量无线传感器网络、数字家庭系统、集装箱跟踪系统、RFID 系统、符合 802.15.4 标准的无线网络家电产品、无线安全系统等)，而且工作在高于 2.4 GHz 的高频频段，则可以选择 ZigBee/802.15.4 多功能可视化无线网络开发系统 C51RF-3-PK。

如果应用是要求非常小的体积、比较简单的网络拓扑、非常快的发送时间、无线节点数量比较小(一般小于 6 个)，例如无线手表、无线运动器材、医学微型传感器，那么可以采用 NRF24AP1/NRF24L01 等无线网络芯片和无线龙 S3000(8051 处理器+RF 芯片)开发平台(无线龙最新增加了对这两种无线网络芯片的支持)。

3. 根据个人知识水平和对无线技术熟悉的程度，选择开发平台

对较少接触高频设计的电子工程师，要快速完成一个无线通信系统开发/设计是一件具有挑战性的工作，要应对这个挑战，需要有一个逐渐学习的过程及一定的实验设备和测试环境。如果是第一次接触嵌入式无线通信技术，那么可以选择从 C51RF-2/C51RF-PS 系列低价格(800 元以内)无线单片机开发系统入手，通过对照无线龙公司提供的配套教材动手实践，进行简单的无线通信，开发简单的无线实际应用；对高频电路、无线通信原理及硬件和软件中可能出现的问题，用软件编程去解决数据通信中的实际问题等。待有了一个完整的认识和经验后，再进行更复杂的无线网络的设计开发。

如果在这方面已经有丰富经验，而且产品开发需要在无线网络方面进行设计，则可以直接选择 ZigBee/802.15.4 多功能可视化无线网络开发系统 C51RF-3-PK。

如果希望采用低价格的C51RF－2/C51RF－PS系列开发工具，请查阅 http://www.c51rf.com 上的技术文章《使用C51RF－2无线单片机设计工具，在家建立无线通讯产品开发工作平台》一文，或查阅北京航空航天大学出版社出版、成都无线龙编写的无线单片机丛书《短距离无线数据通信入门与实战》和《CC1110/CC2510无线单片机和无线自组织网络入门与实战》。

本书将主要介绍如何建立ZigBee/802.15.4无线网络/定位开发平台。下面就举例说明如何使用ZigBee/802.15.4多功能开发系统C51RF－3－PK，建立一个自己的ZigBee/802.15.4无线网络开发平台。

3.1.2 需要的设备和必要条件

在无线开发先进的国家，例如美国，开发无线网络产品的实验室投资都非常巨大，动辄几十万美元，几百万美元也很常见。这是因为美国的高频工程师年薪很高，10多万美元很常见，所以需要提供较高水平的开发设备来缩短开发时间，降低开发成本。同时，无线开发所需要的高频设备，如高频示波器、频谱仪、高频信号发生器都非常昂贵，还有专门的信号和无线协议分析仪（ZigBee协议分析仪、蓝牙协议分析仪）等，更是“天价”。

在国内，一般中小企业都很难有条件投资这样的实验室，更不用说是普通的电子工程师希望在家建立这样的无线网络开发平台了。

但随着技术的进步，特别是集成电路的发展，使得开发低成本无线芯片的厂家能够采用片上系统的办法对高频电路进行大量集成，诞生了无线单片机这样的产品。最近，更开发出将8051、ZigBee/802.15.4高频电路和相当多无线网络软件集成到一个单晶片上的产品（目前最优秀的产品是TI/Chipcon公司开发的CC2430/CC2431系列ZigBee 8051无线单片机），使普通工程师可以通过很少的投资，就可以实现在自己家里建立一个属于自己的无线网络产品开发工作室，在家里从事无线产品的开发工作的梦想。

建立这个实验室需要的设备和必要条件如下：

(1) 一台PC机。能运行任何中文/英文Windows 2000以上的版本，5 GB以上的硬盘空闲空间，普通光盘驱动器，具有USB接口、串行接口，速度在800 Mb/s以上就可以工作了。

(2) 一台ZigBee无线单片机开发系统。例如ZigBee/802.15.4多功能可视化无线网络开发系统C51RF－3－PK。需要将开发系统C51RF－3－PK实时在线仿真器通过USB接口直接连接到PC机，同时，通过10线仿真电缆连接到CC2430/CC2431的ZigBee无线单片及目标板，即可方便地完成连接，并且无需其他的直流电源。

(3) IAR7.20H以上C51开发环境。该开发平台非常类似Keil的开发平台，如果熟悉Keil的C51开发平台，那么就非常容易掌握并喜欢这个功能强大的、类似的IDE/DEBUG平台。

(4) 一个万用表。

当完成连接后，就已经拥有了自己的无线网络产品开发平台，采用这个平台可以在家使用 CC2430/CC2431 系列 ZigBee 无线单片机开发许多带有无线网络功能的无线产品。完全不用去考虑这是工作在 2.4 GHz 的高频产品，只要熟悉 8051，就可以在这个无线平台上自由飞翔，开发期待已久的无线产品。采用这个开发系统，照样可以开发出国外在价值几十万的无线网络实验室里开发的、同样功能的高级无线通信产品。当然，这只是一个基本的平台，如果有条件，可以选择下面的配备：

(1) Protel99 等电路板设计软件，用于设计自己的电路板。

(2) 一台示波器，用于观察微处理器的低频数字信号。

(3) 低成本的 C51RF-3-F 型 ZigBee/802.15.4 无线协议分析仪器。该协议分析仪与国外专业 ZigBee/802.15.4 无线协议分析仪器相同，采用 USB 高速连接 PC 机，可以方便、快捷地观察在空气中间传输的无线数据包，使无线网络调试、测试更加方便，而且价格相当便宜。

总　结

作为一名电子/单片机工程师，具有多方面的设计经验和知识是非常重要的，但由于电子技术的发展一日千里，日新月异，跟上时代的发展，对电子/单片机工程师就更加重要。

许多电子/单片机工程师在熟悉 8 位单片及技术后，开始自己学习 ARM 等 32 位单片机技术，有的花费多达几千元人民币购买 ARM 开发工具，在家建立自己的 ARM 开发平台；也有不少的广告说“学好 ARM 就有机会”等。其实，从电子/单片机技术发展的眼光来，单片机从 8 位到 32 位发展，主要是在运行速度上量的改变，而单片机的无线化和无线网络化集成，才是单片机在质的方面的飞跃，而由此带来的巨人市场和无比广阔的应用前景，将比单片机从 8 位到 32 位的的发展更加令人鼓舞和令人期待。

2004 年，成都无线龙的工程师写过一篇文章——“单片机的无线时代和无线时代的 8051 单片机”(可在 http://www.c51rf.com 上查阅)，描绘了无线单片机令人鼓舞的市场前景。几年过去了，正如当时的预测，无线单片机的发展速度非常快，特别是 IC 巨人 TI 公司收购了 8051 无线单片机的先行者 Chipcon 公司及 ZigBee 联盟的巨大成功，更证明了“无线单片机”这个时代的到来。

下面首先介绍如何使用 ZigBee/802.15.4 多功能可视化无线网络开发系统 C51RF-3-PK 建立最新 ZigBee 无线网络平台。

3.2　多功能可视化ZigBee无线网络开发系统 C51RF-3-PK

成都无线龙 ZigBee 协议栈高级开发系统 C51RF-3-PK 是经济、高效、方便、快捷、具有可视性、可重复使用的开发工具套装，完全满足 IEEE 802.15.4 标准和 ZigBee 技术标准的无线网络技术设计开发。

该工具箱包含了构建多种 ZigBee 网络所需的全部硬件、软件专业开发工具、文档和各种展示、表演软件，并配备有成都无线龙编写、北京航空航天大学出版社出版的《ZigBee 无线网络技术入门与实战》和《ZigBee2006 无线网络与无线定位实战》。

该开发系统的功能特点如下：

- 具有 USB 高速下载，支持 IAR 集成开发环境；
- 具有在线下载、调试、仿真功能；
- 提供 ZigBee 协议栈源代码；
- 所有例子程序以源代码方式提供；
- 配置灵活，可根据需求选配多种扩展开发板；
- 开发方便、快捷、简单；
- 采用 C51 编程，熟悉、顺手、入手快；
- 具有液晶显示，直观、明了；
- 扩展板提供各种扩展及多种传感器；
- 配套教材《ZigBee 无线网络技术入门与实战》、《ZigBee2006 无线网络与无线定位实战》；
- 有具有多年丰富经验的高频设计工程师提供专业技术支持；
- 功能强大的 C51RF-3 仿真器，不仅可以实现对 CC2430/CC2431 程序的下载，还可实现开发仿真调试；
- 多种扩展板既有简单开发按键，又有液晶显示及各种传感器，不但可以实现简单的 CC2430/CC2431 开发，还可用于复杂的 ZigBee 无线网络；
- 硬件系统及软件代码程序自主设计完成，可以保证长期技术支持；
- 多种不同距离 ZigBee 模块选择(1～3 000 m)。

3.2.1　C51RF-3-PK 仿真器

C51RF-3-PK 仿真器是 C51RF-3-PK 无线 ZigBee 开发系统的技术核心，如图 3.1 所

示。C51RF-3-PK 仿真器具有在线下载、调试、仿真等功能。从图中可以看出,C51RF-3-PK 仿真器外形非常简洁,只有 1 个 USB 接口、1 个复位按键和 1 根仿真线。

USB 接口:通过 USB 接口可以把 C51RF-3-PK 仿真器与计算机有机地连接起来。C51RF-3-PK 仿真器通过此接口与计算机进行通信,要在 CC2430/CC2431 的 ZigBee 模块的开发上实现下载、调试(Debug)、仿真等的通信都通过此接口来实现。

图 3.1 C51RF-3-PK 仿真器

复位按键:此按键用来实现 C51RF-3-PK 仿真器的复位,当需要重新下载、调试、仿真时,可通过此按键来实现硬复位。

仿真线:这是一根 10 芯的下载、调试(DEBUG)、仿真线,通过它与 CC2430/CC2431 的 ZigBee 模块进行连接。

C51RF-3-PK 仿真器具有以下特点:

- 采用 USB 接口,使 C51RF-3-PK 开发与计算机连接更加简单快捷;
- 可实现高速代码下载,C51RF-3-PK 仿真器提供高达 129 kb/s 的下载速度,把程序下载到 CC2430 的 ZigBee 模块只需要几秒即可完成;
- 可实现在线下载、调试、仿真;
- 硬件断点调试类似 JTAG 的硬件断点调试,可实现单步、变量(寄存器)观察等全部 C51 源代码水平的在线调试功能;
- 支持 IAR 的 C51 编译/调试图形 IDE 开发平台;
- 专业设计,系统稳定可靠,噪声干扰小。

3.2.2 网络液晶扩展板

网络液晶扩展板(也称开发板)上包括图形汉字 LCD 显示器、小键盘、传感器、ZigBee 模块接口、可调电阻、LED、JTAG 仿真器接口、电源接口和 RS-232 接口。用户可以方便地使用该板上的硬件部件和无线龙通讯公司提供的各种评估软件及评估软件 C51 源代码,快速开发自己的应用系统,同时也可以用于各种教学/实验,如图 3.2 所示。

1. 跳线及其接口说明

C51RF-3-PK 扩展板有一个跳线接口 J6,这个跳线的功能是可实现 USB 转串口和 USB 转串口接口,以方便笔记本用户使用串口调试。开发板所提供的接口如图 3.3 所示。

图 3.2 网络液晶扩展板示意图

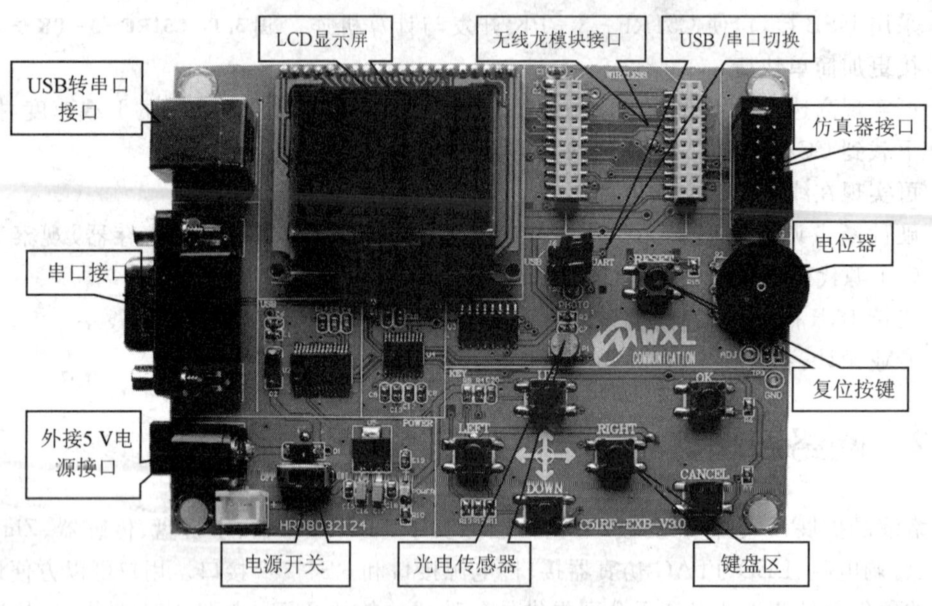

图 3.3 网络液晶扩展板板上资源示意图

2. 电源电路

电源电路可采用 5 V 电源通过 TPS79533 转换为 3.3 V 工作电压供电，USB 接口提供电源并通过 TPS79533 转换为 3.3 V 工作电压，仿真器直接提供 3.3 V 工作电压和电池供电这 4 种电源方案。

电源电路原理图如图3.4所示。

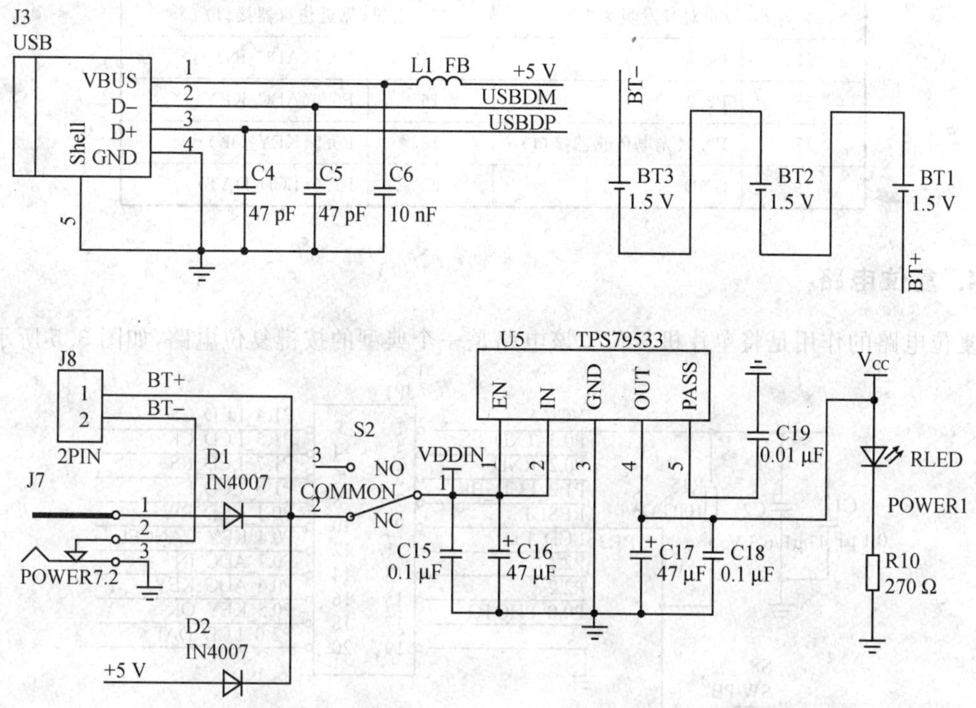

图3.4 电源电路原理图

3. 无线龙模块接口介绍

C51RF-3-PK扩展板提供了一个标准的无线龙无线模块通用接口，这个接口将芯片的硬件资源向外扩展，用户可以根据自己的需要制作外围设备，也可以用不同的CPU来使用该开发板。模块接口对应表如表3.1所列。

表3.1 模块接口对应表

左排(以正对开发板为准)		右排(靠近仿真器接口)	
1(从上至下)	VCC(3.3 V)	2	P1.4(LCD_CS)
3	P0.3(Uart_TXD)	4	P1.5(LCD_CK)
5	P0.2(Uart_RXD)	6	P1.7(LCD_RS)
7	P1.2(LCD背光)	8	P1.6(LCD_E)
9	RESET	10	P0.1(LCD_RW)
11	P1.2(液晶译码器命令)	12	P0.4(KEY_CANCEL)

续表 3.1

左排(以正对开发板为准)		右排(靠近仿真器接口)	
13	P2.1	14	P0.7(ADC_IN)
15	P2.2	16	P0.6(ADC_KEY)
17	P0.0(光电传感器接口)	18	P0.5(KEY_OK)
19	GND	20	P2.0(LCD_DAT)

4. 复位电路

复位电路的作用是将单片机复位。该电路是一个典型的按键复位电路,如图 3.5 所示。

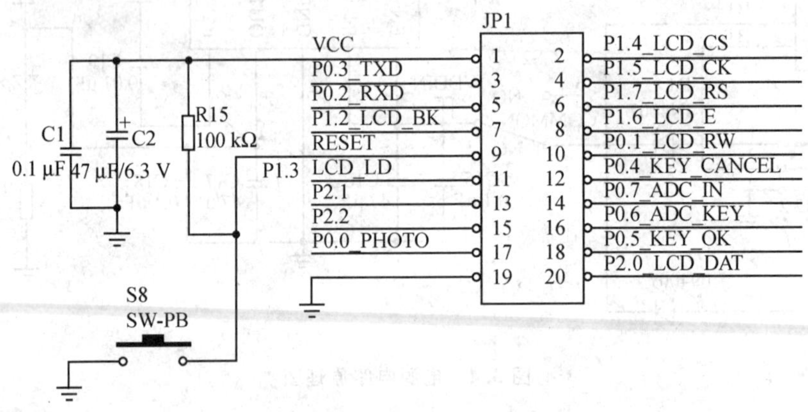

图 3.5　复位电路

5. 仿真器接口

通过扩展板,仿真器接口可实现把程序下载至 ZigBee 模块,同时实现对 ZigBee 模块的仿真和调试。仿真器接口如图 3.6 所示。

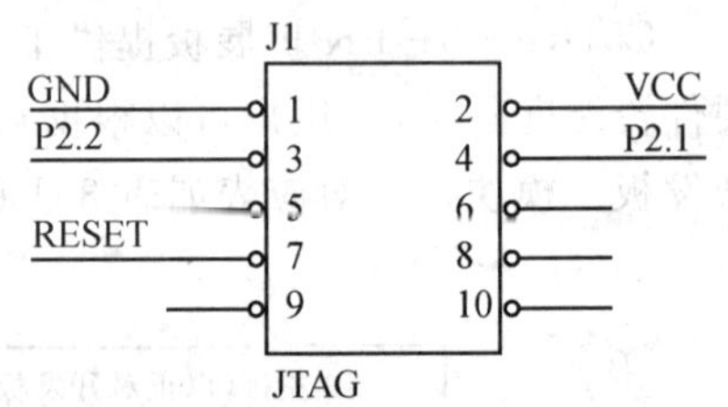

图 3.6　仿真器接口

6. 键盘电路

如图 3.7 所示,键盘电路由方向键和命令键组成,方向键通过电压采样完成,可通过不同的电压值来判断按键值;而命令按键直接通过端口判断。

7. 液晶电路

图 3.8 所示为液晶电路,液晶采用的是 OCM12864－9 图形点阵液晶显示模块。该模块

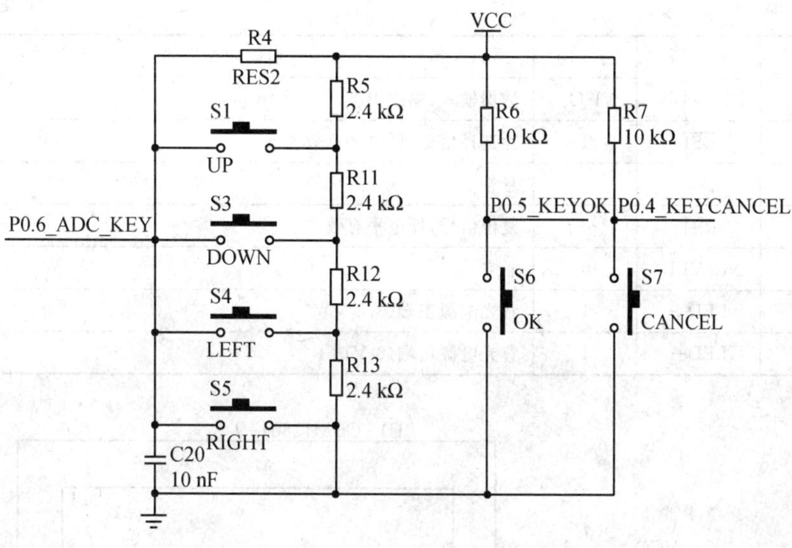

图 3.7　键盘电路

提供了一个完善的驱动电路，并提供了 20 个引脚作为与设备的连接接口。引脚的详细介绍如表 3.2 所列。该液晶为并行数据通信，为了节约更多的端口提供给用户自己发挥，采用了 74HC595 解码。

表 3.2　液晶引脚

引脚编号	引脚名称	方　向	引脚功能描述
1	VSS	I	逻辑电源地(0 V)
2	VDD	I	逻辑电源正端(3.3 V)
3	NC(VO)	I	悬空
4	AO	—	数据/指令选择：高电平时，DB0～DB7 为显示数据 低电平时，DB0～DB7 为操作指令
5	R/W($\overline{WR}$)	I	读/写控制引脚：当接口定义为 6800 接口时，R/W=H：读操作 R/W=L：写操作 当接口定义为 8080 接口时，$\overline{WR}$为写入控制引脚
6	E($\overline{RD}$)	I	当接口定义为 6800 接口时，为使能控制引脚，E=H 有效 当接口定义为 8080 接口时，$\overline{RD}$为读控制引脚，低有效
7	DB0	I/O	数据输入、输出引脚
8	DB1	I/O	数据输入、输出引脚

续表 3.2

引脚编号	引脚名称	方　向	引脚功能描述
9～14	DB2～DB7	I/O	数据输入、输出引脚
15	$\overline{\text{CS1}}$	I	片选择信号，低电平有效
16	NC	—	悬空
17	$\overline{\text{RST}}$	—	复位信号，低电平有效
18	NC(VEE)	0	悬空
19	LED+	I	背光电源正端(3.3 V)
20	LED−	I	背光电源负端(0 V)

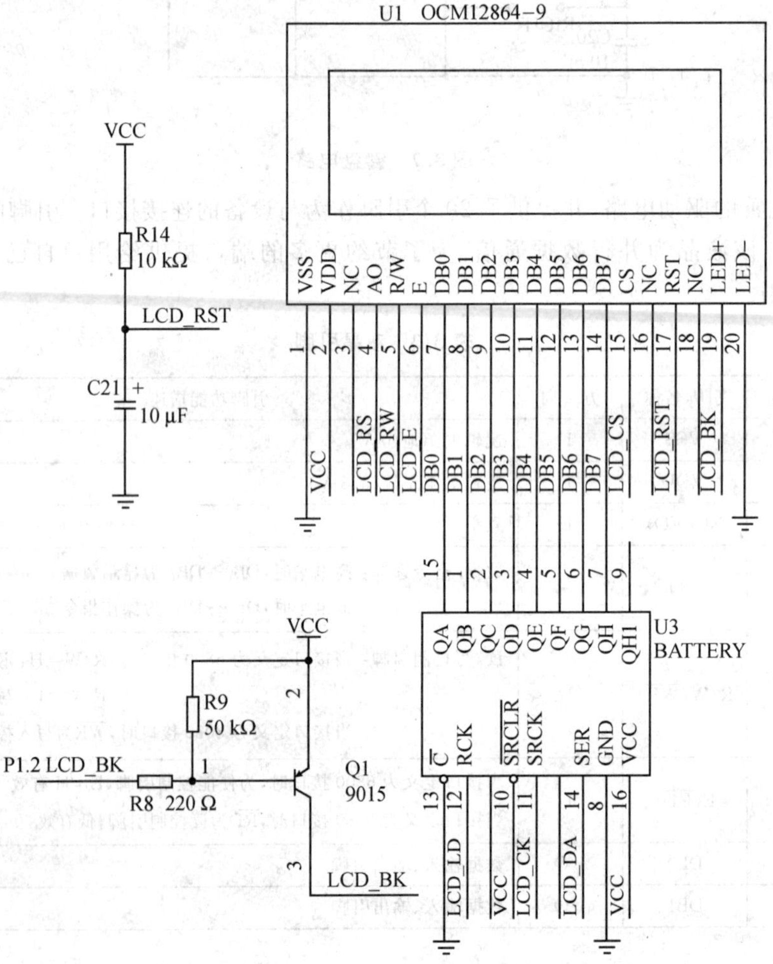

图 3.8　液晶电路

8. 串口电路

串口电路通过 SP3223E 完成电平转换，串口提供了一个标准的 9 针串行接口，如图 3.9 所示。

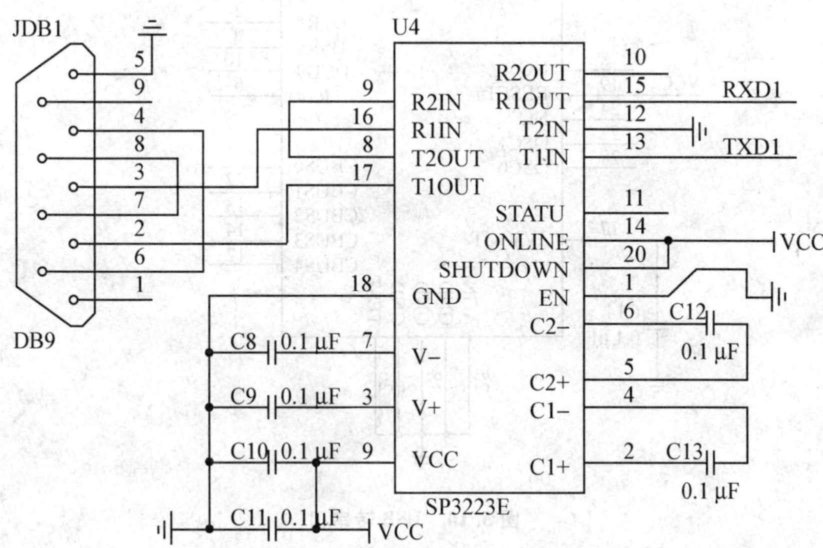

图 3.9　串口电路

9. USB 转串口电路

USB 转串口电路的作用是将 PC 机的 USB 口通过转换做串口使用，目的是方便笔记本用户使用串口调试。该电路采用 FT232 完成转换工作，如图 3.10 所示。

10. 传感器电路

传感器电路是通过 A/D 转换器来采集传感器电压值的，这里给出了一些实验性传感器，如光电传感器和电位器，如图 3.11 所示。

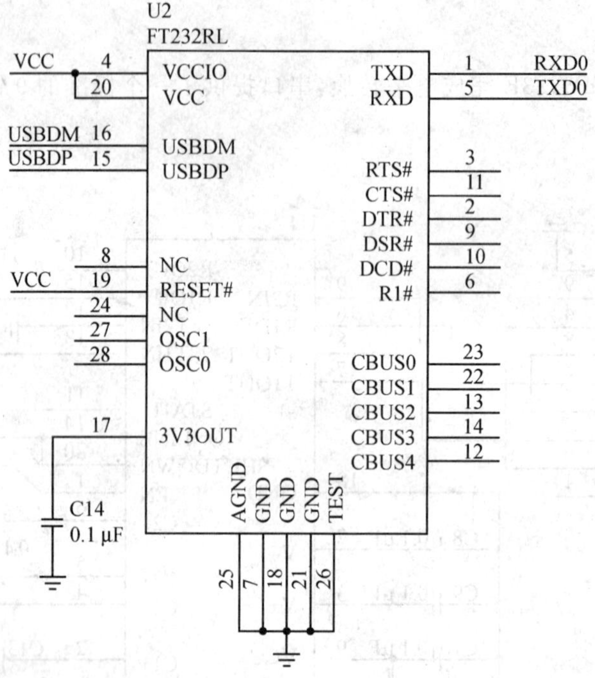

图 3.10 USB 转串口

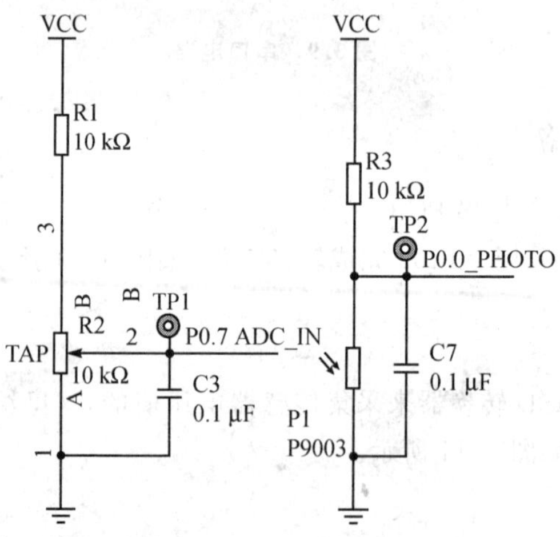

图 3.11 传感器电路

3.2.3　C51RF－3－PK 电池板

如图 3.12 所示，电池板主要包括 CC2430 的 ZigBee 模块接口、JTAG 仿真器接口、复位按键、电源开关、电池盒等，主要用于为 ZigBee 模块提供电源或为下载程序至 ZigBee 模块提供接口。

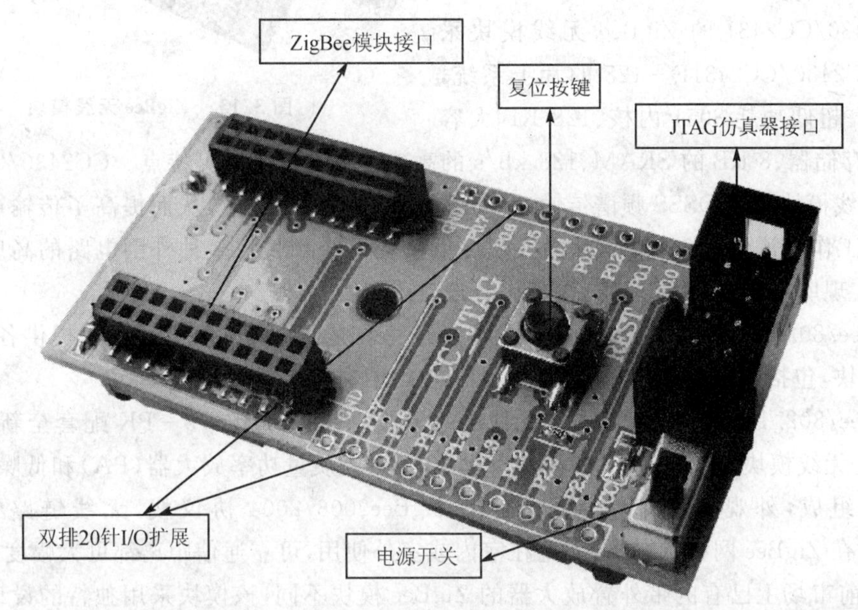

注：电源开关向里(靠近仿真器接口)表示开，向外表示关。

图 3.12　电池板功能示意图

3.2.4　ZigBee 模块

这是一款符合 IEEE 802.15.4 标准的 ZigBee 无线网络高频模块，主要面向多种工业、商用及家庭应用，如图 3.13 所示。该模块中含有 TI/Chipcon 公司的世界上第一个真正意义上 SoC 的 ZigBee 一站式产品 CC2430/CC2431。由于 CC2430/CC2431 的 ZigBee 无线模块具有 802.15.4/ZigBee 全兼容的硬件层、物理层，因此它可通过符合现有规范的物理层(PHY)和媒体访问控制层(MAC)实现无线通信，更易于开发 ZigBee 原型和产品。

在 ZigBee 无线网络系统中，此模块可用作协调器、终端节点、路由节点；在 ZigBee 无线网络系统中，此模块可用作参考节点、定位节点、网关。

CC2430和CC2431模块在外观上是完全一样的，在ZigBee无线网络系统中的功能也是完全一样的。但在ZigBee无线网络定位系统中，CC2430模块只能用作参考节点；而CC2431模块不仅可作定位节点之用，还可以作为参考节点使用。

图3.13 ZigBee无线模块

CC2430/CC2431的ZigBee无线模块采用的是CC2430/CC2431F-128的片上系统，具有高速、超低功耗8051内核、128 KB大容量Flash存储器、8 KB的SRAM、128 kb/s的高速无线通信接口等特点。CC2430/CC2431的ZigBee无线模块采用DSSS频谱传输、自动跳频、防冲突、防碰撞，从而提高了传输可靠性；待机状态下工作电流仅为0.2 μA，从而实现更低功耗；微控制器、多种外围电路的高度集成；易用，底层实现库类丰富，功能完善，源代码开放、标准化。

ZigBee/802.15.4多功能可视化无线网络开发系统C51RF-3-PK配套提供各种不同的ZigBee模块，包括不同距离(1～3 000 m)、不同天线(外接、PCB、陶瓷)。

ZigBee/802.15.4多功能可视化无线网络开发系统C51RF-3-PK配套全新一代长距离、微功耗无线模块LBee。该系列模块由无线SoC、高质量功率放大器(PA)和低噪声放大器(LNA)等组成，外观只有邮票大小，支持ZigBee2006/2004协议栈，无线链路预算大于110 dBm，在ZigBee网络状态下，无论在室内或室外使用，可靠通信距离都可大幅度提高。

与目前市场上已有的带外置放大器的ZigBee模块不同，该模块采用独特的设计，在对高频信号进行放大时成功实现了超低功耗(只需要数十毫安的瞬间电流消耗)。这些创新设计使LBee系列模块可以使用普通AA碱性供电，电池寿命可长达数年。

同时，LBee系列模块是目前市场上第一个全开放式ZigBee长距离模块，客户可以使用该模块和TI公司提供的免费ZigBcc认证的协议栈进行软件开发和编程。

无线龙同时提供ZigBee长距离专业开发系统C51RF-3-PK、无线传感器网络系统C51RF-WSN-LBee等成套开发系统，方便用户实现长距离网状网络通信应用系统开发。

对于已经购买无线龙上述标准开发系统的客户，无线龙将提供LBee系列长距离无缝升级套件，用户无须进行任何软件和硬件修改，只要将新的LBee模块直接插入原开发系统和节点插座，即可轻松完成ZigBee长距离应用升级。

LBee系列模块中的第一批产品C51RF-LBee2430-SMA(外接天线)和C51RF-LBee2430-CHIP(贴片天线)已经开始供货，批量或OEM定购时价格将大大低于国内外同类产品。

LBee系列长距离微功耗模块，大大扩展了ZigBee技术的应用范围，使ZigBee技术在远

程无线抄表、安防报警、路灯控制、舞台灯光控制、智能小区、工业自动控制、无线传感器等领域获得更加广泛的应用。

下面介绍世界上首个真正有效的单芯片ZigBee模块CC2430/CC2431。

CC2430/CC2431延用了以往CC2420芯片的架构，在单个芯片上整合了ZigBee射频(RF)前端、内存和微控制器。它使用1个8位微控制器(8051)，具有128 KB可编程FLash存储器和8 KB的RAM，还包含模/数转换器(ADC)、几个定时器(Timer)、AES128协同处理器、看门狗定时器(Watchdog Timer)、32 kHz晶振的休眠模式定时器、上电复位电路(Power On Reset)、掉电检测电路(Brown Out Detection)，以及21个可编程I/O引脚。

CC2430/CC2431具有ZigBee/802.15.4全兼容的硬件层和物理层。

CC2430/CC2431采用0.18μm CMOS工艺生产；在接收和发射模式下，电流消耗分别低于27 mA或25 mA。CC2430/CC2431的休眠模式和转换及主动模式的超短时间的特性，特别适合那些要求电池寿命非常长的应用。

CC2430/CC2431的主要特点如下：

- 高性能和低功耗的8051微控制器核。
- 集成符合IEEE 802.15.4标准的2.4 GHz的RF无线电收发机。
- 优良的无线接收灵敏度和强大的抗干扰性。
- 在休眠模式时，仅0.9 μA的功耗，外部的中断或RTC能唤醒系统；在待机模式时，为小于0.6 μA的功耗，外部的中断能唤醒系统。
- 硬件支持CSMA/CA功能。
- 较宽的电压范围(2.0～3.6 V)。
- 数字化的RSSI/LQI支持和强大的DMA功能。
- 具有电池监测和温度感测功能。
- 集成了14位模/数转换的ADC。
- 集成AES安全协处理器。
- 带有2个强大的支持几组协议的USART，以及1个符合IEEE 802.15.4规范的16位MAC计时器和2个8位计时器。
- 强大和灵活的开发工具。

CC2430/CC2431的ZigBee无线模块典型应用：

- 健壮的、安全的、低功耗无线网络应用；
- 无线传感器网络，特别是符合IEEE 802.15.4规范的ZigBee系统；
- 家庭和商业建筑自动化；
- 家庭网络；
- 玩具和游戏周边设备；

- 工业系统；
- 无线定位；
- 无线抄表；
- 遥感勘测、自动测量记录、传导等系统。

3.3 图形化 ZigBee2007 开发系统

无线龙正式推出 CC2520 的 ZigBee2007/PRO 开发系统 C51RF－CC2520－PK。本系统包括 MSP430 超低功耗微控制器和第二代 ZigBee/IEEE 802.15.4 RF 收发器 CC2520，其示意图如图 3.14 所示。

图 3.14 ZigBee2007/PRO 开发系统 C51RF－CC2520－PK

ZigBee2007/PRO 是最新功能的协议栈产品，具有更好的互操作性、节点密度管理、数据负荷管理、频率捷变等，且具有支持网状网络和低功耗的特点。ZigBee2007/PRO 特性集符合最新智能能源规范，非常适用于高级电表架构（AMI）。

C51RF－CC2520－PK 采用点阵 OLED 图形显示开发板，使用户可以直观地查看 ZigBee 网络数据显示。

ZigBee2007/PRO 系统提供了一套中文开发资料，并提供专业完善的技术支持，以及图文并茂的系统使用说明书，使用户能快速入门 ZigBee，简化 ZigBee 开发流程。

3.3.1　ZigBee 模块 CC2520

CC2520 是德州仪器（TI）推出的 2.4 GHz 免授权 ISM 频带专用的第二代 ZigBee/IEEE 802.15.4 无线射频收发器，具有业界一流的选择性/共存性、出色链路预算、高达 125 ℃的工作温度以及低工作电压等出色特性。此外，CC2520 还具有非常高的稳定性，适用于专有无线链路与网络的理想 2.4 GHz 无线射频。CC2520 专门支持各种 ZigBee/IEEE 802.15.4 及专属无线系统，应用范围包括工业监视与控制、家庭与大楼自动化、机顶盒、遥控和无线传感器网络。有关 CC2520 的详细介绍请查阅第 2 章。CC2520 模块如图 3.15 所示。

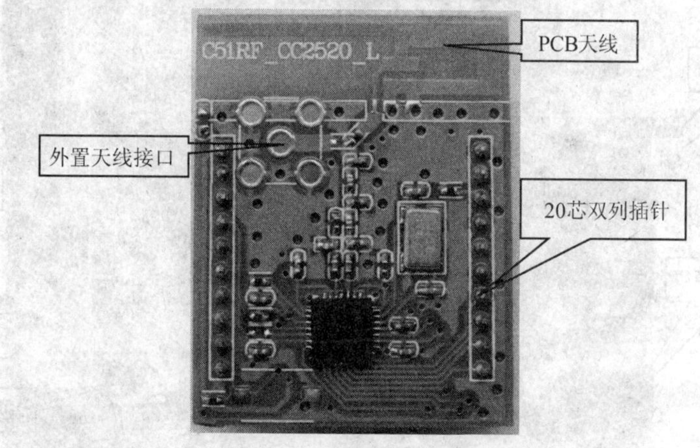

图 3.15　CC2520 模块

CC2520 应用于典型系统时，只须搭配 1 颗微控制器芯片和数颗被动零件（如电容、电感等），如 TI 公司的 MSP430 超低耗微控制器。MSP430 微控制器内含 DMA、数/模转换器（DAC）和模/数转换器（ADC）等外围功能，又具有高效能及超低功耗，能为 ZigBee 应用提供良好支持。

CC2520 提供了丰富的硬件支持电路，如封包处理、数据缓冲、突发传输、数据加密、数据验证、净信道评估（Clear Channel Assessment）、链路质量指示和封包时间信息，大幅减轻了主机控制器的作业负荷。

CC2520 的关键参数包括 1.8～3.6 V 电源电压、－40～＋125 ℃工作温度、103 dB 链路预算（利用开发工具包可达到 400 m 范围的传输距离）和 50 dB 相邻通道拒斥能力等。CC2520 可作为 CC2420 无线射频收发器的升级组件。

3.3.2　网络液晶扩展板

网络液晶扩展板上包括图形汉字 LCD 显示器、MSP430 超低功耗微控制器、小键盘、传感器、ZigBee 模块接口、可调电阻、LED、仿真器接口、电源接口和 RS－232 接口。用户可以方便地使用该板上的硬件部件和无线龙通讯公司提供的各种评估软件和评估软件 C51 源代码，快速开发自己的应用系统，同时也可以用于各种教学/实验，如图 3.16 所示。

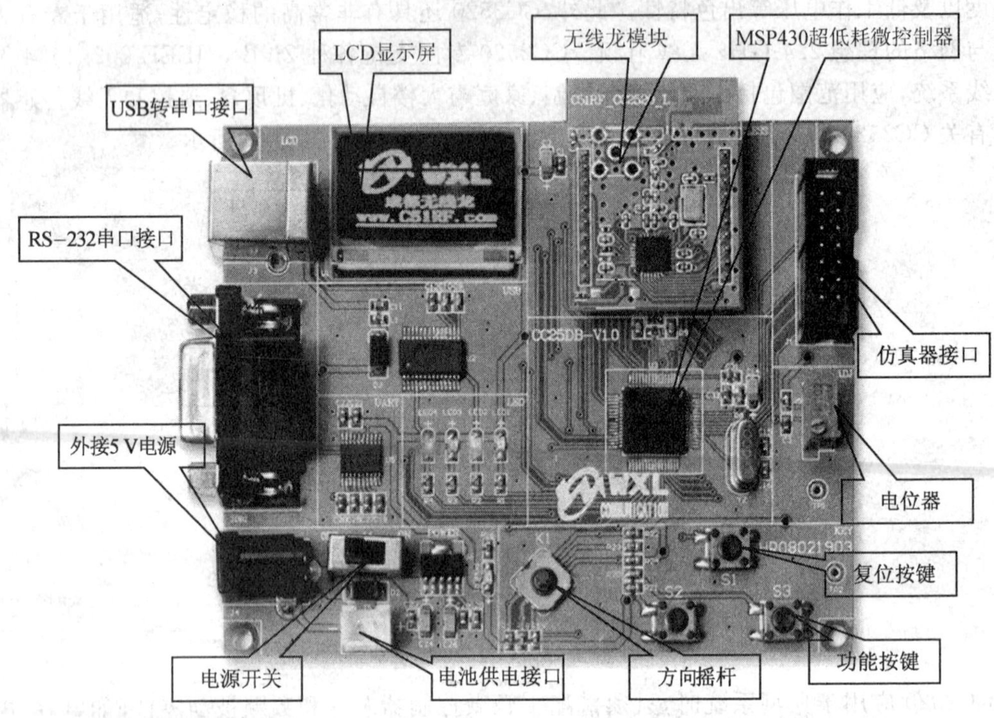

图 3.16　网络液晶扩展板

1. 电源电路

电源电路可采用 5 V 电源通过 TPS79533 转换为 3.3 V 工作电压供电，USB 接口提供电源，通过 TPS79533 转换为 3.3 V 工作电压，仿真器直接提供 3.3 V 工作电压和电池供电这 4 种电源方案。电源电路原理图如图 3.17 所示。

2. 无线龙模块接口

C51RF－CC2520－PK 扩展板提供了一个标准的无线龙无线模块接口，使 MSP430F2618

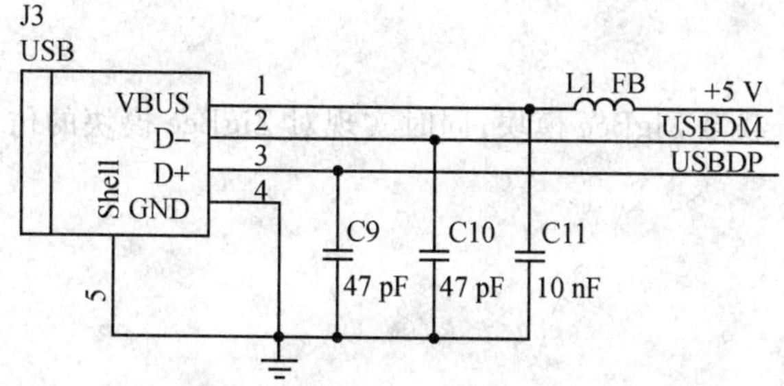

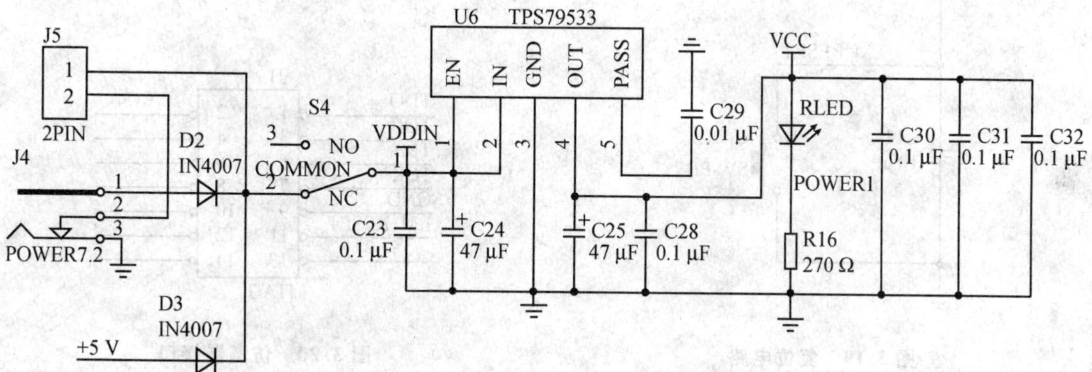

图 3.17　电　源

可以直接控制 CC2520 模块,如图 3.18 所示。

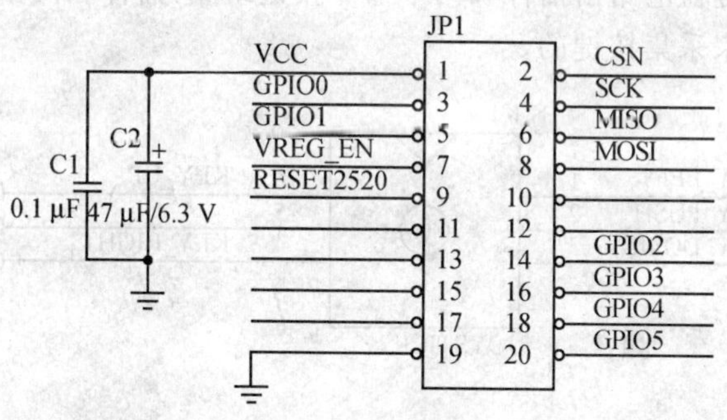

图 3.18　模块接口

3. 复位电路

复位电路的作用是将单片机复位。该电路是一个典型的按键复位电路,如图 3.19 所示。

4. 仿真器接口

通过扩展板，仿真器接口可实现把程序下载至 ZigBee 模块，同时实现对 ZigBee 模块的仿真、调试。仿真器接口如图 3.20 所示。

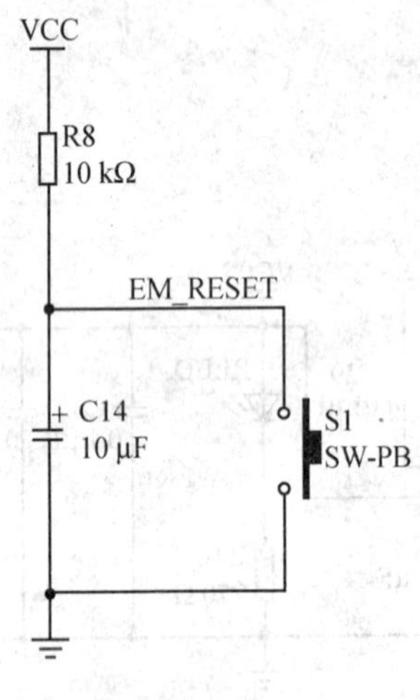

图 3.19　复位电路

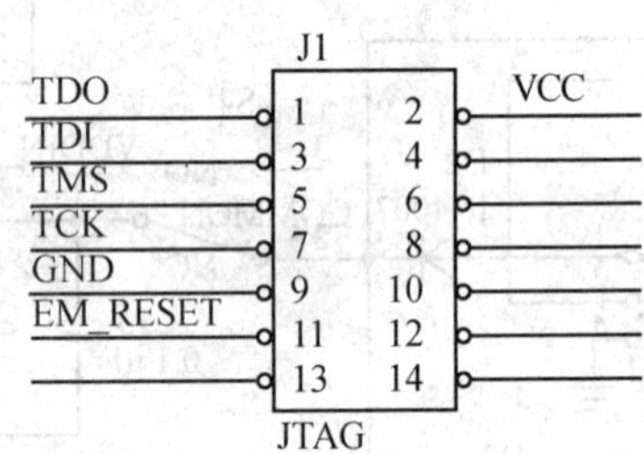

图 3.20　仿真器接口

5. 键盘电路

如图 3.21 所示，键盘电路由摇杆和两个命令按键组成，摇杆和两个命令按键都是 CPU 通过直接判断端口电平来采集按键的。

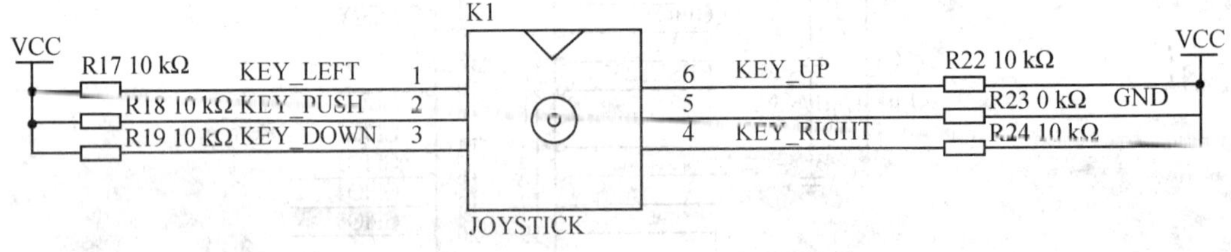

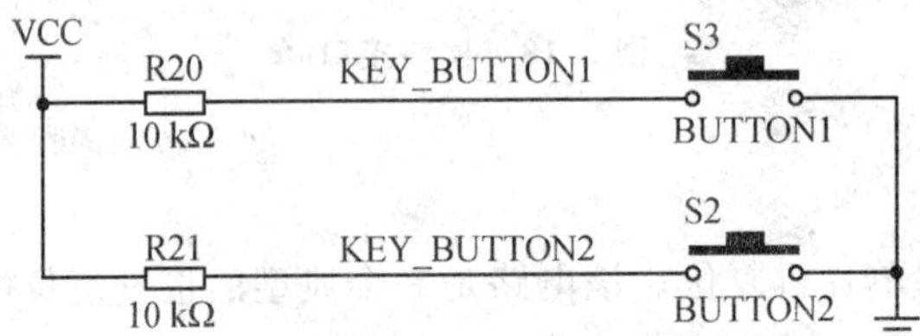

图 3.21　键盘电路

6. 液晶电路

液晶采用的是 OLED 128×64 图形点阵液晶显示模块，可用 SPI 口对模块进行操作，原理如图 3.22 所示。

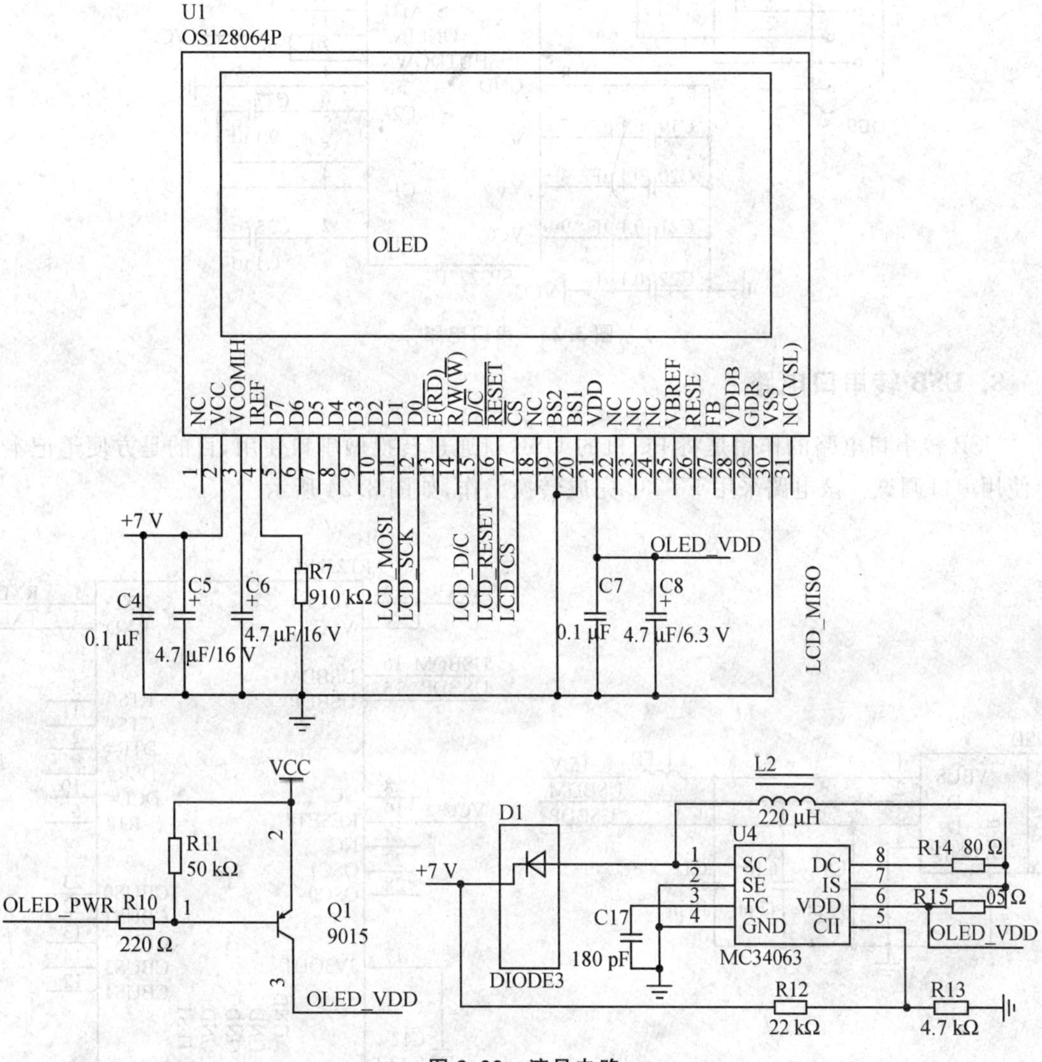

图 3.22　液晶电路

7. 串口电路

串口电路通过 SP3223E 完成电平转换，串口提供了一个标准的 9 针串行接口，如图 3.23 所示。

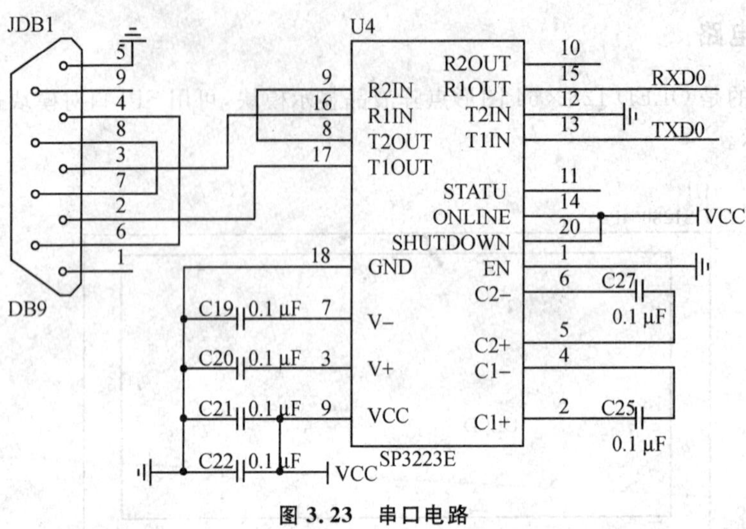

图 3.23 串口电路

8. USB 转串口电路

USB 转串口电路的作用是将 PC 机的 USB 口通过转换做串口使用，目的是方便笔记本用户使用串口调试。该电路采用 FT232 完成转换工作，如图 3.24 所示。

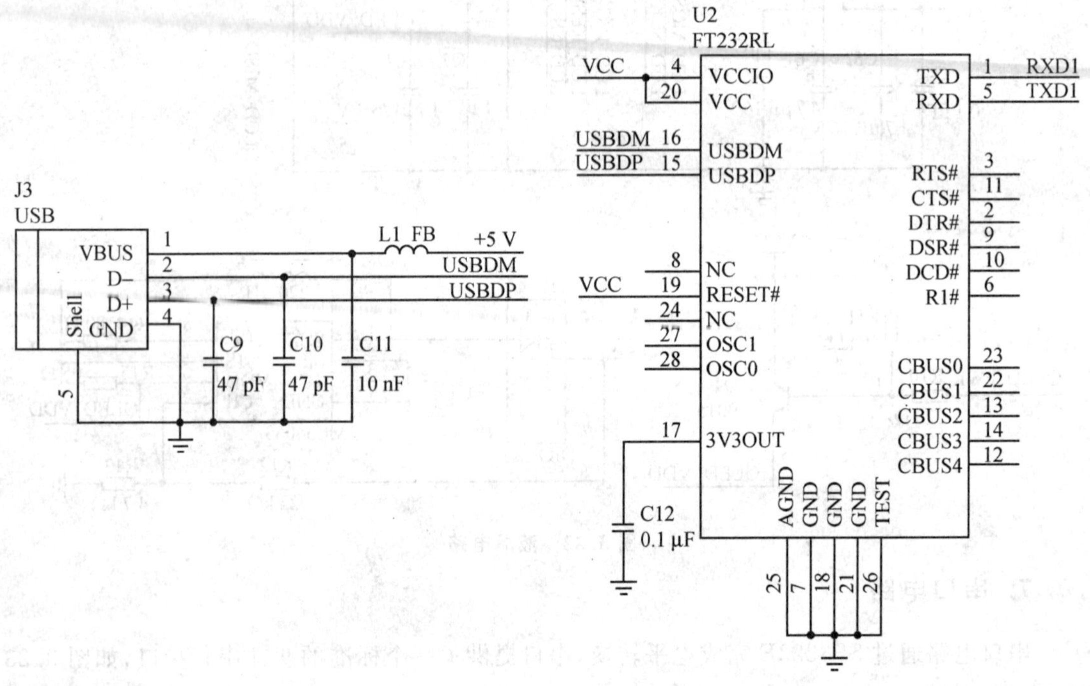

图 3.24 USB 转串口电路

9. 可调电阻电路

如图 3.25 所示，可调电阻电路可通过 A/D 转换来采集可调电阻的分压值。

10. LED 电路

LED 电路(如图 3.26 所示)是由端口直接驱动的，当端口输出低电平时，LED 被点亮。

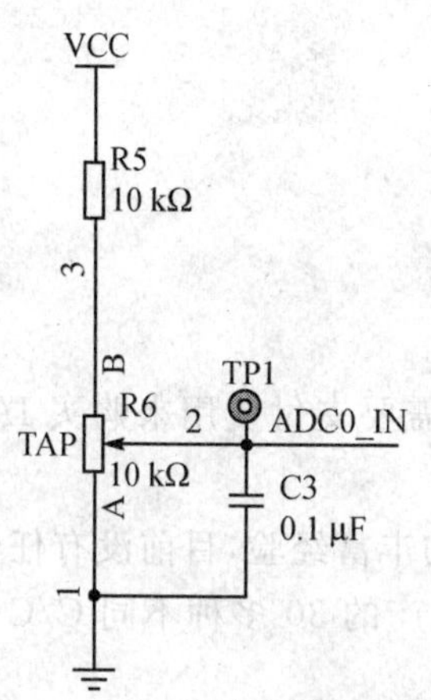

图 3.25　可调电阻电路

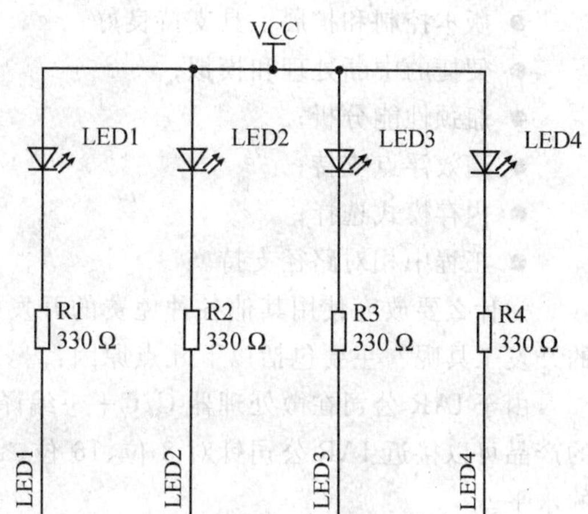

图 3.26　LED 电路

3.4　ZigBee 软件集成开发平台

IAR Embedded Workbench(简称 EW)的 C/C++交叉编译器和调试器是当今最完整、最容易使用的专业嵌入式应用开发工具。EW 对不同的微处理器提供一样的直观用户界面，目前已支持 35 种以上的 8 位、16 位、32 位 ARM 的微处理器结构。

EW 包括嵌入式 C/C++优化编译器、汇编器、链接定位器、库管理员、编辑器、项目管理器和 C-SPY 调试器。使用 IAR 编译器的最优化、最紧凑的代码，可节省硬件资源，最大限度地降低产品成本，提高产品竞争力。

EWARM 是 IAR 公司目前发展很快的产品，EWARM 已经支持 ARM7/9/10/11 XSCALE，并且在同类产品中具有明显价格优势。其编译器可以对一些 SoC 芯片进行专门的优化. 如 Atmel、TI、ST 和 Philips 公司的 SoC 芯片。除了 EWARM 标准版外，IAR 公司还提供了 EWARM BL(256 KB)的版本，方便了不同层次客户的需求。

IAR System 是嵌入式领域唯一能够提供这种解决方案的公司。EW 支持 35 种以上的 8

位/16位/32位的微处理器结构。

IAR Embedded Workbench 集成的编译器主要产品特征如下：

- 高效 PRO Mable 代码；
- 完全兼容标准 C 语言；
- 内建对应芯片的程序速度和大小优化器；
- 目标特性扩充；
- 版本控制和扩展工具支持良好；
- 便捷的中断处理和模拟；
- 瓶颈性能分析；
- 高效浮点支持；
- 内存模式选择；
- 工程中相对路径支持。

为什么要放弃使用其他各种免费的开发工具，而选择需要支付费用来购买 IAR Systems 的开发工具呢？主要包括以下几点原因：

由于 IAR 公司在微处理器 C/C++编译器设计方面的丰富经验，目前没有任何一家公司的产品可以接近 IAR 公司针对 8 位、16 位、32 位处理器生产的 30 多种不同 C/C++编译器的水平。

经过反复实验证明，IAR Systems 的 C/C++编译器可以生成高效、可靠的可执行代码，并且应用程序规模越大，效果越明显。与其他的工具开发厂商相比，系统同时使用全局和针对具体芯片的优化技术。连接器提供的全局类型检测和范围检测对于生成目标代码的质量至关重要。

IAR Systems 一贯使用精简的优化技术——基于最新技术架构、针对 AVR 的 IAR Embedded Workbench 4.10B 版，生成的代码尺寸比 3.20A 版缩小了 10%，远远小于其他同类编译器生成的代码尺寸。IAR Embedded Workbench 生成的可执行代码可运行于更小尺寸、更低成本的微处理器上，从而降低了产品的开发成本。

为什么小就意味着完美？因为采用紧缩的代码，就说明它可以很好地运行在更小、更便宜的芯片上。假设公司要生产 10 000 台设备，而每一台因为使用了更小尺寸处理器的设备可以节省 2 美元，这对公司来说将是一笔很可观的费用。产品的成本对于设计部门来说不是最先考虑的因素，也不是开发工具的任务，但是它确是产品或销售经理最感兴趣的内容。

尺寸小不仅仅意味着廉价，它也为各种附加功能留下充足的扩展空间。假设用户中途需要为他们的产品设计增加一些新的功能特性，而在这时再去选择另一款芯片是不可行的。而 IAR Systems 提供的高效编译器加上代码检测服务，为公司在最终期限之前完成任务提供了可能。

忽略项目的最终期限，开发者也需要依靠一些可靠的开发工具来完成任务。未能按时完成进度会给项目带来不便，而恶性循环会导致所有进度安排的拖延，后果将变得十分严重。IAR Embedded Workbench 被认为是一款稳定可靠的开发工具，它提供连续的工作流，使开发

者可以专心于项目的开发，以提高开发效率。

IAR Embedded Workbench 是一套完整的集成开发工具集合，包括从代码编辑器、工程建立到 C/C++编译器、连接器和调试器的各类开发工具。它与各种仿真器、调试器紧密结合，使用户在开发和调试过程中，仅使用一种开发环境界面就可以完成多种微控制器的开发工作。

除上述的几点外，在 IAR Embedded Workbench 中，IAR Systems 还提供了 Visual STATE 和 IAR Make App 两套图形开发工具，用来帮助开发者完成应用程序的开发。这两套工具可以根据设计自动生成应用程序代码和自动生成驱动程序，使开发者摆脱这些耗时的任务，同时保证了代码的质量。详细信息请参阅 http://www.iar.com 网站的相关内容。

不论客户在哪里，IAR Systems 都可以为其提供完善的技术支持和设计服务。

C51RF-3-PK 系统使用的 ZigBee 软件集成环境采用 IAR For C8051 7.20H 及以上版本，C51RF-CC2520-PK 系统使用的 ZigBee 软件集成环境采用 IAR For MSP430 4.10a 及以上版本。

下面将逐步介绍 IAR 的安装以及在 IAR 开发环境下如何添加文件，新建程序文件，设置工程选项参数，编译和链接，程序下载和仿真调试。

3.4.1 IAR 集成开发环境的安装

如同 Windows 操作系统其他一般的软件安装一样，单击 setup.exe 进行安装，将会看到如图 3.27 所示界面。

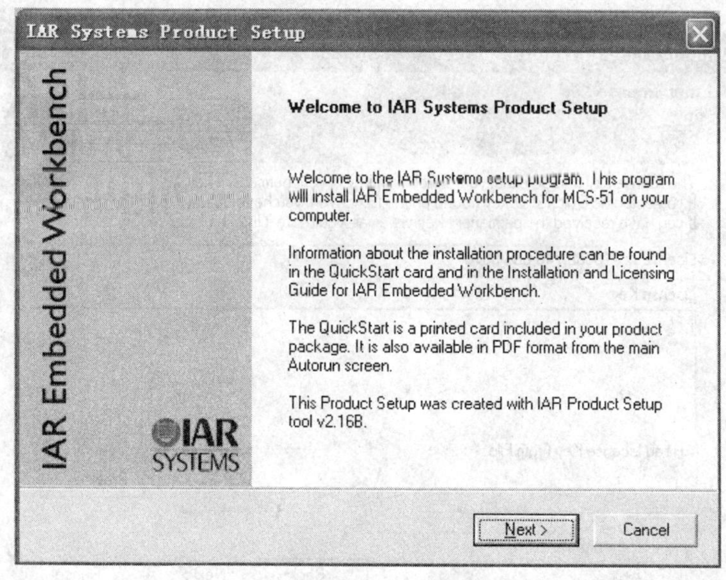

图 3.27 IAR 安装 1

单击 Next 按钮至下一步，分别输入用户名、公司及认证序列，如图 3.28 所示。

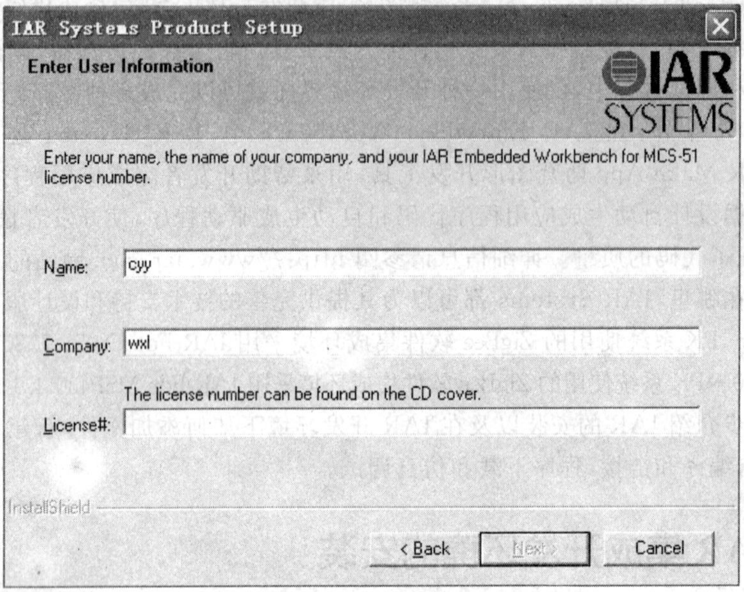

IAR Systems Product Setup

Enter User Information

IAR SYSTEMS

Enter your name, the name of your company, and your IAR Embedded Workbench for MCS-51 license number.

Name: cyy

Company: wxl

The license number can be found on the CD cover.

License#:

InstallShield

< Back　Next >　Cancel

图 3.28　IAR 安装 2

正确填写后，单击 Next 按钮至下一步，将分别需要输入由计算机的机器码生成的认证序列和序列钥匙，如图 3.29 所示。

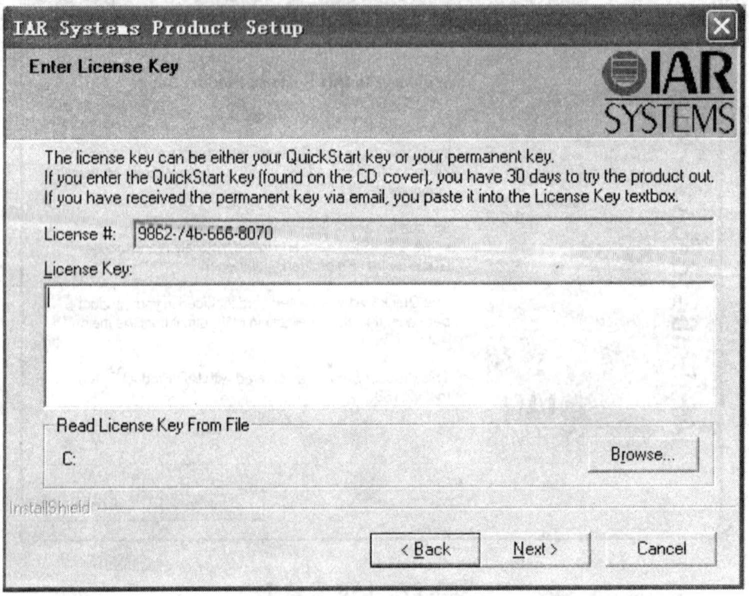

IAR Systems Product Setup

Enter License Key

IAR SYSTEMS

The license key can be either your QuickStart key or your permanent key.
If you enter the QuickStart key (found on the CD cover), you have 30 days to try the product out.
If you have received the permanent key via email, you paste it into the License Key textbox.

License #: 9862-746-666-8070

License Key:

Read License Key From File

C:　Browse...

InstallShield

< Back　Next >　Cancel

图 3.29　IAR 安装 3

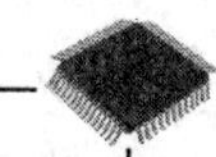

当输入的认证序列及序列钥匙正确后，单击 Next 按钮至下一步，然后将选择完全安装或是典型安装，在这里选择第一个，也就是完全安装，如图 3.30 所示。

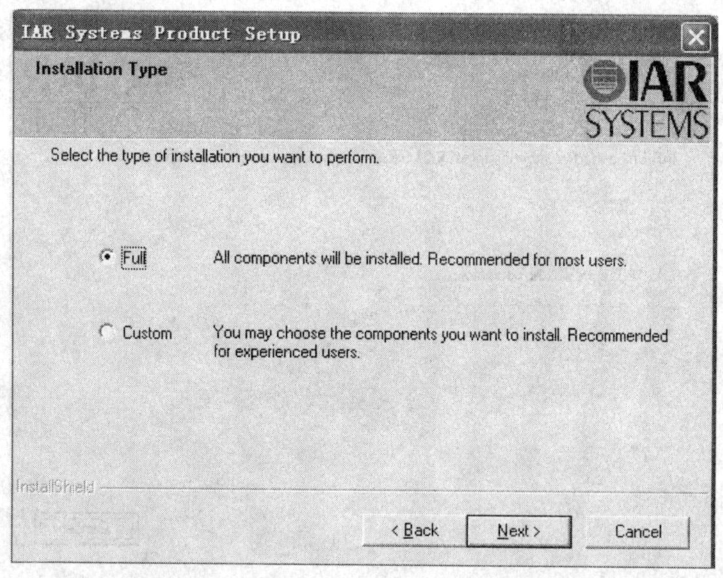

图 3.30 IAR 安装 4

单击 Next 按钮至下一步，在这里将查看输入的信息是否正确，如图 3.31 所示。如果需要修改，则单击 Back 按钮返回修改。

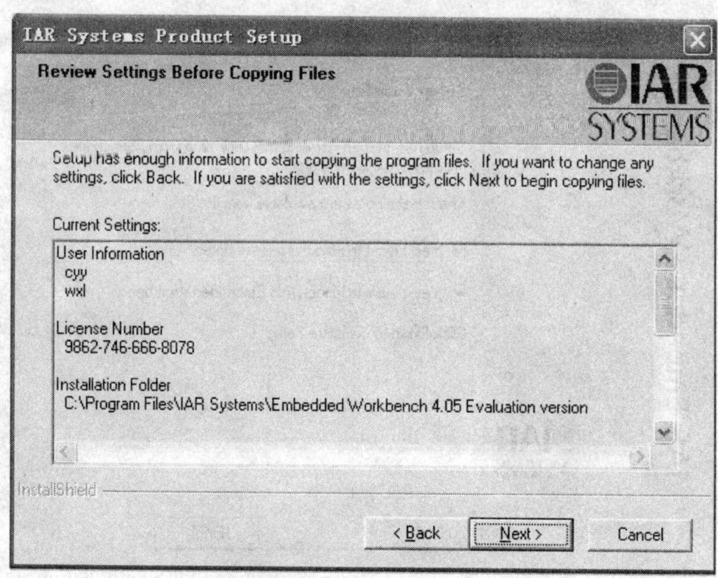

图 3.31 IAR 安装 5

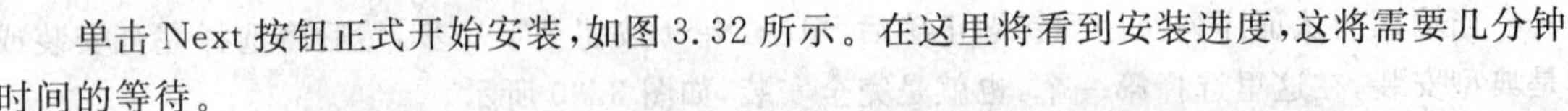

单击 Next 按钮正式开始安装，如图 3.32 所示。在这里将看到安装进度，这将需要几分钟时间的等待。

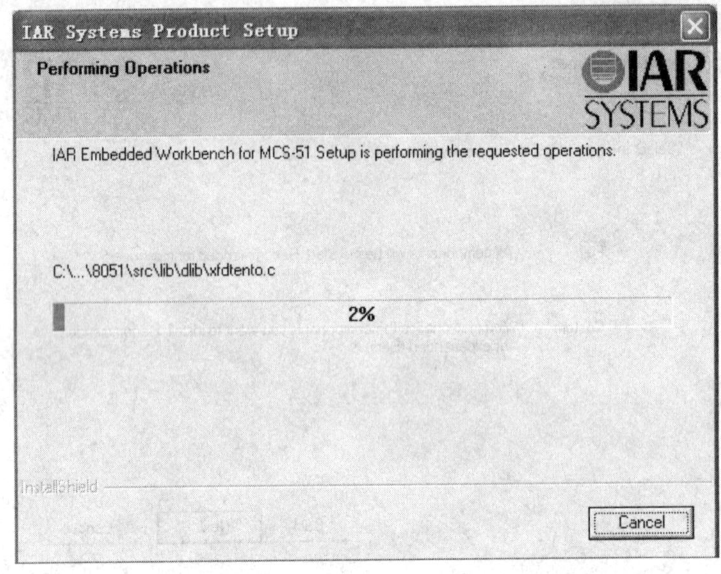

图 3.32　IAR 安装 6

当进度到 100%时，它将跳到下一个界面，如图 3.33 所示。在此可选择查看 IAR 的介绍以及是否立即运行 IAR 开发集成环境。单击 Finish 按钮完成安装。

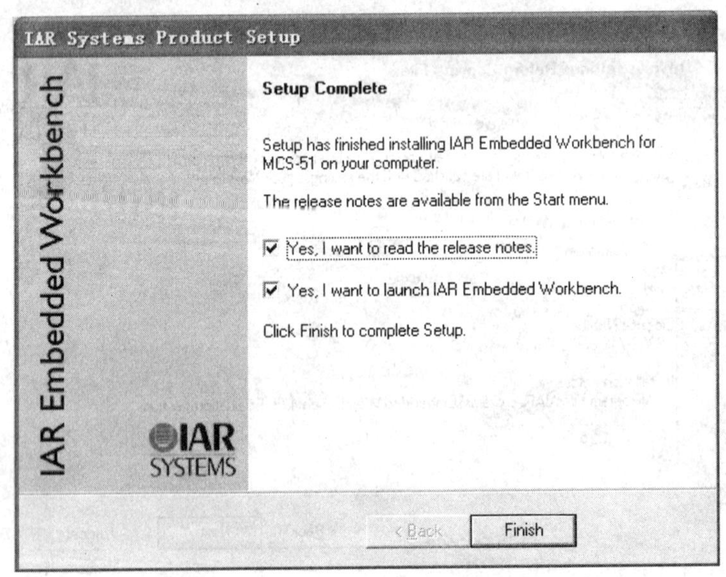

图 3.33　IAR 安装 7

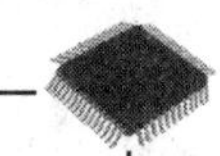

完成安装后，可以从“开始”菜单中找到刚刚安装的 IAR 软件，如图 3.34 所示。

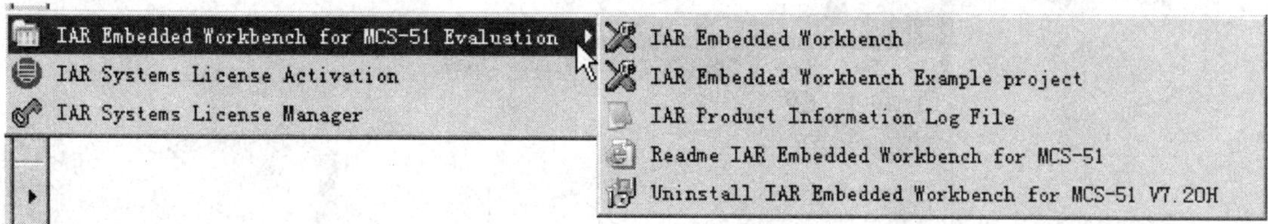

图 3.34　IAR 安装 8

现在可以通过在桌面的快捷方式或选择“开始”→“程序”选项来启动 IAR 软件开发环境。

使用 IAR 开发环境应首先建立一个新的工作区。在一个工作区中可创建一个或多个工程。当用户打开 IAR Embedded Workbench 时，已经建好了一个工作区，一般会显示如图 3.35所示的窗口，可选择打开最近使用的工作区或向当前工作区添加新的工程。

选择 File→New→Workspace 选项，可以看到已经建好了一个工作区，此时用户可创建新的工程并把它放入工作区。

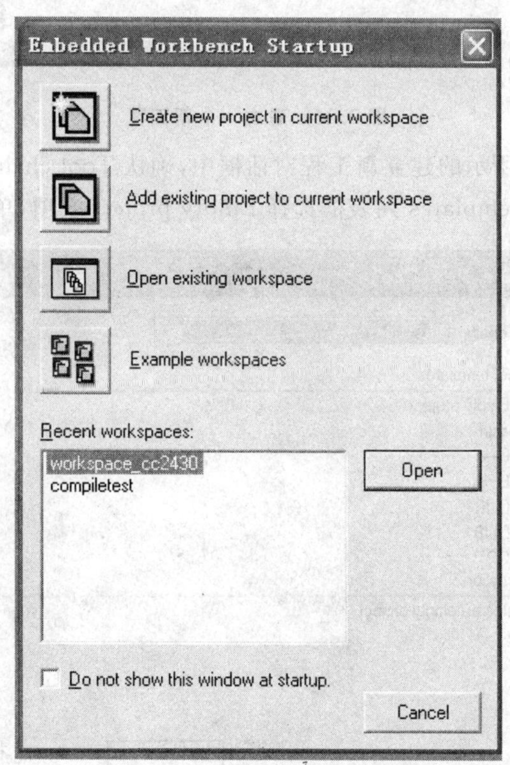

图 3.35　打开一个工作区

如图 3.36 所示，选择 Project→Greate New Project 选项。

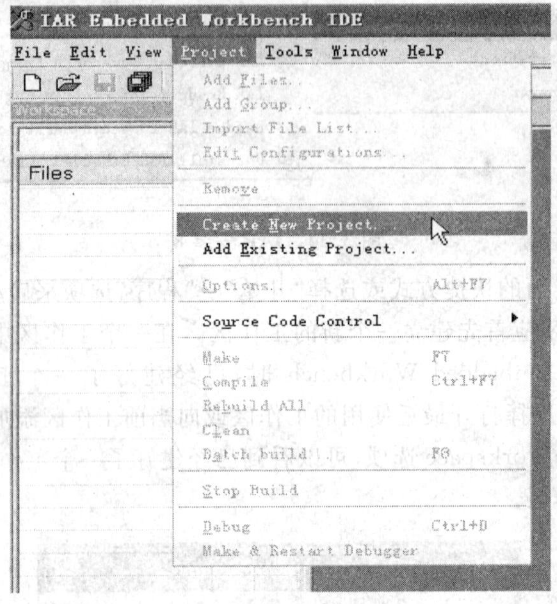

图 3.36　建立一个新工程

在弹出的如图 3.37 所示的建立新工程对话框中，确认 Tool chain 下拉列表框中已经选择了 8051，然后在 Project templates 列表框选择 Empty project 选项，单击 OK 按钮。

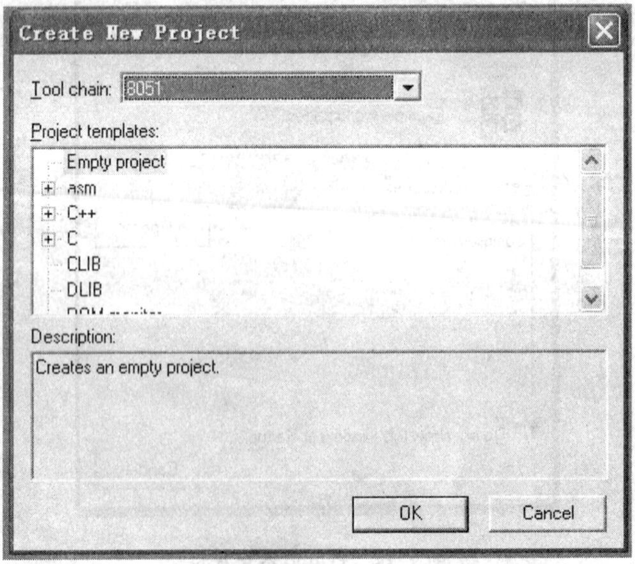

图 3.37　选择工程类型

根据需要选择工程保存的位置，并更改工程名，如 ledtest，然后单击“保存”按钮，如图 3.38 所示。这样便建立了一个空的工程。

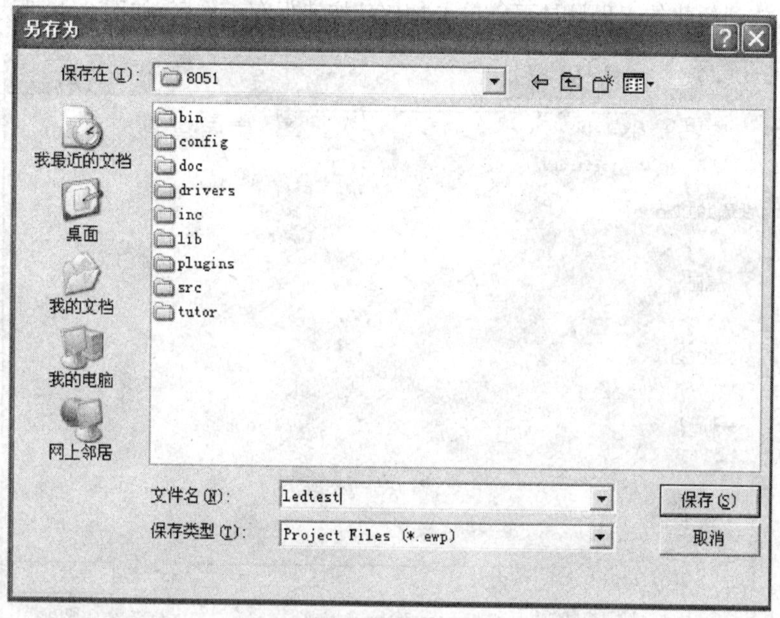

图 3.38 保存工程

这个工程出现在工作区窗口中，如图 3.39 所示。

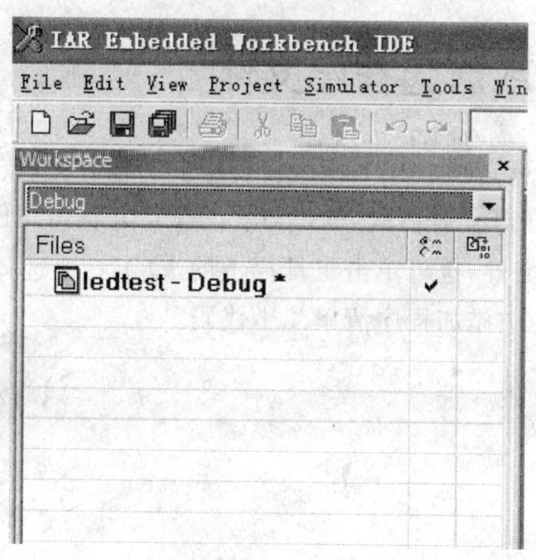

图 3.39 工作区窗口中的工程

系统产生两个创建配置：调试和发布。在这里只使用 Debug(调试)。项目名称后的星号(*)指示修改还没有保存。选择 File→Save→Workspace 选项，保存工作区文件，并指明存放路径。这里把它放到新建的工程目录下。单击“保存”按钮保存工作区，如图 3.40 所示。

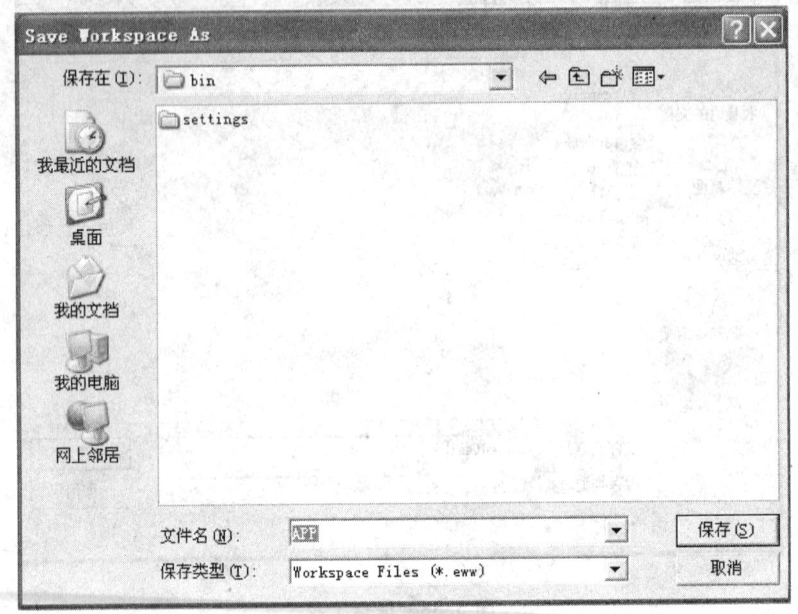

图 3.40 保存工作区

3.4.2 添加文件或新建程序文件

选择 Project→Add File 选项或在工作区窗口中的工程名上右击，在弹出的快捷菜单中选择 Add File 选项，弹出文件打开对话框，选择需要的文件并单击“打开”按钮退出。

对于没有建好的程序文件，也可单击工具栏上的 🗋 工具或选择 File→New→File 选项新建一个空文本文件，向文件中添加程序清单 4.1 代码。

程序清单 4.1

```
#include "ioCC2430.h"
void Delay(unsigned char n)
{
    unsigned char i;
    unsigned int j;
    for(i = 0; i < n; i++)
    for(j = 1; j; j++);
```

```
}
void main(void)
{
//CC2430 中,当 I/O 口做普通 I/O 使用时,与每个 I/O 端口相关的寄存器有 3 个,分别是
//PxSEL 功能选择寄存器、PxDIR 方向寄存器和 PxINP 输入模式寄存器,其中 x 为 0、1、2
//这里选择 P1.0 上的 LED 作为 I/O 测试
    SLEEP &= ~0x04;
    while(!(SLEEP & 0x40));         //晶体振荡器开启且稳定
    CLKCON &= ~0x47;                //选择 1～32 MHz 晶体振荡器
    SLEEP |= 0x04;
    P1SEL = 0x00;                   //P1.0 为普通 I/O 口
    P1DIR = 0x01;                   //P1.0 输出
    while(1)
    {
        P1_0 = 1;
        Delay(10);
        P1_0 = 0;
        Delay(10);
    }
}
```

选择 File→Save 选项,弹出保存对话框,如图 3.41 所示。

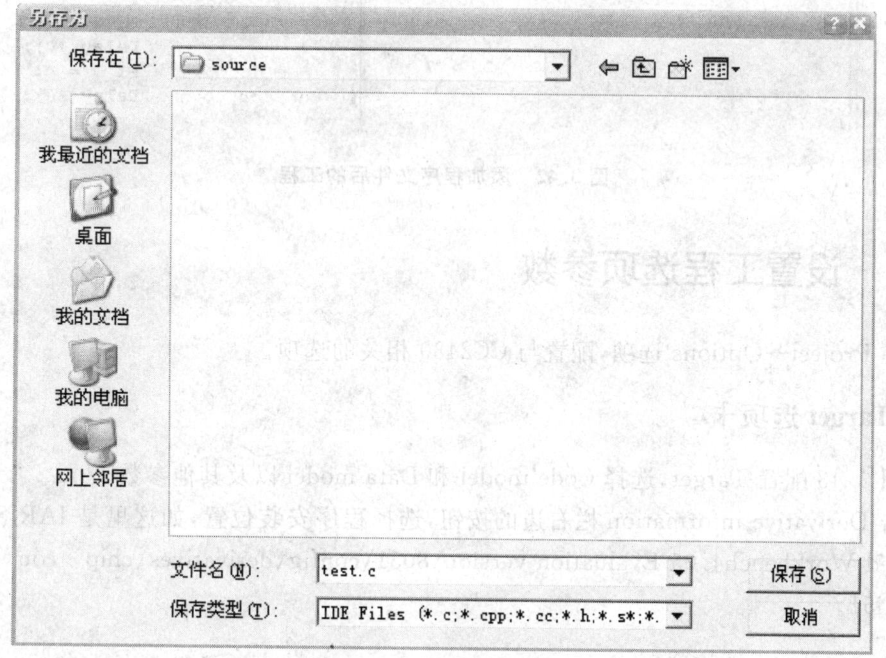

图 3.41　保存程序文件

新建一个 source 文件夹,将文件名改为 test. c 后保存到 source 文件夹下。按照前面添加文件的方法将 test. c 添加到当前工程中,完成的结果如图 3. 42 所示。

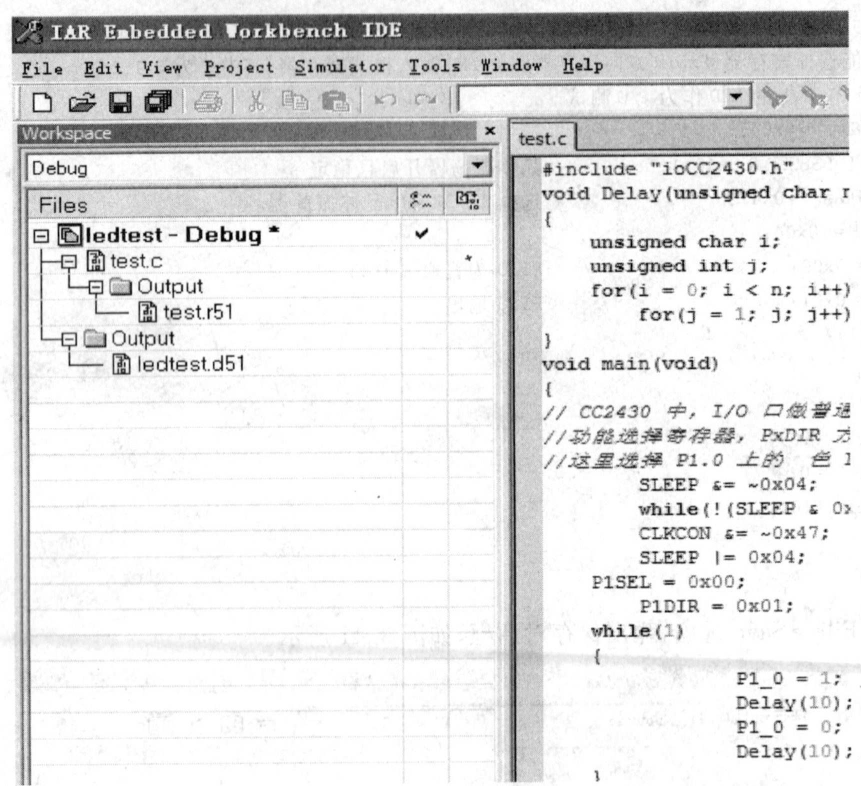

图 3. 42 添加程序文件后的工程

3. 4. 3 设置工程选项参数

选择 Project→Options 选项,配置与 CC2430 相关的选项。

1. Target 选项卡

按图 3. 43 配置 Target,选择 Code model 和 Data model 以及其他参数。

单击 Derivative information 栏右边的按钮,选择程序安装位置,如这里是 IAR Systems\Embedded Workbench4. 05 Evaluation version\8051\config\derivatives\chip - con 下的文件 CC2430. i51。

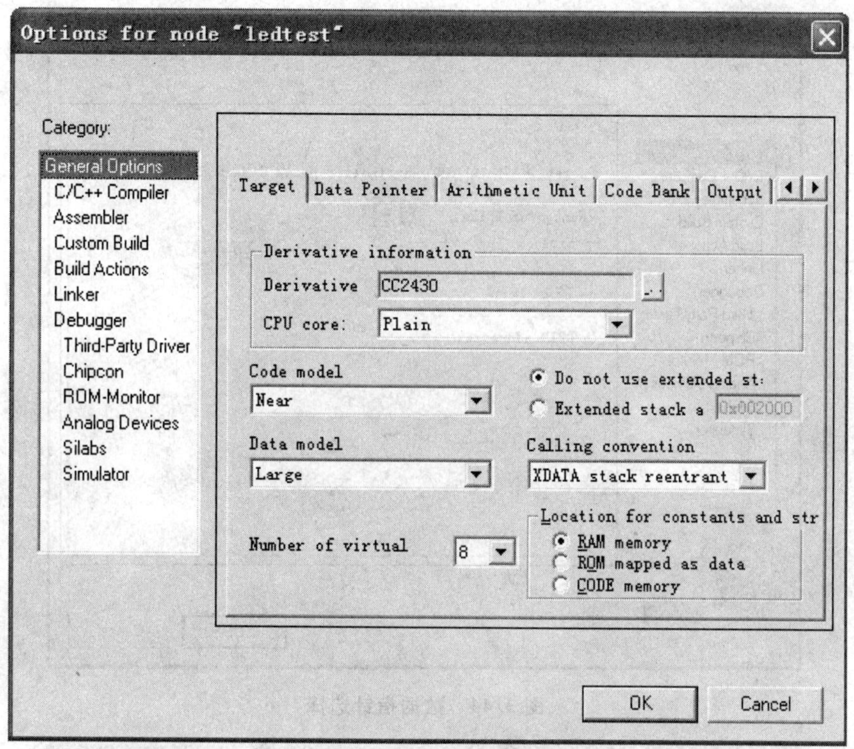

图 3.43 配置 Target

2. Data Pointer 选项卡

如图 3.44 所示，选择数据指针数为 1 个，大小为 16 位。

3. Stack/Heap 选项卡

如图 3.45 所示，改变 XDATA 栈大小为 0x1FF。

单击 Options 中左边框架内的 Linker 选项，配置相关的选项。

4. Output 选项卡

选择 Override default 可以在下面的文本框中更改输出文件名。如果要用 C－SPY 进行调试，则选择 Format 选项区域中的 Debug information for C－SPY 选项，如图 3.46 所示。

5. Config 选项卡

如图 3.47 所示，单击 Linker command file 栏文本框右边的按钮，选择正确的连接命令文件，如表 3.3 所列。

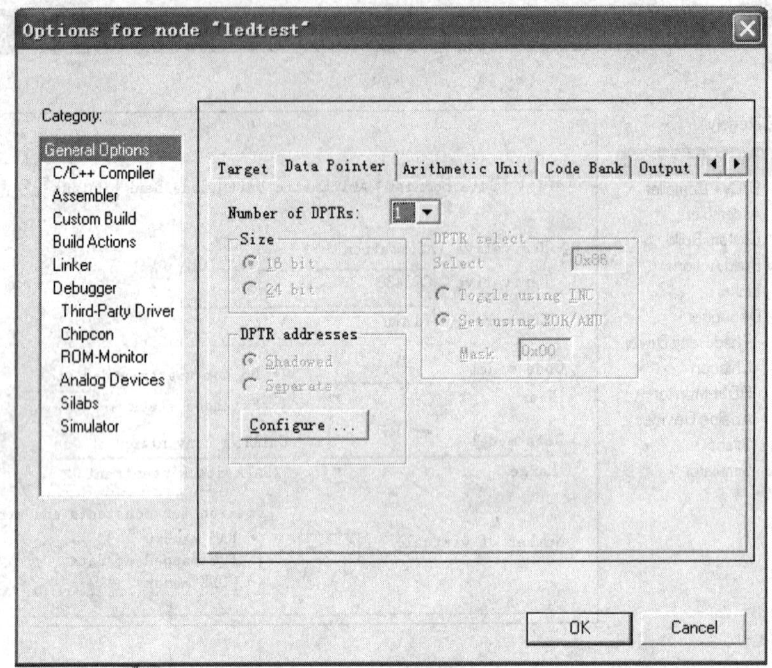

图 3.44　数据指针选择

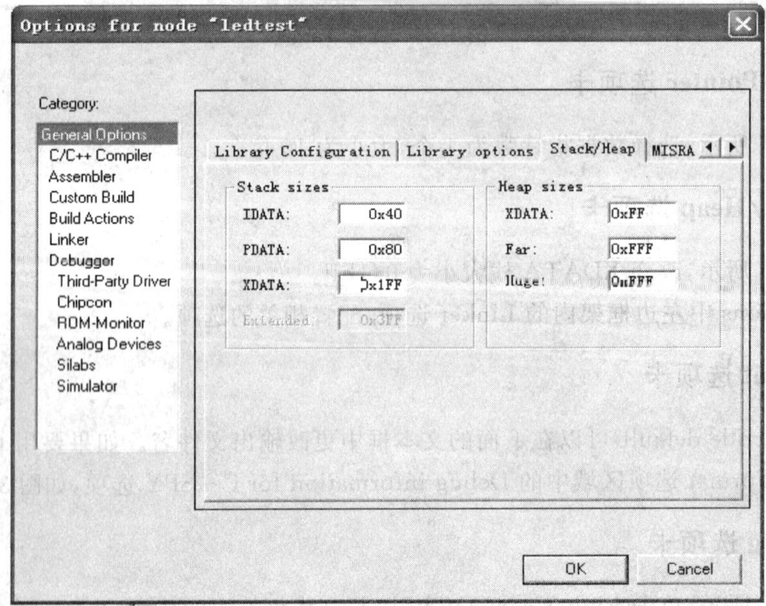

图 3.45　Stack/Heap 设置

Options for node "ledtest"

Category:
General Options
C/C++ Compiler
Assembler
Custom Build
Build Actions
Linker
Debugger
Third-Party Driver
Chipcon
ROM-Monitor
Analog Devices
Silabs
Simulator

Factory Settings

Output | Extra Output | #define | Diagnostics | List | Config

Output file
Override default
CC2430.hex
Secondary output file:
(None for the selected fo

Format
Debug information for C-SPY
With runtime control mod
With I/O emulation modu
Buffered terminal output
Allow C-SPY-specific extra output file
Other
Output　intel-extended
Format variant　None
Module-local　Include all

OK　Cancel

图 3.46　输出文件设置

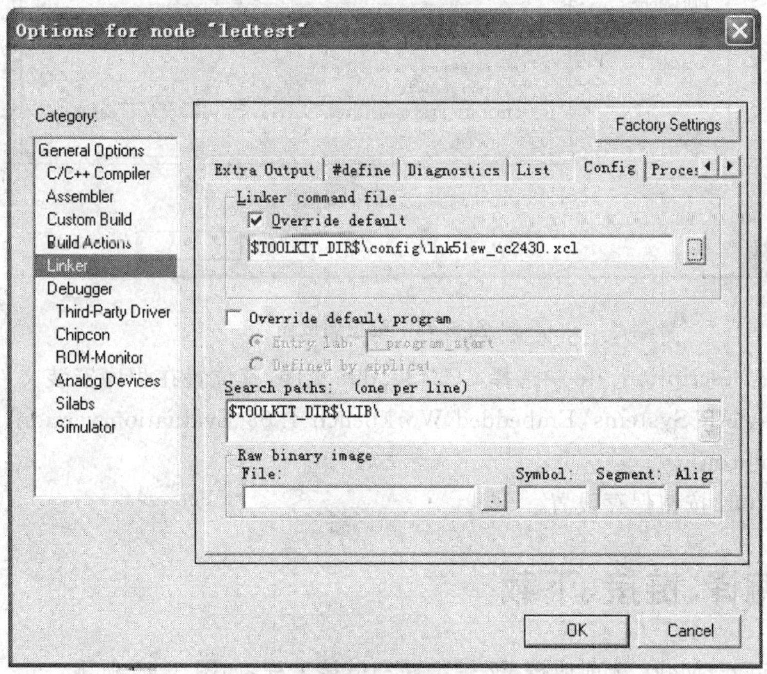

图 3.47　选择连接命令文件

表 3.3　Code Model 关系表

Code Model	File
Near	lnk51ew_cc2430.xcl
Banked	lnk51ew_cc2430b.xcl

6. Debugger

单击 Options 中左边框架内的 Debugger 选项，配置相关的选项。在 Setup 选项卡中按图 3.48所示设置。

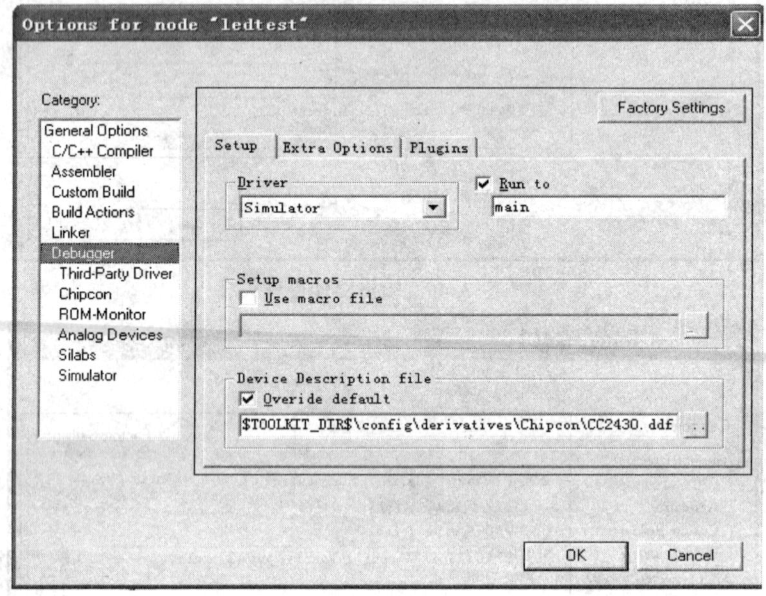

图 3.48　配置调试器

在 Device Description file 中选择 CC2430.ddf 文件，其位置在程序安装文件夹下，如 C:\Program Files\IAR Systems\Embedded Workbench 4.05 Evaluation version\8051\Config\derivatives\chipcon 。

最后单击 OK 按钮保存设置。

3.4.4　编译、链接、下载

选择 Project→Make 选项或按 F7 键编译和链接工程，如图 3.49 所示。

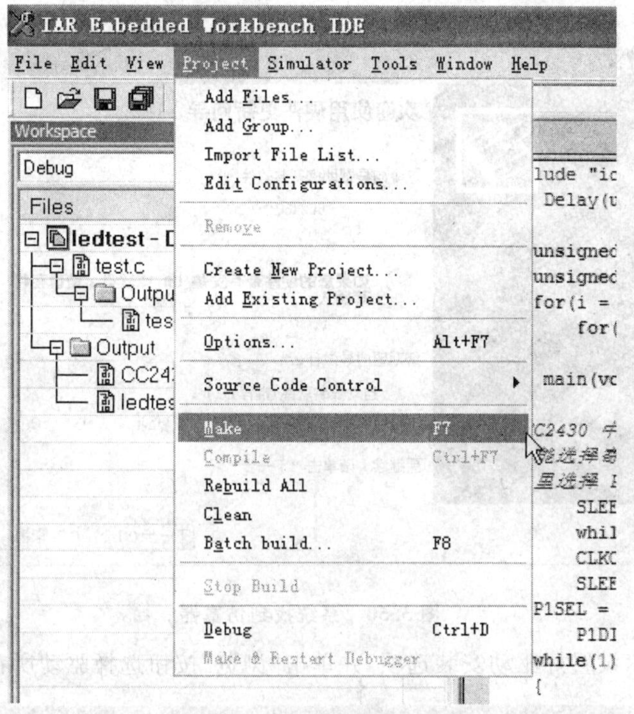

图 3.49　编译和链接工程

成功编译工程，并且在没有错误信息提示后，按照图 3.14 所示连接硬件系统。

选择 IAR 集成开发环境中的 Project→Debug 选项（见图 3.56）或按快捷键 CTRL+D 进入调试状态，也可单击工具栏上 Debug 按钮进入程序下载，程序下载完成后，IAR 将自动跳转至仿真状态。

3.4.5　仿真调试

编译好后接下来就是调试程序了。首先需要连接硬件平台才能进行调试。在计算机与 ZigBee 硬件系统连接前，应确保已在的计算机上安装了必要的仿真器驱动。

1. 安装仿真器驱动——手动

安装仿真器前应确认 IAR Embedded Workbench 已经安装。手动安装适用于系统以前没有安装过仿真器驱动的情况。

将仿真器通过开发系统附带的 USB 电缆连接到 PC 机，在 Windows XP 系统下，系统找到新硬件后弹出如图 3.50 所示对话框，这里选择“从列表或指定位置安装”选项并单击“下一

步”按钮。

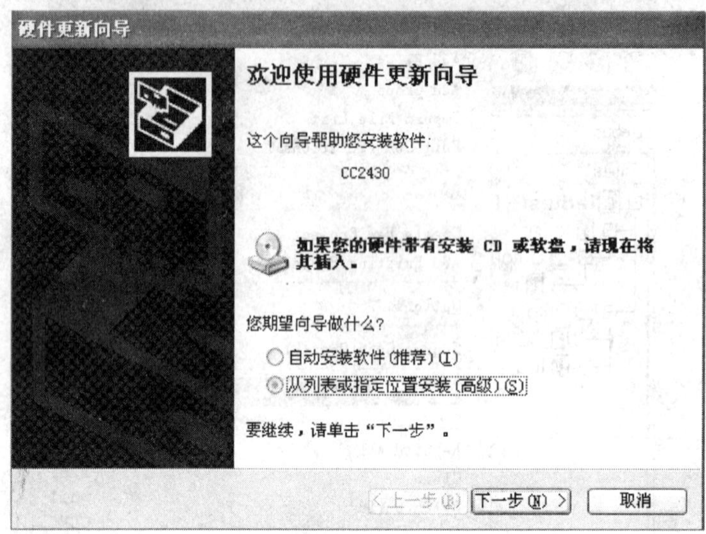

图 3.50　系统找到仿真器

按图 3.51 所示设置好驱动安装选项，并单击“浏览”按钮选择驱动所在路径。

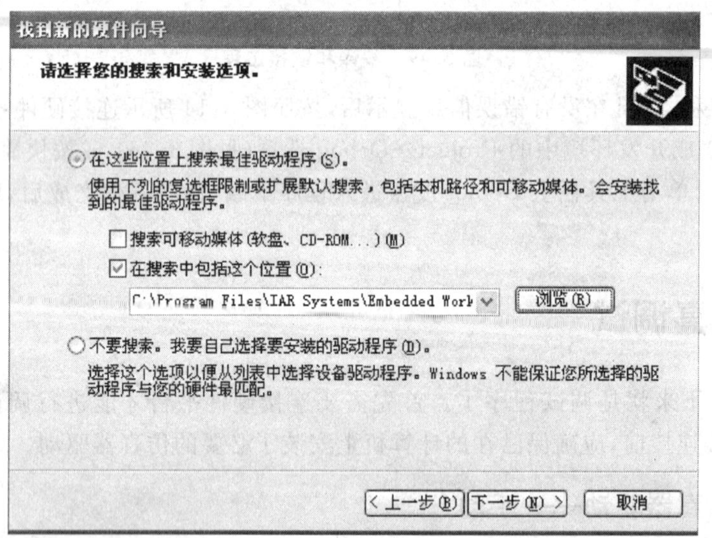

图 3.51　驱动安装选项

驱动文件在 IAR 程序安装目录下，在 C:\ Program Files\IAR Systems\Embedded Workbench 4.05 Evaluation version\8051\drivers\chipcon 处，如图 3.52 所示。

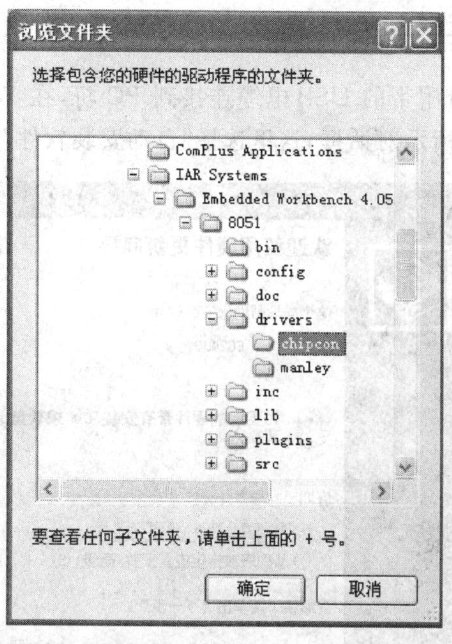

图 3.52 选择驱动路径

选中 chipcon 文件夹，单击"确定"按钮退出，回到安装选项界面，然后单击"下一步"按钮，系统安装完驱动后提示完成对话框(见图 3.53)，最后单击"完成"按钮退出安装。

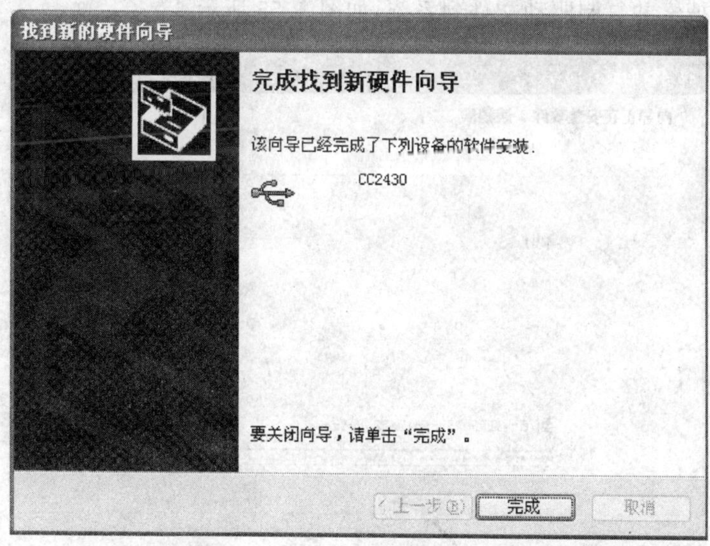

图 3.53 完成驱动安装

2. 安装仿真器驱动——自动

将仿真器通过开发系统附带的 USB 电缆连接到 PC 机，在 Windows XP 系统下，系统找到新硬件后弹出如图 3.54 所示对话框，这里选择“自动安装软件”选项并单击“下一步”按钮。

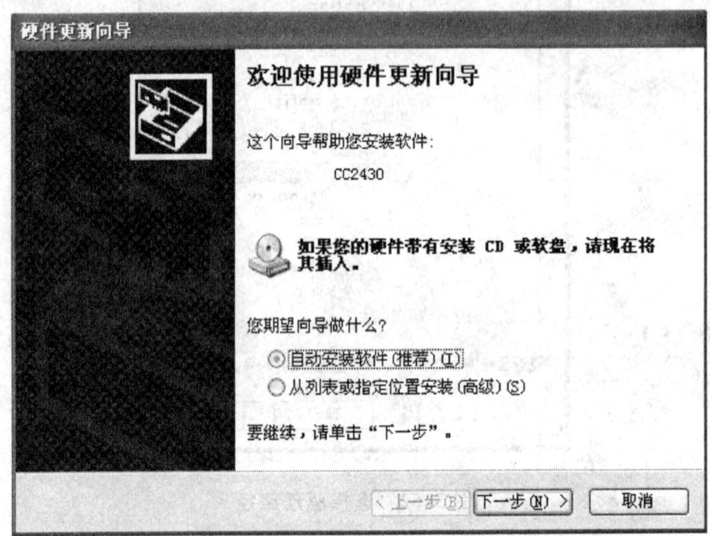

图 3.54　系统找到仿真器

向导会自动搜索并复制驱动文件到系统，如图 3.55 所示。

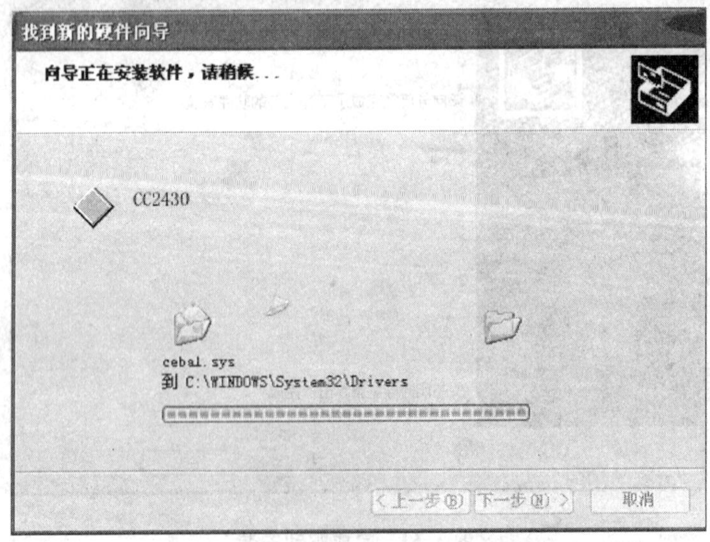

图 3.55　安装驱动文件

系统安装完驱动后提示完成对话框，单击“完成”按钮退出安装，如图 3.53 所示。

3. 进入调试

安装完成仿真器驱动后，通过 USB 接口把 ZigBee 开发系统与计算机连接（详细介绍见第 4 章），然后进入 IAR 编译环境进行仿真调试。

选择 Project→Debug 选项或按快捷键 Ctrl+D 进入调试状态，也可单击工具栏上的 Delug 按钮进入调试，如图 3.56 所示。

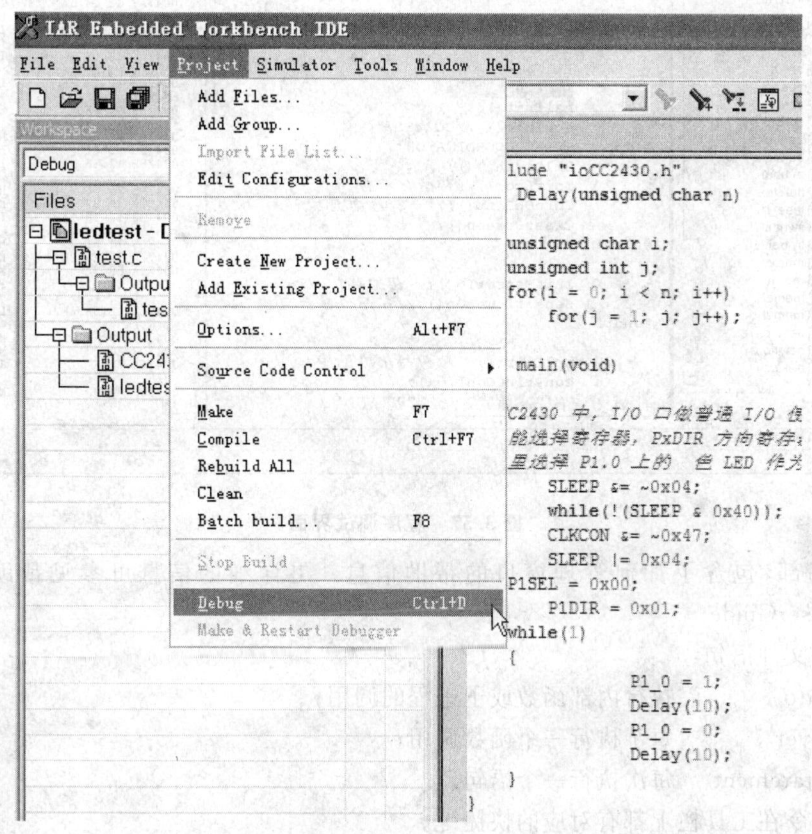

图 3.56　进入调试

进入调试后，整体窗口如图 3.57 所示。

4. 调试窗口管理

在 IAR Embedded Workbench 中，用户可以在特定的位置停靠窗口，并利用选项卡组来管理它们。用户也可以使某个窗口处于悬浮状态，即让它始终停靠在窗口的上层。状态栏位

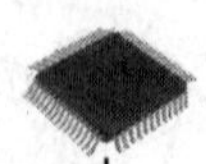

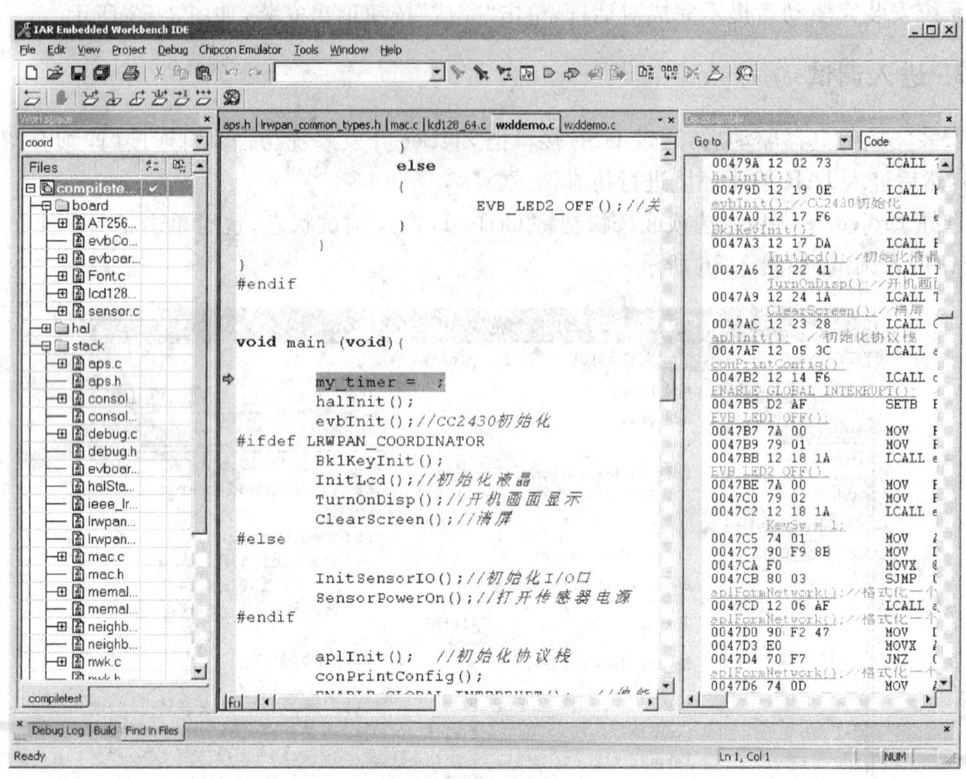

图 3.57　程序调试界面

于主窗口底部，包含了如何管理窗口的帮助信息。更详细的信息可参见帮助文件中的 EW8051_UserGuide。

查看源文件语句：

Step Into　　　执行内部函数或子进程的调用；

Step Over　　　每步执行一个函数调用；

Next statement　每次执行一个语句。

这些命令在工具栏上都有对应的快捷键。

5. 调试管理

C-SPY 允许用户在源代码中查看变量或表达式，并可在程序运行时跟踪其值的变化。选择 View→Auto 选项，打开窗口，如图 3.58 所示，自动窗口会显示当前被修改过的表达式。

(1) 连续观察 my_timer 值的变化情况。选择 View→Watch 选项，打开 Watch 窗口。单击 Watch 窗口中的虚线框，当出现输入区域时键入 my_timer 并回车；也可以先选中一个变量，将其从编辑窗口拖到 Watch 窗口，如图 3.59 所示。

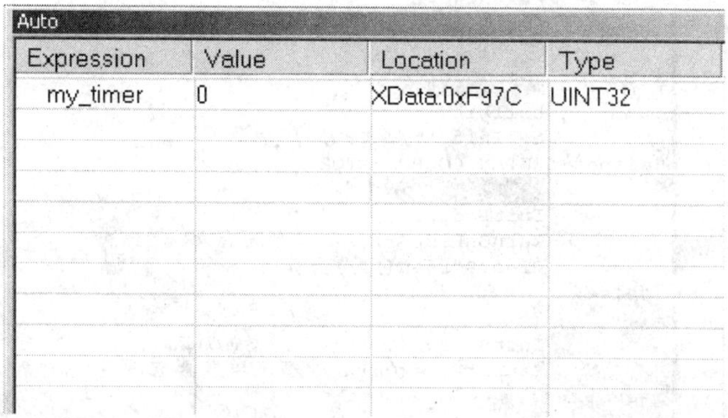

Auto

Expression	Value	Location	Type
my_timer	0	XData:0xF97C	UINT32

图 3.58 自动窗口

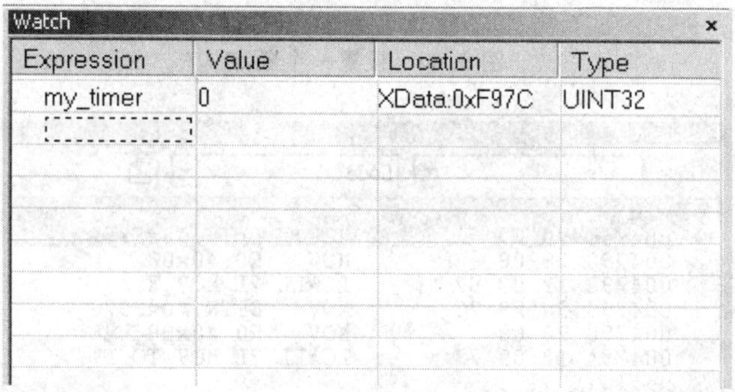

Watch

Expression	Value	Location	Type
my_timer	0	XData:0xF97C	UINT32

图 3.59 Watch 窗口

(2) 单步执行，观察 my_timer 的变化。如果要在 Watch 窗口中去掉一个变量，则先选中，然后单击键盘上的 Delete 键或右击删除。

(3) 设置并监控断点。使用断点最便捷的方式是将其设置为交互式的，即将插入点的位置指到一个语句中或靠近一个语句，然后执行 Toggle Breakpoint 命令，在 BK1KeyInit 语句处插入断点。在编辑窗口选择要插入断点的语句，选择 Edit→Toggle Breakpoint 选项，或者在工具栏上单击“o”按钮，如图 3.60 所示。这样，在这个语句中就设置好了一个断点，如果用高亮显示并且在其左边标注一个红色的“X”，则表示有一个断点存在。可选择 View→Bradkpoint 菜单项打开断点窗口，观察工程所设置的断点。在主窗口下方的调试日志 Debug Log 窗口中可以查看断点的执行情况。若要取消断点，在原来断点的设置处再执行一次 Toggle Breakpoint 命令即可。

(4) 在反汇编模式中调试。在反汇编模式，每一步都对应一条汇编指令，用户可对底层进行完全控制。选择 View→Disassembly 选项，打开反汇编调试窗口，用户可看到当前 C 语言语句对应的汇编语言指令，如图 3.61 所示。

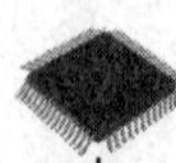

图 3.60 设置一个断点

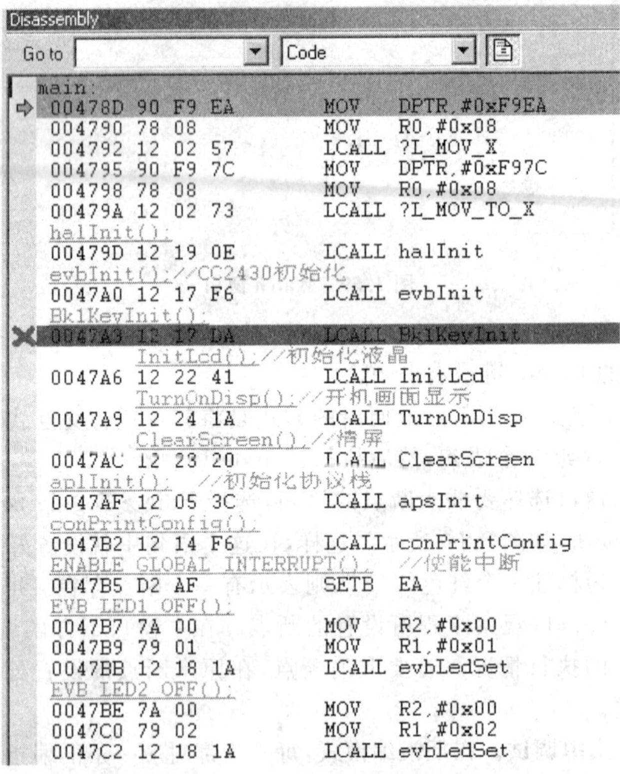

图 3.61 汇编模式中调试程序

(5) 监控寄存器。寄存器窗口允许用户监控并修改寄存器的内容。选择 View→Register 选项，打开寄存器窗口，如图 3.62 所示。选择窗口上部的下拉列表，选择不同的寄存器分组，然后单步运行程序观察寄存器值的变化情况。

(6) 监控存储器。存储器窗口允许用户监控寄存器的指定区域。选择 View→Memory 选项，打开存储器窗口。打开 my_timer 所在文件，单击 my_timer，将它从源代码窗口拖到存储器窗口中。此时存储器窗口中对应的值也被选中，如图 3.63 所示。

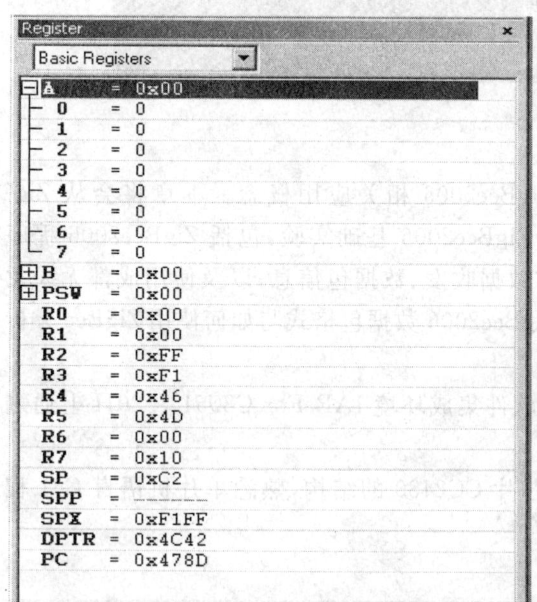

图 3.62　寄存器窗口

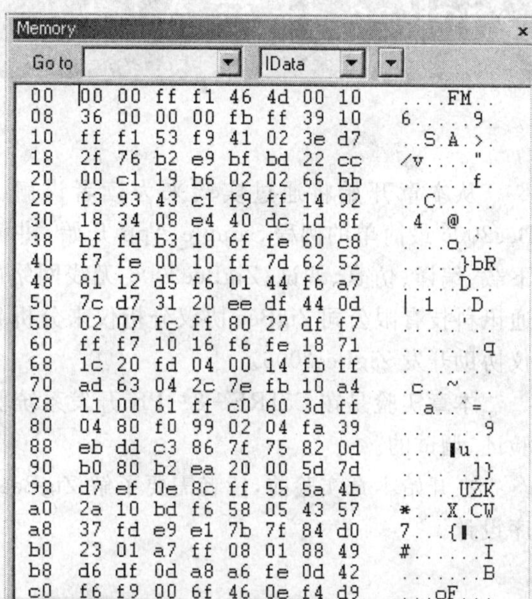

图 3.63　存储器窗口

(7) 单步执行程序，观察存储器中值的变化。用户可以在存储器窗口中对数据进行编辑、修改。在想进行编辑的存储器数值处放置插入点，键入期望值即可。

(8) 完整运行程序。选择 Debug→Go 选项或单击调试工具栏上按钮，如果没有断点，则程序将一直运行下去。可以看到在 ZigBee 的开发系统中相关的硬件反应；如果要停止，则选择 Debug→Break 选项或单击调试工具栏上的×按钮，停止程序运行。

(9) 退出调试。选择 Debug→Stop Debugging 选项或单击调试工具栏上的×按钮退出调试模式。

第 4 章

ZigBee 开发入门

从本章开始将通过实验来为读者讲解 ZigBee2006 相关应用概念。本章将会从 ZigBee2006 最简单的例程 Sample App 开始，讲解 ZigBee2006 基础实验，包括 ZigBee2006 程序下载、编译、仿真、调试；ZigBee2006 无线网络的数据收发、数据包信息；以及使用成都无线龙通讯科技有限公司 ZigBee 协议分析仪来分析 ZigBee2006 数据包格式与如何使用 ZigBee 分析仪协助开发 ZigBee2006。

本章实验是在 C51RF－3－PK 开发系统及软件集成环境 IAR For C8051 7.20H 上通过验证、调试的。

在开始本章实验前，读者需要了解 ZigBee 芯片 CC2430 的结构，熟悉单片机语言 C51 程序设计。

4.1 认识 ZigBee 协议栈

ZigBee 协议栈由一组子层构成。每层为其上层提供一组特定的服务：一个数据实体提供数据传输服务；一个管理实体提供全部其他服务。每个服务实体通过一个服务接入点（SAP）为其上层提供服务接口，并且每个 SAP 提供了一系列的基本服务指令来完成相应的功能。

ZigBee 协议栈的体系结构包括 ZigBee 应用层、ZigBee 网络层、IEEE 802.15.4 MAC 层和 IEEE802.15.4 PHY 层。它虽然是基于标准的 7 层开放式系统互联（OSI）模型，但仅对那些涉及 ZigBee 层予以定义。IEEE 802.15.4 2003 标准定义了最下面的两层：物理层（PHY）和介质接入控制子层（MAC）。ZigBee 联盟提供了网络层和应用层（APL）框架的设计。其中应用层的框架包括了应用支持子层（APS）、ZigBee 设备对象（ZDO）和由制造商制订的应用对象。

相比于常见的无线通信标准，ZigBee 协议套件紧凑而简单，具体实现的要求很低。ZigBee 协议套件的最低需求估计：硬件需要 8 位处理器，如 80C51；软件需要 32 KB 的 ROM，最小软件需要 4 KB 的 ROM，如 CC2430 芯片是具有 8051 内核的、内存为 32～128 KB 的 ZigBee 无线单片机；网络主节点需要更多的 RAM，以容纳网络内所有节点的设备信息、数据包转发表、设备关联表、与安全有关的密钥存储等。

ZigBee 联盟希望建立一种可连接每个电子设备的无线网。它预言 ZigBee 将很快成为全球高端的无线技术，到 2007 年 ZigBee 节点可达到 30 亿个。具有几十亿个节点的网络将很快耗尽已不足的 IPv4 的地址空间，因此 IPv6 与 IEEE 802.15.4 结合是传感器网络的发展趋势。IPv6 采用 128 位地址长度，几乎可以不受限制地提供地址。按保守方法估算，IPv6 实际可为整个地球的每平方米面积分配 1 000 多个地址。IPv6 在设计过程中，除了一劳永逸地解决了地址短缺问题以外，还考虑了在 IPv4 中解决不好的其他问题，如端到端 IP 连接、服务质量(QoS)、安全性、多播、移动性、即插即用等。

使用 IAR For C8051 7.20H 或以上版本打开 C51RF－3－PK 系统配置的 ZigBee 协议栈，在工程文件左边的 Workspace 中可以看到整个协议栈的构架，如图 4.1 所示。

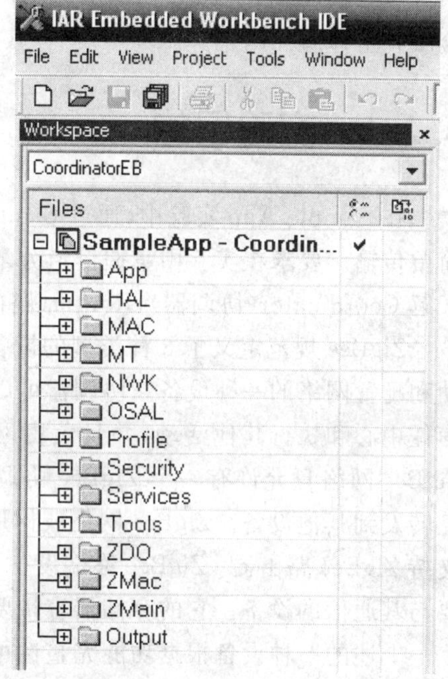

图 4.1　ZigBee 协议栈

App：应用层目录，这是用户创建各种不同工程的区域，在这个目录中包含了应用层的内容和这个项目的主要内容，在协议栈中一般是以操作系统的任务实现的。

HAL：硬件层目录，包含有与硬件相关的配置和驱动及操作函数。

MAC：MAC 层目录，包含了 MAC 层的参数配置文件及其 MAC 的 LIB 库的函数接口文件。

MT：实现通过串口可控制各层，并与各层进行直接交互。

NWK：网络层目录，包含网络层配置参数文件和网络层库的函数接口文件及 APS 层库的函数接口。

OSAL：协议栈的操作系统。

Profile：AF 层目录，包含 AF 层处理函数文件。

Security：安全层目录，包含安全层处理函数，比如加密函数等。

Services：地址处理函数目录，包括地址模式的定义及地址处理函数。

Tools：工程配置目录，包括空间划分及 Z－Stack 相关配置信息。

ZDO：ZDO 目录。

ZMac：MAC 层目录，包括 MAC 层参数配置及 MAC 层 LIB 库函数回调处理函数。

ZMain：主函数目录，包括入口函数及硬件配置文件。

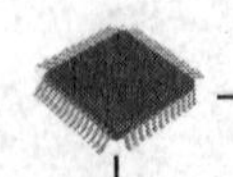

Output：输出文件目录，这是IAR EW8051 IDE自动生成的。

综上所述，整个协议栈中对于ZigBee功能已经全部体现，在此基础上建立一个项目的方法主要是改动应用层。

下面通过实现数据在ZigBee网络中的简单传输的一个实例来讲解整个协议栈的使用。

4.2 ZigBee网络数据传输

Sample App提供了一个应用和消息传输的一个简单例子，它例证性地说明了在一个简单应用中信息的传输。在C51RF－3－PK系统配置中的\C51RF－3－PK无线ZigBee网络开发平台V4.10\C51RF－3－PK演示程序\ZigBee2006\ZigBee2006－simple目录下，可看到此实验所有工程源代码。

4.2.1 实验目的

在Sample App实验中，通过Sample App这个简单的例子，实现数据在ZigBee网络中的简单传输。要求在实验中掌握信道分配、数据的发送与接收的方法及协议分析仪的使用方法；了解Coordinator(协调器)、Router(路由节点)和End(终端节点)在该协议栈中的表现形式。

ZigBee规范定义了3种类型的设备，每种设备都有自己的功能要求。ZigBee协调器是启动和配置网络的一种设备。协调器可以保持间接寻址用的绑定表格，支持关联，同时还能设计信任中心和执行其他活动，并且负责网络正常工作以及保持同网络其他设备的通信。一个ZigBee网络只允许有一个ZigBee协调器。ZigBee路由器是一种支持关联的设备，能够将消息转发到其他设备。ZigBee网络或树形网络可以有多个ZigBee路由器。ZigBee星形网络不支持ZigBee路由器。ZigBee终端设备可以执行其相关功能，并使用ZigBee网络到达其他需要与其通信的设备。它的存储器容量要求最少。

上述的3种设备根据功能完整性可分为全功能(FFD)和半功能(RFD)设备。其中全功能设备可作为协调器、路由器和终端设备，而半功能设备只能用于终端设备。一个全功能设备可与多个RFD设备或多个其他FFD设备通信，而一个半功能设备只能与一个FFD通信。

4.2.2 ZigBee数据传输原理解析

所有的ZigBee设备都具有连接网络和断开网络功能。

ZigBee协调器和路由器都具有以下附加功能：

① 允许设备用如下方式与网络连接：

● MAC 层的连接命令;

● 应用层的连接请求命令。

② 允许设备以如下方式断开网络:

● MAC 层的断开命令;

● 应用层的断开命令;

● 对逻辑网络地址进行分配;

● 维护邻居设备表。

ZigBee 协调器应具有建立一个新网络的功能,ZigBee 路由器和终端设备在一个网络中应提供轻便支持。

1. 信道分配

频谱是区别各种电波的一个重要依据,无线通信的频谱在 RF(Radio Frequency)这一段包括了常见的调频收音机、各种手机、无线电话、无线卫星电视等。由于从几十兆到几千兆的频谱上集中了各种不同的无线应用,而且这些无线电传播都使用同一个通信媒介——空气,所以为了保证各种无线通信之间不相互干扰,就需要对无线频道的使用进行必要的管理。

各国的无线电管理机构负责管理 RF 频道的使用,在美国,这个管理机构是美国联邦通信委员会(FCC),欧洲是欧洲电信标准化协会(ETSI),中国是中国无线电管理委员会。频道管理最基本的规则是无线发送器的使用需要获得许可。

各国的无线管理部门规定了某些频带无须许可就可以使用,以满足不同的需要。这些频带通常包括 ISM (Industrial、Scientific and Medical,工业、医疗、科学) 频带。但是,各国的无线电管理也不尽相同。在美国,FCC 管理无线电频谱的分配,可用的、免许可证的频带包括 27 MHz、260~470 MHz、902~928 MHz 和最常用的 2.4GHz 频带。其中 260~470 MHz 频带对数据传送的类型有所限制,而其他频带则没有这样的限制。ISM 频道在欧洲所分配到的频率为 433 MHz、868 MHz 和 2.4 GHz。中国目前可以使用的 ISM 频率是 433 MHz 和2.4 GHz。

除了 ISM 频带以外,在中国低于 135 kHz,在北美、南美和日本低于 400 kHz,也都是可以使用的免费频段。各国对无线频谱资源的管理,不仅规定了相关的 ISM 开放频道的频率,同时也严格规定了在这些频率上所使用的发射功率,在实际使用这些频率时,需要查阅各国无线频谱管理机构的不同的具体技术要求。

中国的无线电管理要求的具体技术参数,请查阅中国信息产业部发布的《微功率(短距离)无线电设备管理暂行规定》。

ZigBee 的通信频率在物理层规范,在不同的国家或区域 ZigBee 提供了不同的工作频率范围,它所使用的频率范围为 2.4 GHz 和 816/915 MHz。因此,在 ZigBee 中定义了 2.4 GHz 和 816/915 MHz 两个物理层标准,它们全都基于直接序列扩频(DSSS)技术。

868 MHz 频段上 ZigBee 的传输速率为 20 kb/s,916 MHz 频段上的传输速率为 40 kb/s。

由于这两个频段的传播损耗和所受到的无线电干扰很小，所以在这两个频段上可以降低接收机的灵敏度要求，获得较大的通信距离，

2.4 GHz 波段是全球统一、无须申请 ISM 频段，适合 ZigBee 设备推广及降低生产成本。2.4 GHz 的物理层采用 16 相调制技术，能够提供 250 kb/s 的传输速率，提高了数据吞吐量，缩短了通信时延和数据收发时间，降低了功耗。

ZigBee 在这 3 个频段中定义了 27 个物理信道。868 MHz 频段中定义了 1 个信道；915 MHz频段中定义了 10 个信道，信道间隔为 2 MHz；2.4 GHz 频段上定义了 16 个信道，信道间隔为 5 MHz，如表 4.1 所列。

表 4.1 ZigBee 无线信道的组成

信道编号	中心频率/MHz	信道间隔/MHz	频率上限/MHz	频率下限/MHz
$x=0$	868.3	仅1个信道	868.6	868.0
$x=1,2,\cdots,10$	$906+2(x-1)$	2	928.0	902.0
$x=11,12,\cdots,26$	$2\,405+5(x-11)$	5	2 483.5	2 400.0

这些信道的中心频率按如下公式定义（x 为信道数）：

$f_c=868.3$ MHz　($x=0$)

$f_c=906$ MHz$+2(x-1)$ MHz　($x=1,2,\cdots,10$)

$f_c=2\,405$ MHz$+5(x-11)$ MHz　($x=11,12,\cdots,26$)

在 ZigBee2006 协议栈中，可以通过 MAC_RADIO_SET_CHANNEL(x)设置，其中“x”为信道编号。这里只提供了 2.4 GHz 频段(11～26 信道)的编号，例如，选择 20 信道，只需要执行 MAC_RADIO_SET_CHANNEL(20)便可以完成设置。MAC_RADIO_SET_CHANNEL(x)定义在 mac_radio_defs.h 中。该程序代码如下：

```
#define MAC_RADIO_SET_CHANNEL(x)   st( FSCTRLL = FREQ_2405MHZ + 5 * ((x) - 11); )
```

2. 建立网络

ZigBee 设备在工作时，各种不同的任务在不同的层次上执行，通过层的服务，完成所要执行的任务。每一层的服务主要完成两种功能：一种功能是根据它的下层服务要求，为上层提供相应的服务；另一种功能是根据上层的服务要求，对它的下层提供相应的服务。各项服务通过服务原语来实现。每个事件由服务原语组成，它处于一个用户的某一层，通过该层的服务接入点 (SAP)与建立对等连接的用户的相同层之间进行传送。服务原语通过提供一种特定的服务来传输必需的信息。这些服务原语是一个抽象的概念，它们仅指出提供的服务内容，而没有指出由谁来提供这些服务。它的定义与其他任何接口的实现无关。

由代表其特点的服务原语和参数的描述来指定一种服务。一种服务可能有一个或多个相

关的原语，这些原语构成了与具体服务相关的执行命令。每种服务原语提供服务时，根据具体的服务类型，可能不带有传输信息，也可能带有多个传输必须的信息参数。

原语通常分为如下 4 种类型(如下原语环境设置为一个具有 I 个用户网络中，两个对等用户及其与 J 层或子层对等协议实体建立连接的服务原语)：

(1) Request：请求原语是从第 I1 用户发送到它的第 J 层，请求服务开始。

(2) Indication：指示原语是从第 I1 用户的第 J 层向第 I2 用户发送，指出对于第 I2 用户有重要意义的内部 J 层的事件。该事件可能与一个遥远的服务请求有关，或者可能是由一个 J 层的内部事件引起。

(3) Response：响应原语是从第 I2 用户向它的第 J 层发送，用来表示用户执行上一条原语调用过程的响应。

(4) Confirm：确认原语是由第 J 层向第 I1 用户发送，用来传递一个或多个前面服务请求原语的执行结果。

设备通过 NLME - NETWORK - FORMATION. request 原语来启动一个新网络的建立过程。

仅当具有 ZigBee 协调器能力且当前还没有与网络连接的设备，才可以尝试着去建立一个新网络。如果此过程由其他设备开始，则网络层管理实体将终止该过程，并向其上层发出非法请求的报告。该步骤通过发出状态参数为 INVALID_REQUEST 的 NLME - NETWORK - FORMATION. confirm 原语来完成。建立一个新网络的流程如图 4.2 所示。

当建网过程开始后，网络层将首先请求 MAC 层对协议所规定的信道，或由物理层所默认的有效信道进行能量检测扫描，以检测可能的干扰。为实现能量检测扫描，设备网络层通过发送扫描类型(Scan Type)参数设置为能量检测扫描的 MLME - SCAN. request 原语到 MAC 层进行信道能量检测扫描，扫描结果通过 MLME - SCAN. confirm 原语返回。

当网络层管理实体收到成功的能量检测扫描结果后，将以递增的方式对所测量的能量值进行信道排序，并且抛弃那些能量值超出了可允许能量水平的信道，选择可允许能量水平的信道有待进一步处理。此后，网络层管理实体将通过发送 MLME - SCAN. request 原语执行主动扫描，其中该原语的 ScanType 参数设置为主动扫描，ChannelList 参数设置为可允许信道的列表，搜索其他的 ZigBee 设备。为了决定用于建立一个新网络的最佳通道，网络层管理实体将检查 PAN 描述符，并且所查找的第一个信道为网络的最小编号。如果网络层管理实体找不到适合的信道，就将终止建网过程，并且向应用层发出启动失败信息，即通过发送参数状态为 STARTUP_FAILURE 的 NLME - NETWORK - FORMATION. confirm 原语向其上层通告。

如果网络层管理实体找到了合适的信道，则将为这个新网络选择一个 PAN 标识符。为了选择一个 PAN 标识符，设备将选择一个随机的 PAN 标识符值，要求小于或等于 0x3FFF 并且没有在已选择信道里使用的。一旦网络层管理实体做出了选择，则它通过发出 MLME -

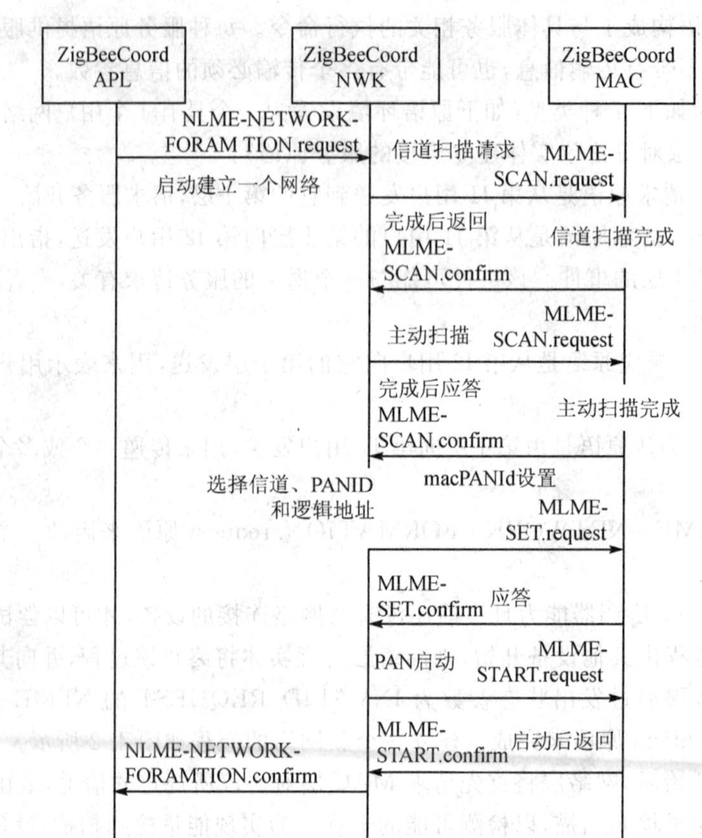

图 4.2　建立一个新网络的流程

SET. request 原语将这个值写为 MAC 层的 macPANId 属性。

如果选择不出唯一的标识符，则网络层管理实体将终止程序，并且通过发送状态参数为 STARTUP_FAILURE 的 NLME - NETWORK - FORMATION. confirm 原语向其上层通告。

网络层管理实体一旦选择了一个 PAN 标识符，将选择一个等于 0x0000 的 16 位网络地址，并且设置 MAC 层的 *macShortAddress* PIB 属性，使其等于所选择的网络地址。

一旦选择了网络地址，网络层管理实体将核对 PIB 属性的 *nwkExtendedPANID* 值。如果该值是 0x0000000000000000，则这个属性以 MAC 常量 *aExtendedAddress* 初始化。

一旦 nwkExtendedPANId 值核对，则网络层管理实体将通过 MLME - START. request 原语给 MAC 层开始新 PAN 操作。MLME - START. request 原语参数根据 NLME - NETWORK - FORMATION. request 原语来设置，即根据信道扫描和所选择的 PAN 标识符来设置。PAN 的启动状态通过 MLME - START. confirm 原语返回到网络层。

当网络层管理实体收到 PAN 的启动状态后，将向启动 ZigBee 协调器请求状态的上层报告，即通过发出 the NLME - NETWORK - FORMATION. confirm 原语向其上层报告。其原语的状态参数为从 MAC 层的 MLMESTART. confirm 原语返回的值。

在 ZigBee2006 协议栈中，建立网络的过程以库的形式出现，它的函数形式为

NLME_NetworkFormationRequest()

函数执行的结果(状态)由函数 ZDO_NetworkFormationConfirmCB()返回。

建议不要直接用这个函数，可以用函数 ZDO_StartDevice()代替。

函数原型：

```
ZStatus_t NLME_NetworkFormationRequest( uint16 PanId,
                                        uint32 ScanChannels,
                                        byte ScanDuration,
                                        byte BeaconOrder,
                                        byte SuperframeOrder,
                                        byte BatteryLifeExtension );
```

PanId	这个参数指出了具体的开始的设备，范围为 0～0x3FFF。如果 0xFFFF 被使用，则网络层将会通过扫描网络上的 PAN IDS 以选取一个在范围内的网络上独有的地址。
ScanChannels	扫描通道，由位表示。2.4 GHz 频段中通道号为 11～26 (0x7FFF800)。
ScanDuration	每个通道的扫描时间跟信标帧相同。
BeaconOrder2	2006 信标 BEACON_ORDER_NO_BEACONS。
SuperframeOrder	2006 信标 BEACON_ORDER_NO_BEACONS。
BatteryLifeExtension	如果这个值为 1，则 ZIGBEE 协调者开启外部供电模式；如果这个值为假，则网络层将让 ZigBee 协调者关掉外部电源扩展模式。

3. 允许加入网络

通过 NLME - PERMIT - JOINING. request 原语允许设备与网络连接。只有设备为 ZigBee 协调器或者路由器时，才能试图允许设备与网络连接。允许加入一个网络的流程如图 4.3 所示。

当此过程开始时，若设置 PermitDuration 参数为 0x00，则启动该过程，并且网络层管理实体把在 MAC 层的 *macAssociationPermit* PIB 属性设置为 FALSE。MAC 层的属性设置通过 MLME - SET. Request 原语来完成。

当此过程开始时，若设置 PermitDuration 参数为一个 0x01～0xFE 之间的值，则网络层管

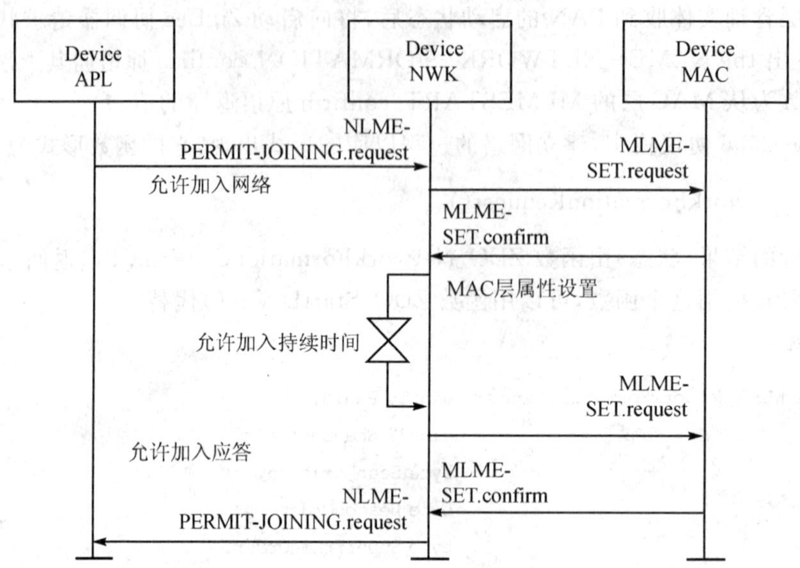

图 4.3　允许加入一个网络的流程

理实体将把在 MAC 层中的 *macAssociationPermit* PIB 属性设置为 TRUE，并且网络层管理实体将启动一个定时器，用来对一个特定的时间进行计时。当达到该时间时，定时器停止计时。在该定时器停止时，网络层管理实体将把 MAC 层中的 *macAssociationPermit* PIB 属性设置为 FALSE。

当此过程开始时，若设置 PermitDuration 参数为 0xFF，则网络层管理实体将把在 MAC 层中的 *macAssociationPermit* PIB 属性设置为 TRUE，以表示无限定时间，除非发送另一个 NLME－PERMIT－JOINING. request 原语。

在一个网络中，当具有从属关系的设备允许一个新设备连接时，它就与新连接的设备形成了一个父子关系，新设备成为子设备，而第一个设备为父设备。一个子设备通过以下两种方法加入到网络中：

(1) 子设备用 MAC 连接程序来加入网络；

(2) 子设备直接同一个预先所指定的父设备连接来加入网络。

1) 联合方式加入网络

(1) 子设备流程

在这里将详细介绍一个子设备与一个网络连接的过程，以及一个 ZigBee 协调器或路由器（父设备）在接收到连接请求命令后所采取的措施。下面结合图 4.4 分析子设备流程。

加入网络的流程：首先，应用层发送 NLME－NETWORK－DISCOVERY. request 原语，其中扫描参数(ScanChannels)设置为网络将要扫描的信道，扫描持续时间参数(ScanDuration)设置为扫描每个信道所需要的时间。网络层接收到该原语后，将发送 MLME－SCAN.

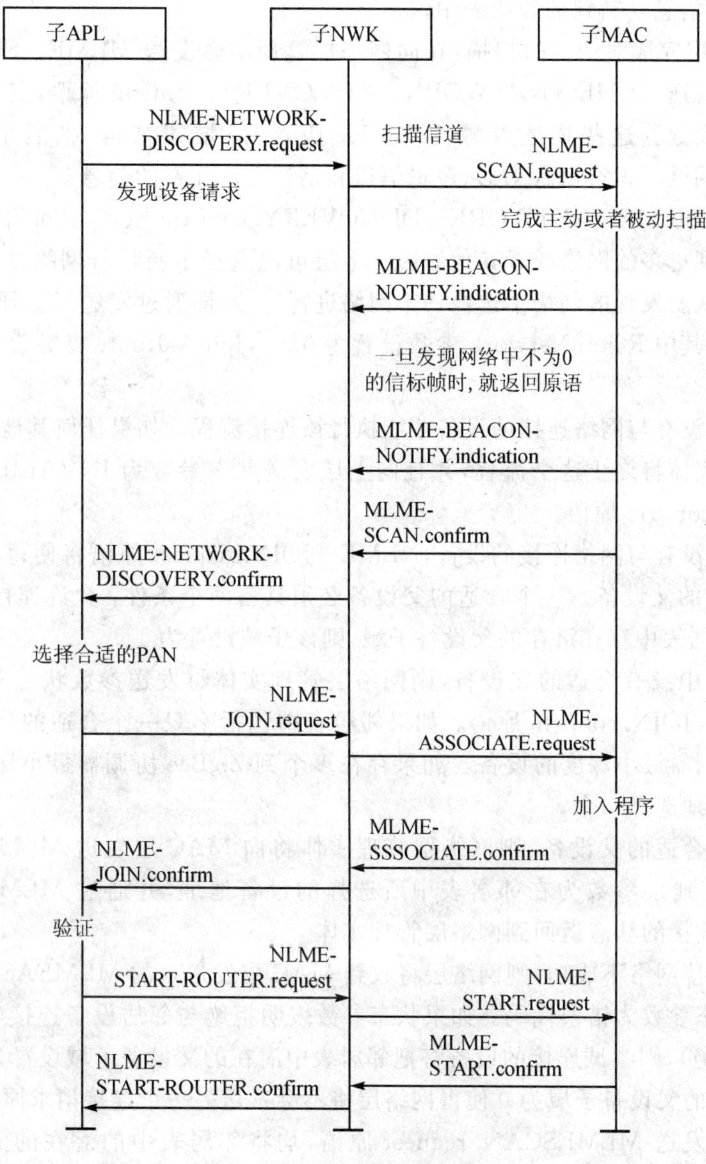

图 4.4　联合方式加入网络流程

request 原语请求 MAC 层执行一个主动扫描。

扫描设备的 MAC 层在扫描过程中一旦接收到有效长度不为 0 的信标帧时，将向其网络层发送 MLME－BEACON－NOTIFY. indication 原语。该原语中包括的信息为信标设备地址、是否允许连接和信标载荷。扫描设备的网络层将检查信标载荷中的协议标识符域的值，并验证它是否与 ZigBee 协议识别符匹配。如果不匹配，则忽略该信标；反之，设备将从接收到的信标中将相关的信息复制到的邻居表中。

一旦 MAC 层完成对信道的扫描，在向网络层管理实体发送 MLME - SCAN. confirm 原语后，网络层将发送 NLME - NETWORK - DISCOVERY. confirm 原语，其参数包括扫描得到的网络描述参数。这些描述参数为 ZigBee 版本号、堆栈结构、扩展个域网网标识符(PANId)、个域网网标识符(PANId)、逻辑信道和是否允许连接的信息。

其上层收到 NLME - NETWORK - DISCOVERY. confirm 原语，就可得到目前邻居网络的信息，以便发现更多的网络或者其他原因。上层可以选择重新执行网络发现命令。如果不重新执行，它将从所发现的网络中选择一个网络进行连接，即通过发送 NLME - JOIN. request 原语进行连接。其中 RejoinNetwork 参数设置为 0x00，JoinAsRoute 参数设置为设备是否与网络连接。

只有那些还没有与网络连接的设备才能执行该连接流程。如果任何其他设备执行这个流程，则网络管理实体将终止这个流程，并且向上层发送状态参数为 INVALID_REQUEST 的 NLME - JOIN. confirm 原语。

对于一个还没有与网络连接的设备，NLME - JOIN. request 原语将使得网络层在邻居表中搜索一个合适的父设备。一个合适的父设备必须具备两个条件：允许连接；链路成本最大为 3。如果在邻居表中存在潜在的父设备子域，则该子域设置为 1。

如果邻居表中没有合适的父设备，则网络层管理实体将发送参数状态 NOT_PERMITTED 的 NLME - JOIN. confirm 原语。如果邻居表中包括不只一个合适的父设备，则选择具有到 ZIgBee 协调器最小深度的设备。如果存在多个到 ZigBee 协调器最小深度的设备，则可在它们之间任意地选择一个。

一旦选择了合适的父设备，则网络层管理实体将向 MAC 层发送 MLMEASSOCIATE. Request 原语，其地址参数为在邻居表中所选择的设备地址，并通过 MLMEASSOCIATE. confirm 原语将连接的状态返回到网络层管理实体。

如果试图连接网络不成功，则网络层将收到 MAC 层发送来的 MLMEASSOCIATE. Confirm 原语，其状态参数为错误代码。如果状态参数表明拒绝与邻居设备连接(即 PAN 容量或者 PAN 接入拒绝)，则尝试连接的设备将把邻居表中潜在的父设备子域设置为 0，以表示尝试连接失败。潜在的父设备子域为 0 使得网络层将不会发送另一个连接请求原语去尝试连接该邻居设备。每次发送 MLMESCAN. request 原语，均将邻居表中的潜在的父设备子域设置为 1。

如果潜在的父设备不允许连接新的路由器(路由器的最大数，已经连接设备的最大路由器)，并且要连接的设备将 JoinAsRouter 参数设置为 TRUE，则连接请求也可能不成功。在这种情况下，NLMEJOIN. confirm 原语将给出 NOT_PERMITTED 的状态，子设备应用层将希望再次尝试连接，但只能作为一个终端设备，将发送另一个 NLME - JOIN. request 原语，且原语的 JoinAsRouter 参数设置为 FALSE。

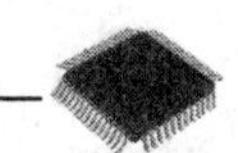

如果尝试连接网络失败，网络层管理实体将试图从邻居表中找寻一个合适的父设备。如果不存在这样的设备，则网络管理实体将发出 NLME - JOIN. confirm 原语，其状态参数值为 MLME - ASSOCIATE. confirm 原语所返回的值。

如果尝试连接失败，并且存在第二个邻居的设备，同时该设备又可作为合适的父设备，则网络层启动连接第二个设备的 MAC 层连接程序。网络层将不断重复这个过程，直到成功地与网络连接或者已尝试所有可能连接的网络。

如果设备不能成功地连接上层所指定的网络，则网络管理实体将通过 NLME - JOIN. confirm 原语来终止该过程，其原语的状态参数为最后接收到的 MLME - ASSOCIATE. confirm 原语所返回的值。在这种情况下，设备将不接收有效的逻辑地址，也不允许在网络中通信。

如果尝试连接网络成功，则网络层收到 MLME - ASSOCIATE. confirm 原语。该原语中将包括 16 位的逻辑地址，该逻辑地址在网络中是唯一的，并且子设备在未来的通信中将使用这个逻辑地址。然后，网络层将设置相对应的邻居表的关系域，表示邻居设备为它的父设备。此时，父设备将把新连接的设备增加到邻居表中，而且网络层将更新 NIB 中 *nwkShortAddress* 的值。

如果设备试图与一个安全网络连接且是路由器，则在发送信标前必须等待父设备对它验证，验证之后就可以连接。因而，该设备将等待上层发送来的 NLME - START - ROUTER. request 原语。如果该设备为一个路由器，当它的网络层管理实体接收到该原语之后，就发送 MLME - START. request 原语。如果 NLME - STARTROUTER. request 原语由终端设备发出，则网络层将发出 NLME - START - ROUTER. confirm 原语，其原语状态参数设置为 INVALID_REQUEST。

当设备成功地与网络连接完成以后，如果设备是路由器，则将等待上层发出 NLME - START - ROUTER. request 原语，网络层将向 MAC 层发出 MLME - START. request 原语。PANId、LogicalChannel、BeaconOrder 和 SuperframeOrder 参数将设置为它所对应的父设备在邻居表中所对应的参数值，而 PANCoordinator 和 CoordRealignment 参数都将会设置为 FALSE。网络层接收到 MLME - START. confirm 原语后，网络层将发送具有相同状态的 NLME - START - ROUTER. confirm 原语。

(2) 父设备流程

ZigBee 协调器或路由器使用 MAC 层将一个设备与它所在的网络进行连接，其流程由来自于 MAC 层的 MLME - ASSOCIATE. indication 原语进行初始化。仅当这些设备为协调器或者路由器，并且允许与网络连接的设备时，才能执行这个流程。如果设备为其他设备，则网络层管理实体将终止这个流程。

当这个流程开始后，潜在父设备的网络层管理实体首先要确定设备是否愿意与已经存在的网络连接。为了确定这一点，网络层管理实体将会搜索邻居表，以确定是否能找到一个匹配的 64 位扩展地址。如果搜索到相匹配的地址，则网络层管理实体将检查在邻居表中给定的设备能力是否匹配设备类型。如果设备类型也匹配，则网络层管理实体将得到一个相应的 16 位网络地址，并且向 MAC 层发送连接响应。如果设备类型不匹配，则网络管理实体将移除邻居表中设备的所有记录且重新启动 MLME - ASSOCIATION. indication。如果搜索不到相匹配的地址，若可能，网络管理实体将分配一个 16 位的网络地址给这个新设备。

如果潜在的父设备没有能力接受更多的子设备(用完了它的分配地址空间)，则网络管理实体将终止该流程，然后向 MAC 层发出 MLME - ASSOCIATE. response 原语对其响应。该原语的状态参数将表明 PAN 的能力。

如果同意连接请求，则父设备的网络管理实体将使用设备所提供的信息在它的邻居表中为子设备创建一个新的入口，并且随后向 MAC 层发送表明连接成功的 MLME - ASSOCIATE. response 原语。MLME - COMMSTATUS. indication 原语将传送给子设备的响应状态回到网络层。

如果传送不成功(即 MLME - COMM - STATUS. indication 原语状态参数不为 SUCCESS)，则网络层管理实体将立即终止程序；如果传送成功，则网络层的管理实体将通过向上层发送 NLME - JOIN. indication 原语，表明子设备已经成功地与网络连接。成功地将设备与网络连接的流程如图 4.5 所示。

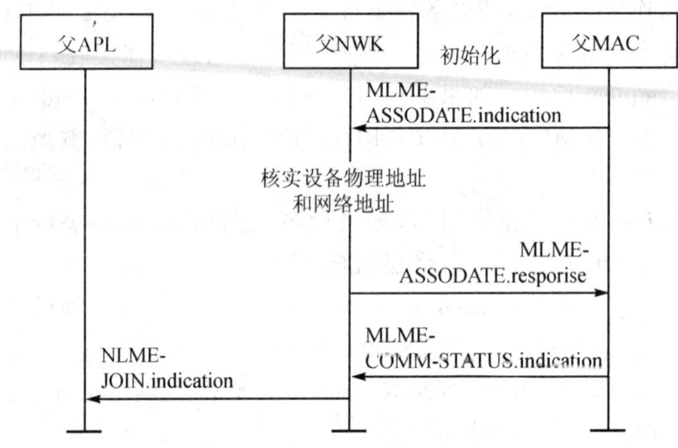

图 4.5　成功加入一个网络的流程

2) 通过孤点方式或者重新加入网络

这里将介绍一个以前同网络连接的设备，但目前没有和它的父设备失去联系，它将如何执行孤点连接流程同网络连接。

一个已经同网络连接的设备，为了完成建立它与其父设备的关系，应开始执行孤点流程，设备的应用层将决定是否开始该流程。如果开始，则应用层将通过网络层打开电源。

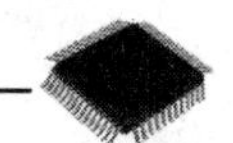

如果一个以前已经同网络连接的设备，其网络层管理实体将不断地接收到来自于 MAC 层发送的通信失败通知，则它将开始执行孤点流程。

(1) 子设备流程

子设备通过发送 NLME - JOIN. request 原语来开始执行孤点方式同网络连接，其原语的 RejoinNetwork 参数设置为 0x01。

当开始执行流程时，首先网络层管理实体请求 MAC 层对 ScanChannels 参数给定的信道进行孤点扫描。通过向 MAC 层发送 MLMESCAN. request 原语开始进行孤点扫描，其扫描的结果通过 MLME - SCAN. confirm 原语返回到网络层管理实体。

如果孤点扫描成功（即子设备扫描到父设备），则网络层管理实体将通过发送 NLME - JOIN. confirm 原语向其上层通告请求连接或者重新连接网络已成功执行，其原语状态参数设置为 SUCCESS。

注意，如果子设备是第一次连接或者以前已经同网络连接但是保持树形深度信息失败，则它有可能在网络中不能正确操作，对于消息的恢复超出了规定的范围。

如果孤点扫描不成功（即没有扫描到父设备），则网络层管理实体将终止该流程，并通过发送 NLME - JOIN. confirm 原语向其上层通告没有扫描到网络，其原语的状态参数设置为 NO_NETWORKS。子设备通过孤点方式连接网络或者重新连接网络的流程如图 4.6 所示。

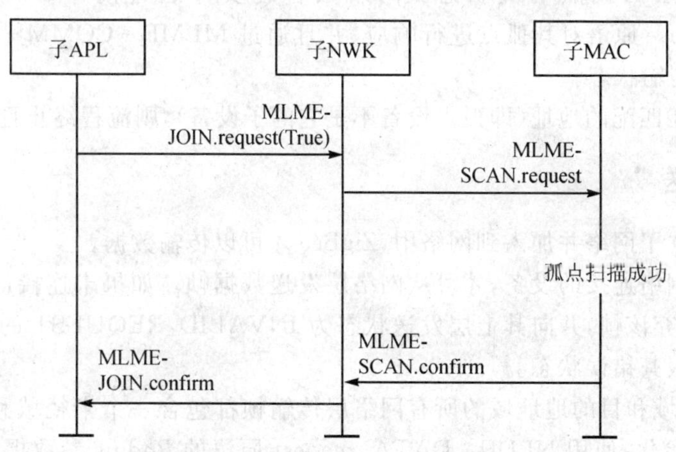

图 4.6 通过孤点方式或者重新加入网络子设备流程

(2) 父设备流程

一个父设备收到来自于 MAC 层发送来的 MLME -ORPHAN. indication 原语时，就可得知存在一个孤点设备。仅当设备为 Zigee 协调器或者路由器（也就是具有父设备能力）时，才能执行该连接流程；否则，当其他设备执行该流程时，网络层管理实体将终止该流程的执行。父设备连接或者重新连接孤点设备的流程如图 4.7 所示。

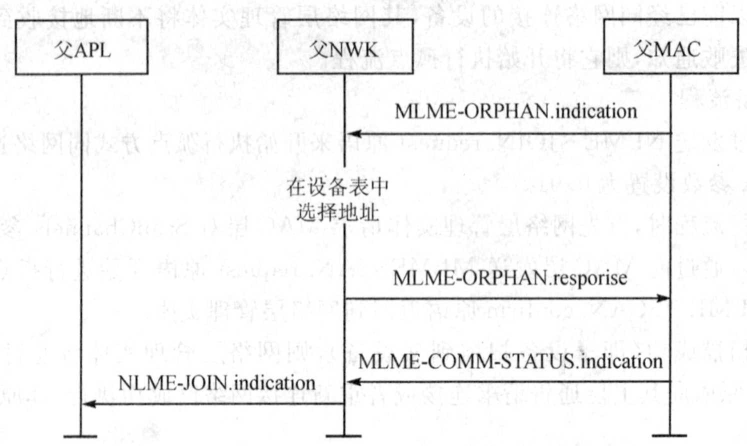

图 4.7 通过孤点方式或者重新加入网络父设备流程

该流程开始执行时,网络层管理实体首先判断该孤点是否是它的子设备。为了对其进行判断,需要将孤点设备的扩展地址和邻居表中所记录的子设备地址进行比较。如果存在匹配的地址,且孤点设备是它的子设备,则网络层管理实体将得到其相对应的16位网络地址以及它随后对MAC层的孤点响应状态。网络层管理实体通过向MAC层发送MLME-ORPHAN. response原语对其孤点进行响应,并且通过MLME-COMM-STATUS. indication原语得到其传输状态。

如果不存在相匹配的地址(即孤点设备不是它的子设备),则流程终止且不通知上层。

4. 数据发送

只有设备建立了网络并加入到网络中,ZigBee才可以传输数据。

只有已经与网络连接的设备,才可从网络层发送数据帧。如果未连接设备收到传输帧的请求命令,则将丢弃该帧,并向其上层发送状态为INVALID_REQUEST的NLDE-DATA. confirm原语,通报其错误状态。

另外,源地址域和目的地址域的所有网络层传输帧都包含一个半径域和序列号域。对于高层数据帧的初始化,使用NLDE-DATA. request原语的Radius参数提供的半径域的值。如果没有该值,那么网络层头的半径域将设置成NIB中的nwkMaxDepth参数值的2倍。每个设备的网络层都保持一个序列号,这个序列号是随机值。每一次网络层构建一个新的网络层帧和从高层传输一个新的网络帧的请求结果,或者是当它需要一个新的网络层命令帧时,序列号加1,增加完之后,序列号的值将插入到帧的头的序列号域。

```
NLDE - DATA.request {
                        DstAddrMode,
                        DstAddr,
```

```
NsduLength,
Nsdu,
NsduHandle,
Radius,
NonmemberRadius,
DiscoverRoute,
SecurityEnable
}
```

当构造好网络协议数据单元后，如果需要对该帧进行安全处理，则将根据安全方案对它进行安全处理。如果 NLDE - DATA. request 的安全允许参数 SecurityEnable 等于 FALSE，则不需要安全处理。如果网络层安全级别参数 nwkSecurityLevel 等于 0，或者如果在高层，帧经过初始化且 nwkSecureAllFrames NIB 属性设置为 0x00，那么帧控制域的安全子域总是设置成 0。

当安全处理成功后，将返回该帧，并由网络层进行传输。经处理的帧将附加一个校验帧头。如果帧的安全处理失败，并且此帧为数据帧，则将通过 NLDE - DATA. confirm 原语的状态向上层进行通报。如果帧的安全处理失败，且此帧为网络命令帧，则将丢弃该帧，不进行进一步处理。

当构造好一个帧，并且已准备好传输该帧时，通过向 MAC 层发送 MCPSDATA. request 原语请求发送网络层协议数据单元，将该帧传送到 MAC 数据服务单元，其传送的结果将通过 MCPS - DATA. confirm 原语返回。

发送数据时，首先按照协议中规定的帧形式构建帧数据。该帧数据包括帧头和帧内容。其中帧头包括帧类型、源地址、目的地址、PAN、CLUSTERID 等信息。帧构建好后将调用 MAC 层的原语 MCPS - DATA. request，并将收到的结果通过 MCPS - DATA. confirm 返回。

在 Z - Stack 中，数据的发送和接收都必须通过应用层调用，在这里，通过发送数据请求接口函数实现数据的发送。函数原型如程序清单 4.1 所示。

程序清单 4.1

```
/*************************************************************
//函数名：afStatus_t AF_DataRequest ( afAddrType_t * dstAddr, endPointDesc_t * srcEP,
                                     uint16 cID, uint16 len, uint8 * buf, uint8 * transID,
                                     uint8 options, uint8 radius )
//功能：发送数据
//输入：发送的数据、长度、方式、ID 等
//输出：无
*************************************************************/
#if ( AF_V1_SUPPORT )
```

```
static afStatus_t afDataRequest( afAddrType_t * dstAddr, endPointDesc_t * srcEP,
                                 uint16 cID, uint16 len, uint8 * buf, uint8 * transID,
                                 uint8 options, uint8 radius )
#else
afStatus_t AF_DataRequest( afAddrType_t * dstAddr, endPointDesc_t * srcEP,
                                 uint16 cID, uint16 len, uint8 * buf, uint8 * transID,
                                 uint8 options, uint8 radius )
#endif
{
  pDescCB pfnDescCB;
  ZStatus_t stat;
  APSDE_DataReq_t req;
  afDataReqMTU_t mtu;
  if ( srcEP == NULL )
  {
    return afStatus_INVALID_PARAMETER;
  }
  if ( dstAddr->addrMode == afAddrNotPresent )
  {
    dstAddr->endPoint = ZDO_EP;
    req.dstAddr.addr.shortAddr = afGetReflector( srcEP->endPoint );
  }
  else //发送类型
  {
    req.dstAddr.addr.shortAddr = dstAddr->addr.shortAddr;
    if ( ( dstAddr->addrMode == afAddr16Bit      ) ||
         ( dstAddr->addrMode == afAddrBroadcast )     )
    {
      //核对有效广播值
      if( ADDR_NOT_BCAST != NLME_IsAddressBroadcast( dstAddr->addr.shortAddr )  )
      {
        //广播模式
        dstAddr->addrMode = afAddrBroadcast;
      }
      else
      {
        //不是广播类型
        if ( dstAddr->addrMode == afAddrBroadcast )
```

```
        {
          return afStatus_INVALID_PARAMETER;
        }
      }
    }
    else if ( dstAddr ->addrMode != afAddrGroup )
    {
      return afStatus_INVALID_PARAMETER;
    }
  }
  req.dstAddr.addrMode = dstAddr ->addrMode;
  req.profileID = ZDO_PROFILE_ID;

  if ( (pfnDescCB = afGetDescCB( srcEP )) )
  {
    uint16 * pID = (uint16 * )(pfnDescCB(AF_DESCRIPTOR_PROFILE_ID, srcEP ->endPoint ));
    if ( pID )
    {
      req.profileID = * pID;
      osal_mem_free( pID );
    }
  }
  else if ( srcEP ->simpleDesc )
  {
    req.profileID = srcEP ->simpleDesc ->AppProfId;
  }
  req.txOptions = 0;
  if ( ( options & AF_ACK_REQUEST ) && ( req.dstAddr.addrMode != AddrBroadcast ) &&
       ( req.dstAddr.addrMode != AddrGroup))
  {
    req.txOptions |= APS_TX_OPTIONS_ACK;
  }
  if ( options & AF_SKIP_ROUTING )
  {
    req.txOptions |= APS_TX_OPTIONS_SKIP_ROUTING;
  }
  if ( options & AF_EN_SECURITY )
  {
```

```
  req.txOptions |= APS_TX_OPTIONS_SECURITY_ENABLE;
  mtu.aps.secure = TRUE;
}
else
{
  mtu.aps.secure = FALSE;
}
mtu.kvp = FALSE;
req.transID      = *transID;
req.srcEP        = srcEP->endPoint;
req.dstEP        = dstAddr->endPoint;
req.clusterID    = cID;
req.asduLen      = len;
req.asdu         = buf;
req.discoverRoute = (uint8)((options & AF_DISCV_ROUTE) ? 1 : 0);
req.radiusCounter = radius;
if (len > afDataReqMTU( &mtu ) )
{
  if (apsfSendFragmented)
  {
    req.txOptions |= AF_FRAGMENTED | APS_TX_OPTIONS_ACK;
    stat = ( *apsfSendFragmented)( &req );
  }
  else
  {
    stat = afStatus_INVALID_PARAMETER;
  }
}
else
{
  stat = APSDE_DataReq( &req );
}
if ( (req.dstAddr.addrMode == Addr16Bit) &&
     (req.dstAddr.addr.shortAddr == NLME_GetShortAddr()) )
{
  afDataConfirm( srcEP->endPoint, *transID, stat );
}
if ( stat == afStatus_SUCCESS )
```

```
  {
    ( * transID) ++ ;
  }
  return (afStatus_t)stat;
}
```

在 Sample App 例子中，应用层提供了两种发送数据的方式：一种是周期性发送；另一种是 Flash 发送。

(1) 周期性发送函数，如程序清单 4.2 所示。

程序清单 4.2

```
/******************************************************************
//函数名：void SampleApp_SendPeriodicMessage( void )
//功能：周期性发送数据
//输入：发送的数据、长度、方式、ID 等
//输出：无
******************************************************************/
void SampleApp_SendPeriodicMessage( void )
{
if ( AF_DataRequest( &SampleApp_Periodic_DstAddr, &SampleApp_epDesc,   //发送的模式和目的网络地址
                     SAMPLEAPP_PERIODIC_CLUSTERID,                      //串 ID
                     1,                                                 //数据长度
                     (uint8 * )&SampleAppPeriodicCounter,               //数据
                     &SampleApp_TransID,
                     AF_DISCV_ROUTE,
                     AF_DEFAULT_RADIUS ) == afStatus_SUCCESS )          //状态
  {
  }
  else
  {
  }
}
```

(2) Flash 发送函数，如程序清单 4.3 所示。

程序清单 4.3

```
/********************************************************************
//函数名：void SampleApp_SendFlashMessage( uint16 flashTime )
//功能：Flash 发送一组数据
//输入：发送的数据、长度、方式、ID 等
//输出：无
```

```
*****************************************************************/
void SampleApp_SendFlashMessage( uint16 flashTime )
{
  uint8 buffer[3];
  buffer[0] = (uint8)(SampleAppFlashCounter++);
  buffer[1] = LO_UINT16( flashTime );
  buffer[2] = HI_UINT16( flashTime );
  if ( AF_DataRequest( &SampleApp_Flash_DstAddr, &SampleApp_epDesc, //发送的模式和目的网络地址
                       SAMPLEAPP_FLASH_CLUSTERID,                   //串 ID
                       3,                                           //数据长度
                       buffer,                                      //数据
                       &SampleApp_TransID,
                       AF_DISCV_ROUTE,
                       AF_DEFAULT_RADIUS ) == afStatus_SUCCESS )    //发送状态
  {   }
  else
  {   }
}
```

5. 数据接收

为了接收数据,设备必须打开其接收机。上层使用 NLME - SYNC. request 原语初始化设备,打开其接收机。NLME - SYNC. reques 原语将会引起网络层使用 MLME - POLL. request 原语对其父设备进行轮询。

ZigBee 协调器或者路由器的网络层必须在最大程度上保证无论什么时候接收机总是处于接收状态。

一旦接收机处于接收状态,网络层将通过 MAC 数据服务来接收数据帧。每一帧在接收之后,网络层头的半径域减 1。如果值减到 0,任何情况下,该帧都不能转发。然而,它可能传输到高层或者作为协议列出的其他地方的网络层处理。使用 NLDE - DATA. indication 原语把如下叙述的数据帧传送到高层:

(1) 有广播地址的帧,此广播地址匹配一个广播组,设备是这个广播组的成员。

(2) 目的地址匹配网络地址的单播数据帧和源地址数据帧。

(3) 多播数据帧,它的组 ID 是在 nwkGroupIDTable 中列出来的。

如果接收机是 ZigBee 协调器或者是正在操作的路由器,也就是路由器已经调用了 NLME - START - ROUTER. request 原语,则它将按如下步骤处理数据帧:

(1) 转播广播和多播数据帧。

(2) 对于有目的地址的单播数据帧,如果目的地址与设备的网络地址不匹配,将转发该帧

(在任何其他情况下,单播数据帧应立刻丢弃)。

(3) 对于有目的地址的源路由数据帧,如果目的地址与设备的网络地址不匹配,将转发该帧。

(4) 处理路由请求命令帧。处理目的地址与设备网络地址匹配的路由转发命令帧。

(5) 如果目的地址与设备网络地址不匹配,则路由转发命令帧被丢弃。路由错误命令帧和数据帧的处理方法相同。

网络层将使用 NLDE - DATA. indication 原语向其高层表明所接收到的数据帧。

一旦接收到帧信息,网络层数据实体将会检查帧控制域中的安全子域的值。如果该值不为 0,则网络层数据实体将把该帧传送到安全服务提供单元,并根据所指定的安全标准对其进行安全处理。如果安全子域设置为 0,那么 NIB 中的 nwkSecurityLevel 属性不为 0,且输入帧是网络层命令帧,网络层数据实体将丢弃该帧。如果安全子域设置为 0,那么 NIB 中的 nwkSecurityLevel 属性不为 0,且输入帧是网络层的数据帧,网络层数据实体将检查 nwkSecur eAllFrames NIB 属性值。如果属性值设置为 0x01,则网络层数据实体将只接收帧;也就是说,如果它是发给自己的,则不需要转发给其他设备。

在 Sample App 例子中,应用层提供了接收数据的函数。根据例子的要求,在接收到 Flash 发送方式的数据后,会根据发送的数据计算小灯闪烁的数据间隔。其源函数如程序清单 4.4 所示。

程序清单 4.4

```
/******************************************************************
//函数名: void SampleApp_MessageMSGCB( afIncomingMSGPacket_t * pkt )
//功能: 接收数据
//输入: 接收的数据
//输出: 小灯闪烁的时间
******************************************************************/
void SampleApp_MessageMSGCB( afIncomingMSGPacket_t * pkt )
{
  uint16 flashTime;

  switch ( pkt->clusterId )
  {
    case SAMPLEAPP_PERIODIC_CLUSTERID:
      break;

    case SAMPLEAPP_FLASH_CLUSTERID:
      flashTime = BUILD_UINT16(pkt->cmd.Data[1], pkt->cmd.Data[2] );
      HalLedBlink( HAL_LED_4, 4, 50, (flashTime / 4) );
```

```
        break;
    }
}
```

4.2.3 实验设备准备

1. 硬件介绍

本实验将通过 Sample App 实验例程运用 CC2430 实现 ZigBee 的简单数据发送、接收、路由等功能。

根据实验所要体现的功能,对实验所需设备进行选择。在这里选择成都无线龙通讯科技有限公司提供的 ZigBee 无线网络开发系统 C51RF－3－PK 或 C51RF－CC2431－ZDK 无线网络定位开发系统。

在开发系统中,需要包括以下设备:

- C51RF－3 仿真器　　1台;
- ZigBee 模块 CC2430　3个;
- 液晶网络扩展板　　2块;
- 电池板　　1块;
- ZigBee 分析仪　　1台。

在实验中,将选择3块 ZigBee 模块分别扮演协调器和路由器两种角色,在所有路由器都可以与协调器直接通信时,完成接收/发送数据的功能。如果有一个路由器不能与协调器直接通信,则这个路由器将通过能直接与协调器通信的路由器完成通信。因此在整个系统中,路由器有以下两个功能:

- 接收/发送数据;
- 在网络中需要路由的时候完成路由。

2. 硬件组合

在本实验中,将采用1个 ZigBee 模块和1块扩展板组成协调器,1块扩展板和1个 ZigBee 模块组成其中的一个路由器,而另一个路由器由1个 ZigBee 模块与1块电池板构成。

3. 软件设备

必须安装 IAR For C8051 7.20H 或以上版本软件集成开发环境,并且安装 ZigBee 数据分析仪。

4.3　ZigBee 协议栈编译/下载

4.3.1　设备选择及设置

ZigBee2006 协议栈 Z-Stack 必须通过 IAR7.20H 以上的版本才能够打开。

把 C51RF-3-PK 系统提供的 ZigBee 协议栈 Z-Stack 复制至 IAR 安装盘根目录(如常用 C 盘根目录)下,按照 C:\Texas Instruments\ZStack-1.4.2-1.1.0\Projects\zstack\Samples\SampleApp\CC2430DB\SampleApp.eww 路径打开,打开后如图 4.8 所示。

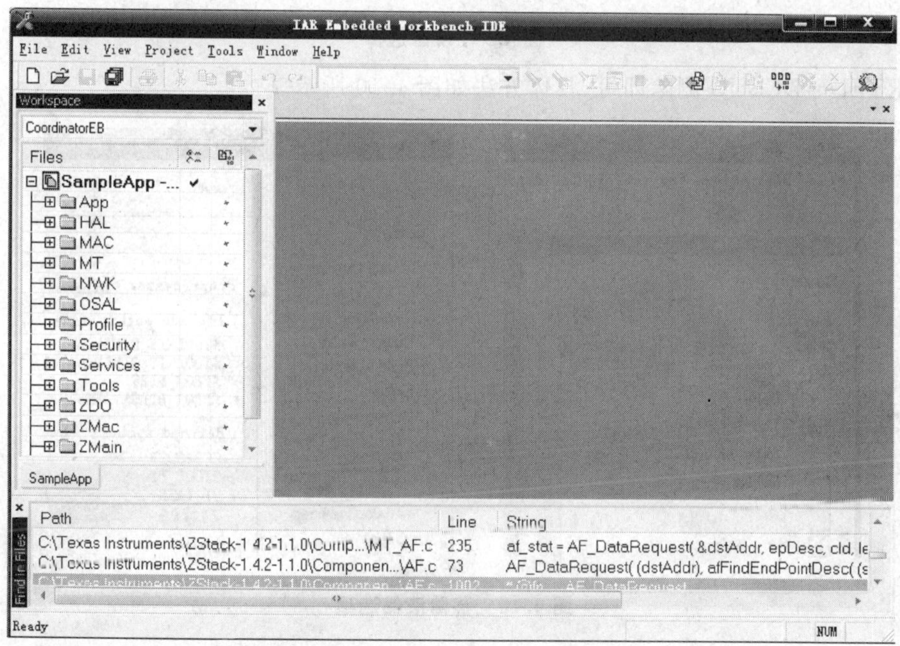

图 4.8　ZStack-Sample 工程文件

在工程文件中,分层、分功能提供了应用层、网络层、MAC 层、物理层、Profile 等源/库函数。首先选择适合实验的协调器和路由器模块,在本实验中,协调器选择 CoordinatorEB,如图 4.9(b)所示;路由器选择 RouterEB,如图 4.9(a)所示。

在本实验中,采用的是 C51RF-3-PK 系统,网络扩展板上的液晶(OLED)采用的是 SPI 口。由于提供的 Z-Stack 中全部应用的是 I²C 接口,所以需要将程序修改为 OLED 驱动程序。由于本实验不对液晶进行操作,所以需要将该部分程序屏蔽。

在 Z-Stack 中,液晶程序采用的是条件编译,因此在 IAR 选项中将液晶编译选项 LCD_

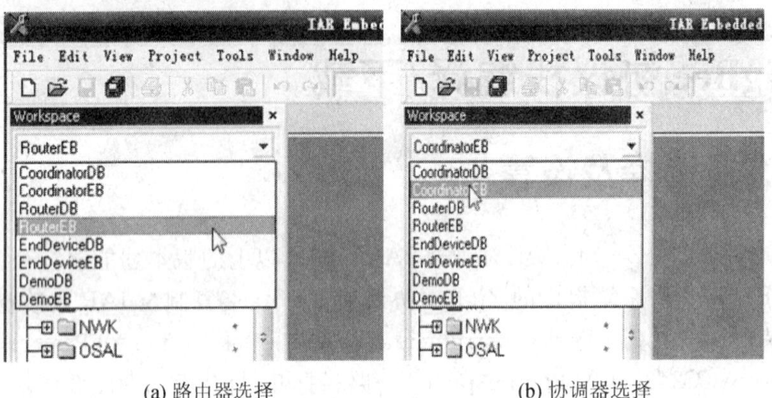

(a) 路由器选择　　　　(b) 协调器选择

图 4.9 设备选择

SUPPORTED=DEBUG 删除即可,具体方法如图 4.10 所示。

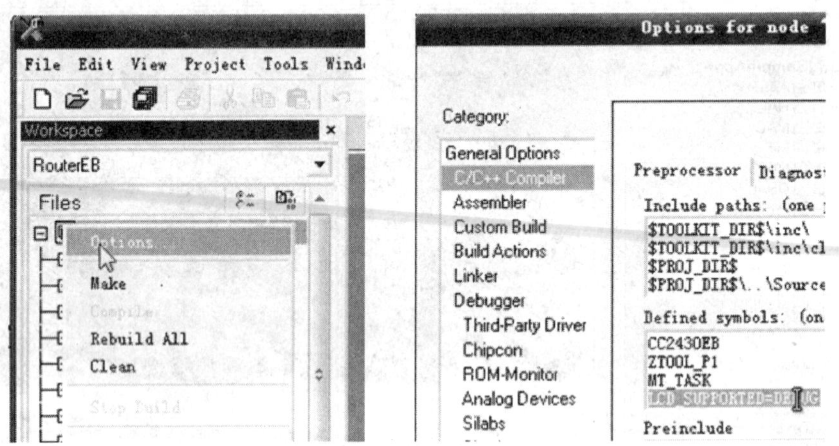

图 4.10 移除液晶选项

4.3.2 编译/下载程序

在对设备设置完成后,就开始对设备程序编译并下载到模块中,完成对各个设备的下载。具体步骤如下:

(1) 根据图 4.9 选择相应的设备;

(2) 根据 3.4.4 小节的方法编译、链接;

(3) 根据 3.4.5 小节的方法下载。

4.4 ZigBee 源代码剖析

4.4.1 发送一个信息包

发送数据通过在应用层调用 void SampleApp_SendFlashMessage(uint16 flashTime)函数来完成，其中 flashTime 为发送的数据（此函数可以根据不同需要修改相应的函数）。这个函数在应用中通过调用 afStatus_t AF_DataRequest(afAddrType_t * dstAddr, endPointDesc_t * srcEP, uint16 cID, uint16 len, uint8 * buf, uint8 * transID, uint8 options, uint8 radius)函数来完成数据的发送。

```
afStatus_t AF_DataRequest( afAddrType_t * dstAddr,        //发送类型
                           endPointDesc_t * srcEP,        //目的地址
                           uint16 cID,                    //串 ID
                           uint16 len,                    //有效数据长度
                           uint8 * buf,                   //数据
                           uint8 * transID,
                           uint8 options,
                           uint8 radius )
```

4.4.2 收发数据过程

本小节将介绍本实验涉及的函数功能与流程，以及实验的总体功能描述，如程序清单 4.5 所示。

程序清单 4.5

```
/********************************************************************
//函数名：void osalAddTasks( void )
//功能：操作系统添加任务
//输入：无
//输出：无
********************************************************************/
void osalAddTasks( void )
{
/*这个任务必须首先加载,因为 Hal_Init()要初始化一些必需的任务初始化函数*/
  osalTaskAdd (Hal_Init, Hal_ProcessEvent, OSAL_TASK_PRIORITY_LOW);
#if defined( ZMAC_F8W )
  osalTaskAdd( macTaskInit, macEventLoop, OSAL_TASK_PRIORITY_HIGH );
```

```
#endif
#if defined( MT_TASK )
  osalTaskAdd( MT_TaskInit, MT_ProcessEvent, OSAL_TASK_PRIORITY_LOW );
#endif
  osalTaskAdd( nwk_init, nwk_event_loop, OSAL_TASK_PRIORITY_MED );
  osalTaskAdd( APS_Init, APS_event_loop, OSAL_TASK_PRIORITY_LOW );
  osalTaskAdd( ZDApp_Init, ZDApp_event_loop, OSAL_TASK_PRIORITY_LOW );
  //SampleApp 的主要任务
  osalTaskAdd( SampleApp_Init, SampleApp_ProcessEvent, OSAL_TASK_PRIORITY_LOW );
}
```

程序清单 4.5 列出了本实验中所有的任务。在这里，将只对应用层 SampleApp_ProcessEvent 任务进行分析。SampleApp_ProcessEvent 函数的源代码如程序清单 4.6 所示。

程序清单 4.6

```
/*****************************************************************
//函数名：uint16 SampleApp_ProcessEvent( uint8 task_id, uint16 events )
//功能：一般请求任务事件处理器。这个函数用于调用、处理所有时间任务，时间包括时间、信息和所有其他
        使用者定义的事件
//输入：操作系统分配的任务 ID、事件的处理
//输出：无
*****************************************************************/
uint16 SampleApp_ProcessEvent( uint8 task_id, uint16 events )
{
  afIncomingMSGPacket_t *MSGpkt;
  if ( events & SYS_EVENT_MSG )
  {
    MSGpkt = (afIncomingMSGPacket_t *)osal_msg_receive( SampleApp_TaskID );
    while ( MSGpkt )
    {
      switch ( MSGpkt->hdr.event )
      {
        //按键触发事件
        case KEY_CHANGE:
             SampleApp_HandleKeys( ((keyChange_t *)MSGpkt)->state,
                                   ((keyChange_t *)MSGpkt)->keys );
             break;
        //接收数据事件
        case AF_INCOMING_MSG_CMD:
          SampleApp_MessageMSGCB( MSGpkt );
```

```
        break;
      //设备状态变化事件
      case ZDO_STATE_CHANGE:
        SampleApp_NwkState = (devStates_t)(MSGpkt->hdr.status);
        if ( (SampleApp_NwkState == DEV_ZB_COORD)
            || (SampleApp_NwkState == DEV_ROUTER)
            || (SampleApp_NwkState == DEV_END_DEVICE) )
        {
          //在一个时间间隔中周期性地发送一个数据
          osal_start_timerEx( SampleApp_TaskID,
                              SAMPLEAPP_SEND_PERIODIC_MSG_EVT,
                              SAMPLEAPP_SEND_PERIODIC_MSG_TIMEOUT );
        }
        else
        {
          }
        break;
      default:
        break;
    }
    //释放 Flash
    osal_msg_deallocate( (uint8 *)MSGpkt );
    //如果有一个是可以用的
    MSGpkt = (afIncomingMSGPacket_t *)osal_msg_receive( SampleApp_TaskID );
  }
  //返回没有处理的事件
  return (events ^ SYS_EVENT_MSG);
 }
 //发送一个数据出去:这个任务是产生一个时间
 if ( events & SAMPLEAPP_SEND_PERIODIC_MSG_EVT )
 {
  //发送一个周期信息
  SampleApp_SendPeriodicMessage();
  osal_start_timerEx( SampleApp_TaskID, SAMPLEAPP_SEND_PERIODIC_MSG_EVT,
      (SAMPLEAPP_SEND_PERIODIC_MSG_TIMEOUT + (osal_rand() & 0x00FF)) );
return (events ^ SAMPLEAPP_SEND_PERIODIC_MSG_EVT);
 }
 //丢掉没有定义的事件
 return 0;
```

```
}
```

通过程序清单 4.6 不难发现，在这个任务中一共存在按键、接收数据和设备状态转变 3 个事件。如果是按键事件，则通过键盘实现相应的操作(按键在网络扩展板中)；如果是接收数据事件，则在完成一次数据接收后对数据进行处理。按键扫描函数如程序清单 4.7 所示。

程序清单 4.7

```
/*********************************************************************
//函数名：void SampleApp_HandleKeys( uint8 shift, uint8 keys )
//功能：通过按键完成人机通信，当按键 1 按下时将发送一组数据
//输入：扫描到的按键值
//输出：无
*********************************************************************/
void SampleApp_HandleKeys( uint8 shift, uint8 keys )
{
  if ( keys & HAL_KEY_SW_1 )
  {
    SampleApp_SendFlashMessage( SAMPLEAPP_FLASH_DURATION );
  }
  if ( keys & HAL_KEY_SW_2 )
  {
   }
}
```

4.4.3 接收一个信息包

接收数据通过在应用层调用 void SampleApp_MessageMSGCB(afIncomingMSGPacket_t * pkt)函数来完成，其中 * pkt 为接收的数据。在这个函数前，硬件已经将数据接收完成，并存放在 buffer 中。这个函数是通过取 buffer 中的数据来实现相应功能的，如程序清单 4.8 所示。

程序清单 4.8

```
/*****************************************************************
//函数名：void SampleApp_MessageMSGCB( afIncomingMSGPacket_t * pkt )
//功能：接收数据
//输入：接收的数据
//输出：小灯闪烁的时间
*****************************************************************/
void SampleApp_MessageMSGCB( afIncomingMSGPacket_t * pkt )
```

```
{
  uint16 flashTime;
  switch ( pkt->clusterId )                                    //判断串 ID
  {
    case SAMPLEAPP_PERIODIC_CLUSTERID:                         //周期发送 ID
      break;
    case SAMPLEAPP_FLASH_CLUSTERID:                            //Flash 发送 ID
      flashTime = BUILD_UINT16(pkt->cmd.Data[1], pkt->cmd.Data[2] );
      HalLedBlink( HAL_LED_4, 4, 50, (flashTime / 4) );  //小灯闪烁
      break;
  }
}
```

4.5　实验流程

4.5.1　流程图

通过对前面关键函数的分析，已经能够通过广播的方式发送和接收一个简单的数据了。在本节的实验中，要求能通过 4.4 节介绍的发送和接收函数，实现一个数据的对话，具体流程如图 4.11 所示。

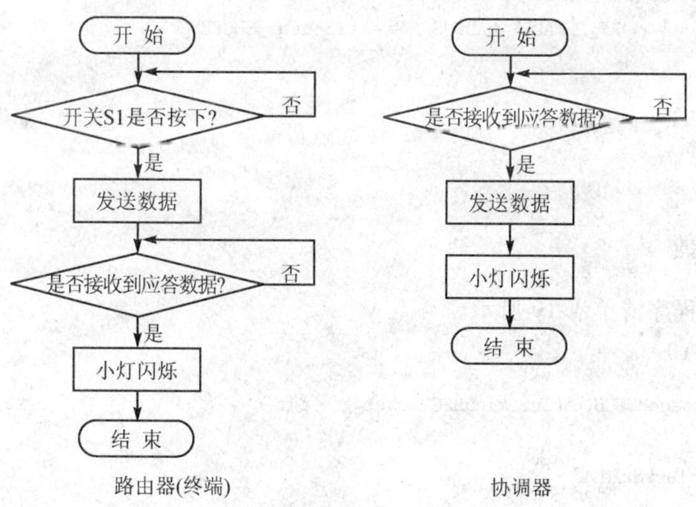

图 4.11　实验流程图

从流程图中不难发现，整个系统为一个简单的应答过程。例如：终端（在本实验中，终端由路由器构成，路由器在需要路由时完成路由功能）发送数据“Cheng Du Wu Xian Long Tong Xun Ke Ji You Xian Gong Si”，协调器发送一个数据应答“Thank You!”。

下面将给出路由器部分主要程序清单。

4.5.2 路由器代码

1. 发送函数

发送函数如程序清单 4.9 所示。

程序清单 4.9

```
void SampleApp_SendFlashMessage( uint16 flashTime )
{
  //发送的数据
  uint8 buffer[] = "Cheng Du Wu Xian Long Tong Xun Ke Ji You Xian Gong Si";
    if ( AF_DataRequest( &SampleApp_Flash_DstAddr, &SampleApp_epDesc,
                         SAMPLEAPP_FLASH_CLUSTERID,
                         53,                    //长度
                         buffer,
                         &SampleApp_TransID,
                         AF_DISCV_ROUTE,
                         AF_DEFAULT_RADIUS ) == afStatus_SUCCESS )
  {   }
  else
  {  }
}
```

2. 接收函数

接收函数如程序清单 4.10 所示。

程序清单 4.10

```
void SampleApp_MessageMSGCB( afIncomingMSGPacket_t *pkt )
{
  switch ( pkt->clusterId )
  {
    case SAMPLEAPP_PERIODIC_CLUSTERID:
      break;
```

```
    case SAMPLEAPP_FLASH_CLUSTERID:
      HalLedBlink( HAL_LED_4, 4, 50, (1000 / 4) );
      break;
  }
}
```

3. 主函数

主函数如程序清单 4.11 所示。

程序清单 4.11

```
/*****************************************************************
//函数名:ZSEG int main( void )
//功能:主函数初始化设备,进入操作系统
//输入:无
//输出:无
*****************************************************************/
ZSEG int main( void )
{
  //关闭所有中断
  osal_int_disable( INTS_ALL );
  //确认电压充足才开始运行
  zmain_vdd_check();
  //初始化 Flash 存储器
  zmain_ram_init();
  //初始化 I/O
  InitBoard( OB_COLD );
  //初始化设备
  HalDriverInit();
  //初始化 NV 系统
  osal_nv_init( NULL );
  //确定扩展地址
  zmain_ext_addr();
  zgInit();
  //初始化 MAC
  ZMacInit();
#ifndef NONWK
  //Since the AF isn't a task, call it's initialization routine
  afInit();
#endif
```

```
  //初始化操作系统
  osal_init_system();
  //允许中断
  osal_int_enable( INTS_ALL );
  //最终硬件初始化
  InitBoard( OB_READY );
  zmain_dev_info();
#ifdef LCD_SUPPORTED
  zmain_lcd_init();
#endif
  osal_start_system();                          //进入操作系统
}
```


4.5.3　协调器代码

1. 发送函数

发送函数如程序清单 4.12 所示。

程序清单 4.12

```
void SampleApp_SendFlashMessage( uint16 flashTime )
{
  uint8 buffer[] = "Thank You!";                 //发送的数据
  if ( AF_DataRequest( &SampleApp_Flash_DstAddr, &SampleApp_epDesc,
                       SAMPLEAPP_FLASH_CLUSTERID,
                       10,                        //数据长度
                       buffer,
                       &SampleApp_TransID,
                       AF_DISCV_ROUTE,
                       AF_DEFAULT_RADIUS ) == afStatus_SUCCESS )
  {
  }
  else
  {
  }
}
```

2. 接收函数

接收函数如程序清单 4.13 所示。

程序清单 4.13

```
void SampleApp_MessageMSGCB( afIncomingMSGPacket_t * pkt )
{
  switch ( pkt->clusterId )
  {
    case SAMPLEAPP_PERIODIC_CLUSTERID:
      break;
    case SAMPLEAPP_FLASH_CLUSTERID:
     HalLedBlink( HAL_LED_4, 4, 50, (1000 / 4) );
      break;
  }
}
```

4.6 ZigBee分析仪分析ZigBee数据包

C51RF-3-PK系统配套提供采用USB接口的最新IEEE 802.15.4/ZigBee协议分析仪。ZigBee协议分析仪相当于一台2.4 GHz的频谱分析仪、一台高档的逻辑分析仪和数字示波器。ZigBee协议分析仪可以全面解码、简化、了解复杂的ZigBee协议栈,并方便调试,加速ZigBee开发。

4.6.1 协议分析仪

IEEE 802.15.4/ZigBee协议分析仪具有广泛功能,包括分析与解码在PHY、MAC、NETWORK/SECURITY、APPLICATION FRAMEWORK和APPLICATION PROFICES等各层协议上的信息包;显示出错的包及接入错误;指示触发包;在接收和登记过程中连续显示包。

ZigBee协议分析仪对于ZigBee器具的设计开发者具有很重要的意义,这在于它可以帮助进行与第三方ZigBee器具的互操作性测试,以及设计人员可以独立地监控自己的器具与未知的第三方器具之间的通信及相互操作,从而发现可能出现的错误。

ZigBee协议分析仪还可以在产品的硬件开发、软件开发、硬软件集成以及质量保证这4个阶段发挥重要的作用。它还有一种独立工作模式,使网络中的器具不会受到分析仪的影响,这对于软件测试是关键的。ZigBee分析仪是一台高速度USB接口ZigBee /802.15.4协议分析工具,可以完全监视空气中的无线包装,是开发无线网络的高级工具。

无线龙C51RF-3-F协议分析仪完全兼容CHIPCON包装分析PC软件,该免费软件可以从CHIPCON网站下载。当把C51RF-3-F协议分析仪通过USB接口连接到PC机时,打开 CHIPCON 包装分析 PC 软件即可使用。

下面运用协议分析仪来分析本实验中 ZigBee 的建立网络、加入网络、发送数据、接收数据的过程。值得注意的是，协议分析仪只起到一个监听作用，它只能监听设备发送的数据。

4.6.2 ZigBee 数据格式

1. 网络层通用帧

网络协议数据单元（NPDU）即网络层帧的结构，如图 4.12 所示。

长度(字节)	2	2	2	1	1	0/8	0/8	0/1	变长	变长
	帧控制	目的地址	源地址	广播半径域	广播序列号	IEEE目的地址	IEEE源地址	多点传送控制	源路由帧	帧的有效载荷
	网络层帧报头									网络层的有效载荷

图 4.12 网络层数据包（帧）格式

网络协议数据单元（NPDU）结构（帧结构）基本组成如下：

- 网络层帧报头，包含帧控制、地址和序列信息；
- 网络层帧的可变长有效载荷，包含帧类型所指定的信息。

图 4.12 表示的是网络层的通用帧结构，不是所有的帧都包含地址和序列域，但网络层的帧的报头域，还是按照固定的顺序出现。然而，只有多播标志值是 1 时，才存在多播（多点传送）控制域。

在 ZigBee 网络协议中，定义了两种类型的网络层帧，分别是数据帧和网络层命令帧。下面来逐个介绍帧结构中的组成部分。

1）帧控制域

帧控制域格式如图 4.13 所示，长度为 16 位。可以看到，帧控制域包括帧类型、协议版本、发现路由、源路由、广播标志、地址、安全和保留位。

位序	0~1	2~5	6~7	8	9	10	11	12	13~15
	帧类型	协议版本	发现路由	广(多)播标志	安全	源路由	IEEE目的地址	IEEE源地址	保留

图 4.13 帧控制域结构

帧类型子域有数据、网络层命令和保留位。

协议版本子域为 ZigBee 网络层协议标准的版本号。

发现路由子域见网络层命令帧中的路由发现的介绍，包括抑制路由发现、使能路由发现、强制路由发现、保留。

广(多)播标志子域长度为 1 位,如果是单播或者广播帧,值为 0;如果为多播帧,值为 1。

安全子域为该帧是否具有网络层安全操作能力,如果该帧的安全由另一层来完成或者完成被禁止,则该值为 0。

源路由子域值为 1 时,源路由子帧才在网络报头中存在。如果源路由子帧不存在,则源路由子域值为 0。

IEEE 目的地址子域为 1 时,网络帧报头包含整个 IEEE 目的地址。

IEEE 源地址子域为 1 时,网络帧报头包含整个 IEEE 源地址。

2) 目的地址域

在网络层帧中必须有目的地址域,其长度为 2 字节。如果帧控制域的广(多)播标志子域值为 0,那么目的地址域值是 16 位的目的设备网络地址或者为广(多)播地址;如果广(多)播标志子域值为 1,那么目的地址域是 16 位目的广(多)播组的 Group ID。值得注意的是,设备的网络地址与 IEEE 802.15.4 2003 协议中的 MAC 层 16 位短地址相同。

3) 源地址域

在网络层帧中必须有源地址域,其长度为 2 字节,值是源设备的网络地址。值得注意的是,设备的网络地址与在 IEEE 802.15.4 2003 协议中的 MAC 层 16 位短地址相同。

4) 广播半径域

广播域仅当目的地址为广播地址(0xFFFF)时,广播半径和广播序号存在。广播半径域的长度为 1 字节。如果每个设备接收到一次该帧,则广播半径减 1。广播半径限定了传输半径范围。

5) 广播序列号域

在每个帧中都包含广播序列号域,其长度为 1 字节。每发送一个新的帧序列号,值加 1。帧的源地址与序列号子域是一对,在限定了序列号 1 字节的长度内是唯一的标识符。

6) IEEE 目的地址域

如果存在 IEEE 目的地址域,则包含在网络层地址头中目的地址域的 16 位网络地址相对应的 64 位 IEEE 地址。如果该 16 位网络地址是广播或者多播地址,那么 IEEE 目的地址不存在。

7) IEEE 源地址域

如果存在 IEEE 源地址域,则包含在网络层地址头中源地址域的 16 位网络地址相对应的 64 位 IEEE 地址。

8) 多点传送控制域

多播控制域长度是 1 字节,且只有多播标志子域值是 1 时存在。它分成 3 个子域:多播模式(第 0、1 位,共 2 位)、非成员半径(第 2~4 位,共 3 位)和最大非成员半径(第 5~7 位,共 3 位)。

多播模式子域表明无论是使用成员或非成员模式传输该帧,成员模式在目的组成员设备中传送多播帧,而非成员模式则是从不是多播组成员设备到是多播组成员设备换算多播帧。

当不是目的组成员设备传输时,非成员半径域值表明成员模式多播范围。当接收设备是

目的组成员时，将设置该子域值是最大非成员半径(MaxNonmemberRadius)域的值。如果 NonmemberRadius field 的值是 0，且接收设备不是目的组成员，将丢弃该帧；如果 NonmemberRadius 域的值为 0x01～0x06，则将耗尽此域。如果 NonmemberRadius 域值是 0x07，则表明是无限的范围且不能被耗尽。

9）源路由帧域

如果帧控制域的源路由域的值是 1，则存在源路由帧域。它分成 3 个子域：应答计数器(1 字节)、应答索引(1 字节)和应答列表(可变长)。

应答计数器子域表明包含在源路由帧转发列表中的应答数值。

应答索引子域表明被传输数据包的应答列表子域的下一转发的索引。这个域被数据包的发送设备初始化为 0，且每转发一次就加 1。

应答列表子域是节点的 2 字节短地址的列表，这个域用来为源路由数据包的目的转发。其地址是最无意义字节格式，且在源路由中顺序地出现。

10）帧有效载荷域

帧有效载荷域的长度是可变的，包含了各种帧类型的具体信息。

2. 数据帧

数据帧与网络层通用帧的结构相同。帧的有效载荷为网络层上层要求网络层传送的数据。在帧控制域中，帧类型子域为表示数据帧的值。根据数据帧的用途，对其他所有的子域进行设置。

数据帧包括网络层报头和数据有效载荷域。

数据帧的网络层报头域由控制域和根据需要适当组合而得到的路由域组成。

数据帧的数据有效载荷域包含字节的序列，该序列为网络层上层要求网络层传送的数据。

3. 网络层命令帧

网络层命令帧结构如图 4.14 所示，网络层帧结构与网络层通用帧结构基本相同。

长度(字节)	2	参见图4.12	1	可变
	帧控制	路由域	网络层命令标识符	网络层命令载荷
	网络层帧报头		网络层载荷	

图 4.14　网络层命令帧结构

网络层命令帧中的网络层帧报头域由帧控制域和根据需要适当组合得到的路由域组成。在帧控制域中，帧类型子域应表示网络层命令帧的值。根据网络层命令帧的用途，对其他所有的子域进行设置。

根据帧控制域中的设置，路由为地址域和广播域经过适当组合得到的。

网络层命令标识符域表明所使用的网络层命令，其值如表 4.2 所列。网络层命令载荷包含网络层命令本身。

表 4.2　网络层命令帧标识符

命令帧标识符	命令名称	命令帧标识符	命令名称
0x01	路由请求	0x07	重新加入响应
0x02	路由应答	0x08	连接状态
0x03	路由错误	0x09	网络报告
0x04	断开	0x0A	网络更新
0x05	路由记录	0x0B～0xFF	保留
0x06	重新连接请求		

4.6.3　加入网络数据分析

在 ZigBee 网络中，各个设备都必须加入网络之后才能完成数据的通信，所以加入网络是每一个设备的敲门砖。加入网络的过程如图 4.15 所示。

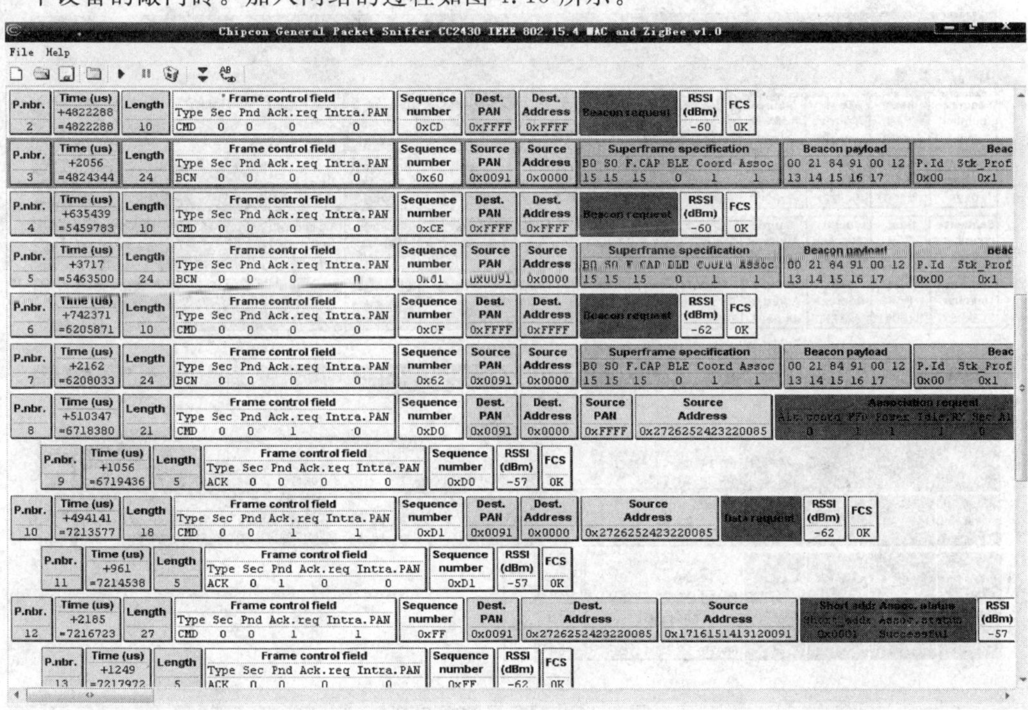

图 4.15　加入网络数据分析

在协议分析仪中显示的数据，第 2～7 行是建立一个网络的过程。在这里可以看出，网络层管理实体一旦选择了一个 PAN 标识符，立刻会选择一个等于 0x0000 的 16 位网络地址，并且设置 MAC 层的 macShortAddress PIB 属性，使其等于所选择的网络地址。

第 8 行中，源地址是路由器的物理地址 0x2726252423220085，它的 PANID 没有确定为 0xFFFF，这时的路由器没有加入网络，所以还没有网络地址；目的地址为协调器的网络地址 0x0000，它的 PANID 为 0x0091。它的命令是以联合方式加入请求，因此该行表示的意思是向协调器发送联合方式加入请求，发送完成以后，将得到一个应答(见第 9 行)。

收到应答以后，路由器开始加入网络(见第 10 行)。在收到应答以后，协调器开始为路由器分配网络地址。从第 12 行中可以看出，路由器分配到的网络地址为 0x0001。这样就完成了整个建立、加入网络的过程，并分配了各自的网络地址。

4.6.4 收发数据分析

根据实验的流程和程序，在加入网络以后，路由器按下按键 1 发送一串数据“Cheng Du Wu Xian Long Tong Xun Ke Ji You Xian Gong Si”后，协调器将立刻发送一个数据应答“Thank You!”。图 4.16 为发送数据的 APS 层数据包装。

Chipcon General Packet Sniffer CC2430 IEEE 802.15.4 ■AC and ZigBee v1.0

Sequence number	Dest. PAN	Dest. Address	Source Address	NWK Frame control field (Type Version DR GA Sec)	NWK Dest. Address	NWK Src. Address	Broadcast Radius	Broadcast Seq.num	APS Frame control field (Type Del.mode Ind.am Sec Ack)
0xB4	0x0091	0xFFFF	0x0001	DATA 0x2 0 0 0	0xFFFF	0x0001	0x0A	0x06	Data Reserved 0 0 0
0x99	0x0091	0xFFFF	0x0000	DATA 0x2 0 0 0	0xFFFF	0x0001	0x09	0x06	Data Reserved 0 0 0
0x9A	0x0091	0xFFFF	0x0000	DATA 0x2 0 0 0	0xFFFF	0x0000	0x0A	0x01	Data Reserved 0 0 0
0xB5	0x0091	0xFFFF	0x0001	DATA 0x2 0 0 0	0xFFFF	0x0000	0x09	0x01	Data Reserved 0 0 0

Chipcon General Packet Sniffer CC2430 IEEE 802.15.4 ■AC and ZigBee v1.0

APS Dest. Endpoint	APS Cluster Id	APS Profile Id	APS Src. Endpoint	APS Payload	RSSI (dBm)	FCS
0x01	0x00	0x0002	0x08	0F 14 05 43 68 65 6E 67 20 44 75 20 57 75 20 58 69 61 6E 20 4C 6F 6E 67 20 54 6F 6E 67 20 58 75 6E 20 4B 65 20 4A 69 20 59 6F 75 20 58 69 61 6E 20 47 6F 6E 67 20 53 69	-64	OK
0x01	0x00	0x0002	0x08	0F 14 05 43 68 65 6E 67 20 44 75 20 57 75 20 58 69 61 6E 20 4C 6F 6E 67 20 54 6F 6E 67 20 58 75 6E 20 4B 65 20 4A 69 20 59 6F 75 20 58 69 61 6E 20 47 6F 6E 67 20 53 69	-39	OK
0x01	0x00	0x0002	0x08	0F 14 00 54 68 61 6E 6B 20 59 6F 75 21	-40	OK
0x01	0x00	0x0002	0x08	0F 14 00 54 68 61 6E 6B 20 59 6F 75 21	-64	OK

图 4.16　APS 层数据包装

数据包第 1 行，路由器的网络地址(0x0001)作为数据源地址发送，目的地址为 0xFFFF 表示路由器是以广播的形式发送数据。

通过综合观察不难发现，该数据包装反映路由器广播发送数据。在 APS 层中，详细列举了剖面 ID(APS Profile ID)、串 ID(APS Cluster ID)、广播深度(Broadcast Radius)等数据。另外，发送的数据也在此项中显示，比如第 1 行中的 APS Payload 部分就显示了数据帧头加上路由器发送的广播数据，在这里是以十六进制显示的。此外，在数据包装结尾有 RSSI 强度值。图 4.17 为 NWK 层数据包装。

Chipcon General Packet Sniffer CC2430 IEEE 802.15.4 MAC and ZigBee v1.0

NWK Dest. Address	NWK Src. Address	Broadcast Radius	Broadcast Seq.num	NWK payload	RSSI (dBm)	FCS
0xFFFF	0x0001	0x0A	0x06	0C 01 00 02 00 08 0F 14 05 43 68 65 6E 67 20 44 75 20 57 75 20 58 69 61 6E 20 4C 6F 6E 67 20 54 6F 6E 67 20 58 75 6E 20 4B 65 20 4A 69 20 59 6F 75 20 58 69 61 6E 20 47 6F 6E 67 20 53 69		
0xFFFF	0x0001	0x09	0x06	0C 01 00 02 00 08 0F 14 05 43 68 65 6E 67 20 44 75 20 57 75 20 58 69 61 6E 20 4C 6F 6E 67 20 54 6F 6E 67 20 58 75 6E 20 4B 65 20 4A 69 20 59 6F 75 20 58 69 61 6E 20 47 6F 6E 67 20 53 69		
0xFFFF	0x0000	0x0A	0x01	0C 01 00 02 00 08 0F 14 00 54 68 61 6E 6B 20 59 6F 75 21	-40	OK
0xFFFF	0x0000	0x09	0x01	0C 01 00 02 00 08 0F 14 00 54 68 61 6E 6B 20 59 6F 75 21	-64	OK

图 4.17　NWK 层数据包装

在网络层数据包装中，体现了在网络层中的数据及格式。不难看出，网络层中也体现了源地址和目的地址，与 PAS 层基本相同。它们最大的不同点是数据中加入了网络层包装，附加了网络层数据。

最后是 MAC 层的数据包装。MAC 层的数据与其他层也基本相同，所不同的是，在 MAC 层物理头及同步头两部分加上网络层的数据。通过数据包装的分析，不仅可以了解数据的组成，各层之间的关系，还能在数据包装中观察运行的流程。

下面将根据协议包装图 4.18 来系统地分析整个系统的流程。

路由器按下按键 1 以广播的形式发送一串数据“Cheng Du Wu Xian Long Tong Xun Ke Ji You Xian Gong Si”。数据包装第 1 行的网络地址为 0x0001 的设备是源地址，即表示发送数据设备的地址。由于是广播发送，所以在发送完成后，每一个在网络中的设备都能够收到数据。在 APS 层中，有一个参数是路由深度 0x0A，所以在协调器收到数据后，会以路由的方式转发这个数据。

数据包装显示的第 2 行就是转发数据的数据格式。在协调器收到数据并转发了数据后，将立即发送一个数据应答“Thank You!”，同样可以通过包装观察到发送数据的地址为 0x0000，即协调器。

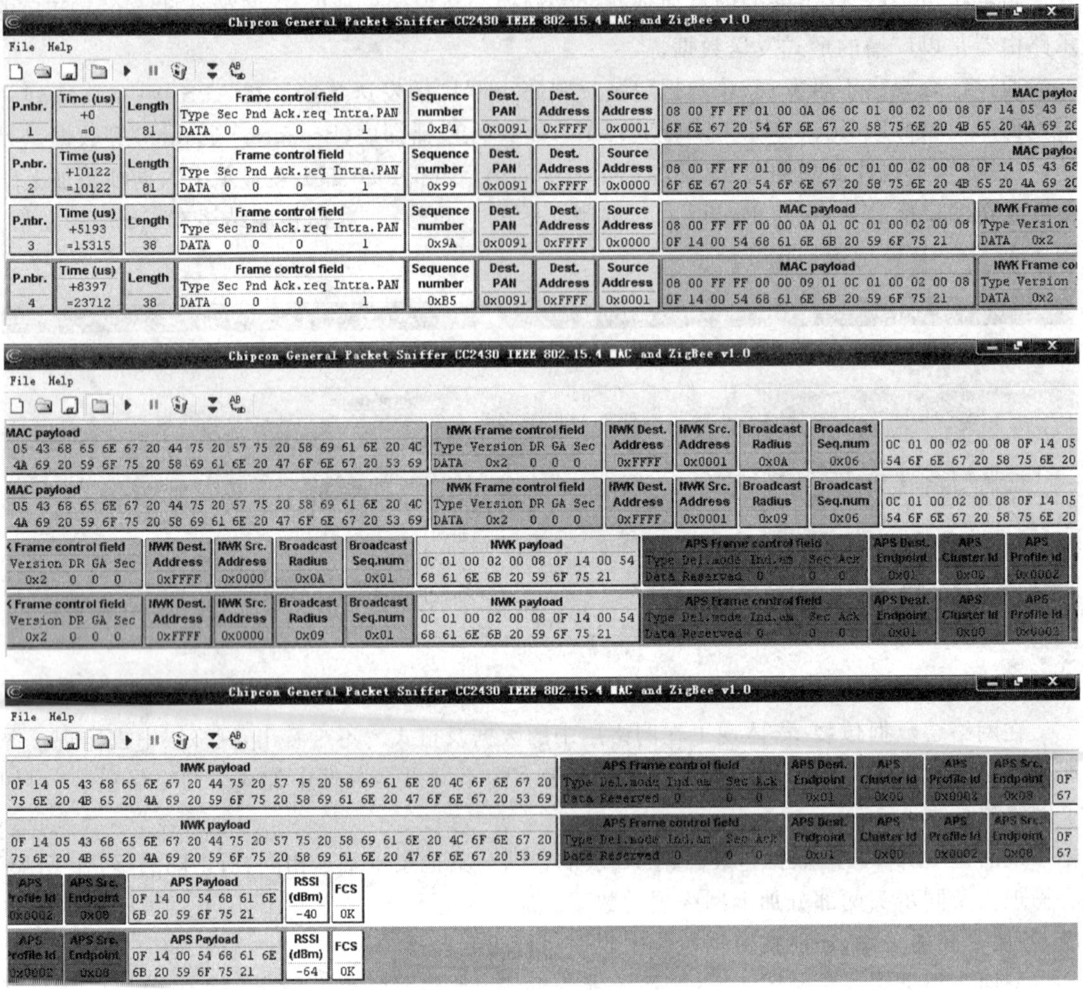

Chipcon General Packet Sniffer CC2430 IEEE 802.15.4 MAC and ZigBee v1.0

File Help

P.nbr.	Time (us)	Length	Frame control field (Type Sec Pnd Ack.req Intra.PAN)	Sequence number	Dest. PAN	Dest. Address	Source Address	MAC payload	NWK Frame co (Type Version)
1	+0 =0	81	DATA 0 0 0 1	0xB4	0x0091	0xFFFF	0x0001	08 00 FF FF 01 00 0A 06 0C 01 00 02 00 08 0F 14 05 43 68 6F 6E 67 20 54 6F 6E 67 20 58 75 6E 20 4B 65 20 4A 69 20	
2	+10122 =10122	81	DATA 0 0 0 1	0x99	0x0091	0xFFFF	0x0000	08 00 FF FF 01 00 09 06 0C 01 00 02 00 08 0F 14 05 43 68 6F 6E 67 20 54 6F 6E 67 20 58 75 6E 20 4B 65 20 4A 69 20	
3	+5193 =15315	38	DATA 0 0 0 1	0x9A	0x0091	0xFFFF	0x0000	08 00 FF FF 00 00 0A 01 0C 01 00 02 00 08 0F 14 00 54 68 61 6E 6B 20 59 6F 75 21	DATA 0x2
4	+8397 =23712	38	DATA 0 0 0 1	0xB5	0x0091	0xFFFF	0x0001	08 00 FF FF 00 00 09 01 0C 01 00 02 00 08 0F 14 00 54 68 61 6E 6B 20 59 6F 75 21	DATA 0x2

Chipcon General Packet Sniffer CC2430 IEEE 802.15.4 MAC and ZigBee v1.0

File Help

MAC payload	NWK Frame control field (Type Version DR GA Sec)	NWK Dest. Address	NWK Src. Address	Broadcast Radius	Broadcast Seq.num	
05 43 68 65 6E 67 20 44 75 20 57 75 20 58 69 61 6E 20 4C 4A 69 20 59 6F 75 20 58 69 61 6E 20 47 6F 6E 67 20 53 69	DATA 0x2 0 0 0	0xFFFF	0x0001	0x0A	0x06	0C 01 00 02 00 08 0F 14 05 54 6F 6E 67 20 58 75 6E 20
05 43 68 65 6E 67 20 44 75 20 57 75 20 58 69 61 6E 20 4C 4A 69 20 59 6F 75 20 58 69 61 6E 20 47 6F 6E 67 20 53 69	DATA 0x2 0 0 0	0xFFFF	0x0001	0x09	0x06	0C 01 00 02 00 08 0F 14 05 54 6F 6E 67 20 58 75 6E 20

Frame control field (Version DR GA Sec)	NWK Dest. Address	NWK Src. Address	Broadcast Radius	Broadcast Seq.num	NWK payload	APS Frame control field (Type Del.mode Ind.am Sec Ack)	APS Dest. Endpoint	APS Cluster Id	APS Profile Id
0x2 0 0 0	0xFFFF	0x0000	0x0A	0x01	0C 01 00 02 00 08 0F 14 00 54 68 61 6E 6B 20 59 6F 75 21	Data Reserved 0 0 0	0x01	0x00	0x0002
0x2 0 0 0	0xFFFF	0x0000	0x09	0x01	0C 01 00 02 00 08 0F 14 00 54 68 61 6E 6B 20 59 6F 75 21	Data Reserved 0 0 0	0x01	0x00	0x0002

Chipcon General Packet Sniffer CC2430 IEEE 802.15.4 MAC and ZigBee v1.0

File Help

NWK payload	APS Frame control field (Type Del.mode Ind.am Sec Ack)	APS Dest. Endpoint	APS Cluster Id	APS Profile Id	APS Src. Endpoint	
0F 14 05 43 68 65 6E 67 20 44 75 20 57 75 20 58 69 61 6E 20 4C 6F 6E 67 20 75 6E 20 4B 65 20 4A 69 20 59 6F 75 20 58 69 61 6E 20 47 6F 6E 67 20 53 69	Data Reserved 0 0 0	0x01	0x00	0x0002	0x08	0F 67
0F 14 05 43 68 65 6E 67 20 44 75 20 57 75 20 58 69 61 6E 20 4C 6F 6E 67 20 75 6E 20 4B 65 20 4A 69 20 59 6F 75 20 58 69 61 6E 20 47 6F 6E 67 20 53 69	Data Reserved 0 0 0	0x01	0x00	0x0002	0x08	0F 67

APS Profile Id	APS Src. Endpoint	APS Payload	RSSI (dBm)	FCS
0x0002	0x08	0F 14 00 54 68 61 6E 6B 20 59 6F 75 21	-40	OK
0x0002	0x08	0F 14 00 54 68 61 6E 6B 20 59 6F 75 21	-64	OK

图 4.18　全部数据包装

4.7　实验效果

本实验主要通过一个简单的 ZigBee 数据收发例子，完整地讲述了 ZigBee 网络的建立、加入网络和收发数据。通过本实验可以了解建立、加入网络的过程，掌握收发数据的方法。此外，通过实验产生的数据，并利用协议分析仪可以了解 ZigBee 的数据格式。

第 5 章

ZigBee 无线网络开发进阶

通过第 4 章的介绍，读者已熟悉了 ZigBee 无线网络相关概念，包括 ZigBee 程序下载、编译、仿真、调试；ZigBee 无线网络的数据收发、数据包信息；以及使用成都无线龙 ZigBee 协议分析仪来分析 ZigBee2006 数据包格式与如何使用 ZigBee 分析仪协助开发 ZigBee。

本章将首先介绍 OSAL 及相关 API 函数，并以灯开关实验为主，详细介绍其实现过程，然后通过总结归纳，介绍无线温度传感器实验。本章重点是理解绑定和命令这两个概念。

5.1 ZigBee 协议栈结构

ZigBee 堆栈是在 IEEE 802.15.4 标准基础上建立的，而该标准仅定义了协议的 MAC 和 PHY 层。ZigBee 设备应该包括 IEEE 802.15.4 的 PHY 和 MAC 层，以及 ZigBee 堆栈层：网络层(NWK)、应用层和安全服务管理。图 5.1 给出了这些组件的概况。

每个 ZigBee 设备都与一个特定模板有关，可能是公共模板或私有模板。这些模板定义了设备的应用环境、设备类型以及用于设备间通信的串(也称簇，Cluster)。公共模板可以确保不同供应商的设备在相同应用领域中的互操作性。

设备是由模板定义的，并以应用对象(Application Objects)的形式实现。每个应用对象通过一个端点连接到 ZigBee 堆栈的余下部分，它们都是器件中可寻址的组件。

从应用角度看，通信的本质就是端点到端点的连接(例如，一个带开关组件的设备与带一个或多个灯组件的远端设备进行通信，目的是将这些灯点亮)。端点之间的通信是通过称之为串的数据结构实现的。这些串是应用对象之间共享信息所需的全部属性的容器，在特殊应用中使用的串在模板中有定义。

每个接口都能接收(用于输入)或发送(用于输出)串格式的数据。一共有两个特殊的端点，即端点 0 和端点 255。端点 0 用于整个 ZigBee 设备的配置和管理。应用程序可以通过端点 0 与 ZigBee 堆栈的其他层通信，从而实现对这些层的初始化和配置。附属在端点 0 的对象

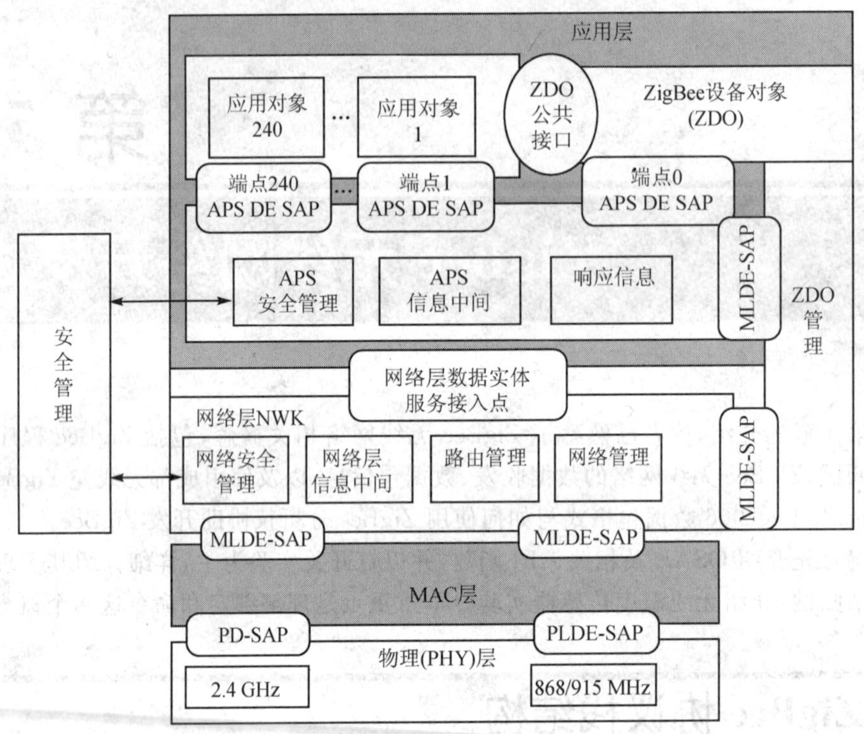

图 5.1　ZigBee 协议结构体系

被称为 ZigBee 设备对象(ZDO)。端点 255 用于向所有端点的广播。端点 241～254 是保留端点。

所有端点都使用应用支持子层(APS)提供的服务。APS 通过网络层和安全服务提供层与端点相连接,并为数据传送、安全和绑定提供服务,因此能够适配不同但兼容的设备,比如带灯的开关。

APS 使用网络层(NWK)提供的服务。NWK 负责设备到设备的通信,并负责网络中设备初始化所包含的活动、消息路由和网络发现。应用层可以通过 ZigBee 设备对象(ZDO)对网络层参数进行配置和访问。

根据 ZigBee 堆栈规定的所有功能和支持,可以很容易推测 ZigBee 堆栈实现需要用到设备中的大量存储器资源。

从图 5.1 可以看出,ZigBee 应用层框架包括应用支持层(APS)、ZigBee 设备对象(ZDO)和制造商所定义的应用对象。

应用支持层的功能包括维持绑定表及在绑定的设备之间传送消息。所谓绑定就是基于两台设备的服务和需求将它们匹配地连接起来。

ZigBee 设备对象的功能包括定义设备在网络中的角色(如 ZigBee 协调器和终端设备),发

起和响应绑定请求，以及在网络设备之间建立安全机制。ZigBee 设备对象还负责发现网络中的设备，并且决定向它们提供何种应用服务。

ZigBee 应用层除了提供一些必要函数及为网络层提供合适的服务接口外，一个重要的功能就是应用者可在该层定义自己的应用对象。

ZigBee 栈体系包含一系列的层元件及 IEEE 802.15.4 2003 标准 MAC 层和 PHY 层，当然也包含 ZigBee 的 NWK 层。每个层的元件提供相关的服务功能。

ZigBee 栈 APL/应用层（Application Layer Specification）的 APS 提供了这样的接口：在 NWK 层与 APL 层之间及从 ZDO 到供应商的应用对象的通用服务集。这项服务由两个实体实现，即 APS 数据实体（APSDE）和 APS 管理实体（APSME）。APSDE 通过 APSDE 服务接入点（APSDE - SAP）；APSME 通过 APSME 服务接入点（APSME - SAP）。

APSDE 提供在同一个网络中的两个或者更多的应用实体之间的数据通信。

APSME 提供多种服务给应用对象，这些服务包含安全服务和绑定设备，并维护管理对象的数据库，也就是常说的 AIB。

ZigBee 中的应用框架是为驻扎在 ZigBee 设备中的应用对象提供活动的环境。

最多可以定义 240 个相对独立的应用程序对象，任何一个对象的端点编号为 1～240。还有两个附加的终端节点为了 APSDE - SAP 的使用：端点号 0 固定用于 ZDO 数据接口；端点 255 固定用于所有应用对象广播数据的数据接口功能。端点 241～254 保留（为了扩展使用）。

应用模式（也称剖面，Profiles）是一组统一的消息、消息格式和处理方法，允许开发者建立一个可以共同使用的、分布式应用程序。这些应用是使用驻扎在独立设备中的应用实体。这些应用 Profiles 允许应用程序发送命令、请求数据及处理命令和请求。

串（也称簇，Cluster）标识符可用来区分不同的串，串标识符联系着数据从设备流出和向设备流入。在特殊的应用模式范围内，串标识符是唯一的。

ZigBee 设备对象（ZDO）描述了一个基本的功能函数，这个功能在应用对象、设备模式与 APS 之间提供了一个接口。ZDO 位于应用框架与应用支持子层之间。它满足所有在 ZigBee 协议栈中应用操作的一般需要。ZDO 还有以下作用：

- 初始化应用支持子层（APS）、网络层（NWK）和安全服务规范（SSS）；
- 从终端应用中集合配置信息来确定和执行发现、安全管理、网络管理和绑定管理。

ZDO 描述了应用框架层应用对象的公用接口，以控制设备和应用对象的网络功能。在终端节点 0，ZDO 提供了与协议栈中低一层相接的接口，如果是数据，则通过 APSDE - SAP；如果是控制信息，则通过 APSME - SAP。在 ZigBee 协议栈的应用框架中，ZDO 公用接口提供设备、发现、绑定及安全等功能的地址管理。

设备发现是 ZigBee 设备为什么能发现其他设备的过程。有两种形式的设备发现请求：IEEE 地址请求和网络地址请求。IEEE 地址请求是单播到一个特殊的设备且假定网络地址已经知道；而网络地址请求是广播且携带一个已知的 IEEE 地址作为负载。

服务发现是一个已给设备被其他设备发现的能力的过程。服务发现通过在一个已给设备的每一个端点发送询问或通过使用一个匹配服务性质(广播或者单播)。服务发现可方便定义和使用各种描述来概述一个设备的能力。

服务发现信息在网络中也许被隐藏,在这种情况下,设备提供的特殊服务可能不好在发现操作发生时到达。

5.2 ZigBee协议栈实时操作系统

为了更好地管理整个ZigBee协议栈,从ZigBee2006开始,ZigBee协议栈内加入了实时操作系统对ZigBee协议栈进行管理。

实时系统的特点是:如果逻辑和时序出现偏差,将会引起严重后果。有两种类型的实时系统:软实时系统和硬实时系统。

在软实时系统中,系统的宗旨是使各个任务运行得越快越好,并不要求限定某一任务必须在多长时间内完成。

在硬实时系统中,各任务不仅要执行无误,而且要做到准时。大多数实时系统是两者的结合。实时系统的应用涵盖广泛的领域,而多数实时系统又是嵌入式的。这意味着计算机建在系统内部,用户看不到有个计算机在系统里面。

对于C51RF-3-PK系统配置ZigBee2006协议栈Z-Stack,也采用了操作系统的概念,程序中为OSAL层。在执行外界处理程序时,该OS(操作系统)保护Z-Stack软件成分。它提供如下管理:

- 任务登记、初始化、启动;
- 任务间的信息交换;
- 任务同步;
- 中断处理;
- 定时器;
- 存储器分配。

5.2.1 OS术语介绍

1. 任　务

一个任务,也称作一个线程,是一个简单的程序。该程序可以认为CPU完全只属于该程序自己。实时应用程序的设计过程,包括如何把问题分割成多个任务,每个任务都是整个应用

的某一部分,被赋予一定的优先级,有它自己的一套 CPU 寄存器和自己的栈空间。典型地、每个任务都是一个无限的循环。每个任务都处在休眠态、就绪态、运行态、挂起态(等待某一事件发生)和被中断态这 5 种状态之一。

2. 多任务

多任务运行的实现实际上是靠 CPU(中央处理单元)在许多任务之间转换、调度。CPU 只有一个,轮番服务于一系列任务中的某一个。多任务运行很像前后台系统,但后台任务有多个。多任务运行使 CPU 的利用率得到最大的发挥,并使应用程序模块化。在实时应用中,多任务化的最大特点是,开发人员可以将很复杂的应用程序层次化。使用多任务,应用程序将更容易设计与维护。

3. 消息队列

消息队列用于给任务发消息。消息队列实际上是邮箱阵列。通过内核提供的服务,任务或中断服务子程序可以将一条消息(该消息的指针)放入消息队列。同样,一个或多个任务可以通过内核服务从消息队列中得到消息。发送和接收消息的任务约定:传递的消息实际上是传递指针指向的内容。通常,先进入消息队列的消息先传给任务;也就是说,任务先得到的是最先进入消息队列的消息,即先进先出原则(FIFO)。然而 μC/OS-Ⅱ也允许使用后进先出方式(LIFO)。

4. 互斥条件

实现任务间通信的最简便办法是使用共享数据结构。特别是当所有任务都在一个单一地址空间下时,能使用全程变量、指针、缓冲区、链表、循环缓冲区等。使用共享数据结构,使通信更为容易。虽然共享数据区法简化了任务间的信息交换,但是必须保证每个任务在处理共享数据时的排他性,以避免竞争和数据的破坏。与共享资源打交道时,使之满足互斥条件最一般的方法有:关中断;使用测试并置位指令;禁止做任务切换;利用信号量。

5.2.2 OSAL API 介绍

OSAL 层是与协议栈互为独立的,但是整个协议都要基于 OS 才能运行。OSAL 提供如下服务和管理:

- 信息管理;
- 任务同步;
- 时间管理;
- 中断管理;

- 任务管理；
- 内存管理；
- 电源管理；
- 非易失存储管理。

1. 信息管理 API

该 API 为任务间的信息交换或者外部处理事件(例如：中断服务程序或一个控制循环内的函数调用等)提供一种管理机制。它包括允许任务分配和不分配信息缓存，发送命令信息到其他任务和接收应答信息等 API 函数。

1) osal_msg_allocate( )

函数原型：byte *osal_msg_allocate(uint16 len)

功能描述：为信息分配缓存空间。当任务调用或函数被调用时，该空间被信息填充或调用发送信息函数 osal_msg_send() 发送缓存空间的信息到其他任务。如果该空间不能被分配，那么 msg_ptr 将设置为空(NULL)。

输入参数：len——信息的长度。

输　　出：指向该信息分配的信息存储空间。如果一个空(NULL)指针返回，那么该信息缓存空间分配失败。

注意：该函数不能与函数 osal_mem_alloc()混淆，osal_mem_alloc()函数是用于为在任务间发送信息(osal_msg_send())分配缓冲区的。用该函数也可以分配一个存储空间。

2) osal_msg_deallocate( )

功能描述：信息处理分配缓存。该函数通过一个任务(或一个处理过程)调用后完成处理一个接收的信息。

函数原型：byte osal_msg_deallocate(byte *msg_ptr)

输入参数：msg_ptr——指向需要的处理分配信息缓存的指针。

输　　出：指示操作结果，参数如下：

ZSUCCESS：成功。

INVALID_MSG_POINTER：无效的信息指针。

MSG_BUFFER_NOT_AVAIL：缓存被排队。

3) osal_msg_send( )

功能描述：一个任务发送一个命令或数据信息到其他任务或处理元素中。目的任务标志符必须设置为 osal_create_task ( )函数创建的有效任务标志符，而且 osal_msg_send()函数将在目的任务事件列表内设置 SYS_EVENT_MSG 事件。

函数原型：byte osal_msg_send(byte destination_task, byte *msg_ptr)

输入参数：destination_task——接收信息的任务 ID。

msg_ptr——指向包含该信息的指针，必须为 osal_msg_allocate ()函数分配的有效数据缓存。

输　　出：返回 1 字节指示操作的结果，参数如下：

ZSUCCESS：信息发送成功。

INVALID_MSG_POINTER：无效的信息指针。

INVALID_TASK：无效的目的任务 ID。

4）osal_msg_receive( )

功能描述：一个任务接收一个命令信息调用该函数。该任务在处理完该信息之后，必须调用 osal_msg_deallocate()函数为该信息分配信息缓存。

函数原型：byte ＊osal_msg_receive(byte task_id)

输入参数：task_id——运行任务的标志符(信息归属的任务)。

输　　出：返回一个包含该信息存储区的指针。如果没有接收信息，则为空(NULL)。

2. 同步任务 API

该 API 允许一个任务等待某个事件的发生并返回等待期间的控制。该 API 的功能是为某个任务设置事件，一旦任何一个事件被设置就修改该任务。

osal_set_event( )

功能描述：该函数为某个任务设置事件标志。

原　　型：byte osal_set_event(byte task_id, UINT16 event_flag)

输入参数：task_id——任务标志符。为该任务设置事件的任务标志符。

vent_flag——是 2 字节的位图，每 1 位都对应一个事件。当仅有一个系统事件(SYS_EVENT_MSG)时，只有符合的事件/位被接收任务定义。

输　　出：返回该操作的结构。

ZSUCCESS：成功。

INVALID_TASK：无效任务。

3. 时间管理 API

该 API 允许定时器被内部(Z－Stack)任务和外部(应用水平)任务使用。该 API 系统开始和停止一个定时器的功能，这些定时器能用毫秒设置。

1）osal_start_timer( )

功能描述：启动一个定时器。当定时器终止时，指定的事件标志位被设置。通过在任务中调用 osal_start_timer 函数设置事件标志位。如果指明任务 ID，则可以用 osal_start_timerEx()函数替代函数 osal_start_timer()。

函数原型：byte osal_start_timer(UINT16 event_id, UINT16 timeout_value)

输入参数：event_id——用户定义的事件标志位。当定时器终止时，该运行的任务将被通报(事件)。

timeout_value——定时器事件被设置之前时间的计数(ms)。

返　　回：指示操作的结果，参数如下：

ZSUCCESS：定时器启动成功。

NO_TIMER_AVAILABLE：不能启动定时器。

2) osal_start_timerEx( )

功能描述：该函数与 osal_start_timer()函数类似，只不过参数多了一个任务 ID。允许调用者设置另一个任务的定时器。

函数原型：byte osal_start_timerEx(byte taskID, UINT16 event_id, UINT16 timeout_value)

输入参数：task ID——当定时器终止时，得到该事件的任务 ID。

event_id is——用户定义的事件位。当定时器终止时，正调用的任务将被通报(事件)。

timeout_value——定时器事件被设置之前时间的计数(ms)。

返　　回：指示操作结果，参数如下：

ZSUCCESS：定时器启动成功。

NO_TIMER_AVAILABLE：不能启动定时器。

3) osal_stop_timer( )

功能描述：停止已经被启动的定时器。如果成功，则该函数将取消定时器并且防止该定时器分配的任务事件的设置。该函数可以停止正在运行任务的定时器，与 osal_stop_timerEx()可以停止不同任务的定时器有区别。

函数原型：byte osal_stop_timer(UINT16 event_id)

输入参数：event_id——被停止定时器的标志符。

返　　回：指示操作结果，参数如下：

ZSUCCESS：定时器停止成功。

INVALID_EVENT_ID：无效事件。

4) osal_stop_timerEx( )

功能描述：该函数功能类似 osal_stop_timer，只是它指明了任务 ID。

函数原型：byte osal_stop_timerEx(byte task_id, UINT16 event_id)

输入参数：task_id——停止定时器所在的任务 ID。

event_idi——被停止定时器的标志符。

返　　回：指示操作结果，参数如下：

ZSUCCESS：定时器停止成功。

INVALID_EVENT_ID：无效事件。

5) osal_GetSystemClock( )

功能描述：读系统时钟。

函数原型：uint32 osal_GetSystemClock(void)

输入参数：无。

返　　回：系统时钟(ms)。

4. 中断管理API

这些API是外部中断和任务的接口。这些API函数允许一个任务为每个中断分配指定的服务程序。这些中断能被允许或禁止。在服务程序内，可能为其他的任务设置事件。

1) osal_int_enable( )

功能描述：允许中断。一旦允许，中断发生将引起为该中断分配的服务程序运行。

函数原型：byte osal_int_enable(byte interrupt_id)

输入参数：interrupt_id——被允许中断的标志符。

返　　回：指示操作的结果，参数如下：

ZSUCCESS：中断允许成功。

INVALID_INTERRUPT_ID：无效的中断。

2) osal_int_disable( )

功能描述：禁止某个中断。当中断禁止后，为该中断分配的服务程序就不能再运行。

函数原型：byte osal_int_disable(byte interrupt_id)

输入参数：interrupt_id——被禁止中断的标识符。

返　　回：操作的结果，参数如下：

ZSUCCESS：中断禁止成功。

INVALID_INTERRUPT_ID：无效中断。

5. 任务管理API

该API用于添加和管理OSAL中的任务。

1) osal_init_system()

功能描述：初始化OSAL系统。该函数必须被调用在启动任何一个OSAL函数之前。

函数原型：byte osal_init_system(void)

输入参数：无。

返　　回：操作结果的值，参数如下：

ZSUCCESS：成功Success。

2) osal_start_system()

功能描述：该函数是任务系统的主循环函数。它将查询所有的任务事件并对每个任务事件调用任务事件处理函数。如果某个特定的任务有事件发生，那么该函数就将调用该任务事件的处理函数。如果某事件发生并做了时间处理，则该处理函数完后将返回该主循环函数，继续查找其他任务事件。如果所有的任务没有事件发生，那么该函数将使处理器进入睡眠模式。

函数原型：void osal_start_system(void)

输入参数：无。

返　　回：无。

3) osal_self()

功能描述：该函数返回当前运行任务的 ID 号。如果在一个中断服务程序里调用该函数，将返回一个错误的结果。

函数原型：byte osal_self(void)

输入参数：无。

返　　回：返回当前激活运行的任务 ID。

4) osalTaskAdd ()

功能描述：该函数在 OSAL 系统里添加一个任务。一个任务包括两个功能函数——初始化和信息处理。信息处理函数将带走事件，然后处理完它们之一后返回主循环。

函数原型：/ * 任务初始化函数原型 * /

typedef void (* pTaskInitFn)(unsigned char task_id)

/ * 事件处理函数原型 * /

typedef unsigned short (* pTaskEventHandlerFn)(unsigned char task_id, unsigned short event)

/ * 添加任务函数原型 e * /

void osalTaskAdd(const pTaskInitFn pfnInit, const pTaskEventHandlerFn pfnEventProcessor, const byte taskPriority)

输入参数：pfnInit——指向任务初始化函数的指针。

pfnEventProcessor——指向任务事件处理函数的指针。

taskPriority——任务优先级，值为下列之一：

OSAL_TASK_PRIORITY_LOW：50；

OSAL_TASK_PRIORITY_MED：130；

OSAL_TASK_PRIORITY_HIGH：230。

返　　回：无。

6. 内存管理 API

该 API 描述了一个个简单的存储分配系统。这些函数允许动态存储分配。

1) osal_mem_alloc()

功能描述：该函数是一个简单的存储分配函数，返回指向一个缓存的指针(如果成功执行的话)。

函数原型：void * osal_mem_alloc(uint16 size)

输入参数：size——被分配缓存的大小(字节数)。

返　　回：一个无类型(void)指针(在使用时应该指定其类型)指向被分配的新的缓存区。如果没有足够的存储空间被分配，那么将返回一个空(NULL)指针。

2) osal_mem_free()

功能描述：该函数释放被分配的存储空间，准备再一次使用。它只能释放已经被 osal_mem_alloc()分配的存储空间。

函数原型：void osal_mem_free(void * ptr)

输入参数：ptr——指向释放的存储空间。该缓存必须是已经被分配了的。

返　　回：无。

7. 电源管理 API

该 API 描述了 OSAL 的电源管理系统。当 OSAL 安全地关闭接收器和外部硬件及使处理器进入休眠模式时，该系统提供向应用/任务通报该事件的方法。

1) osal_pwrmgr_device()

功能描述：该函数在电源供电状态或电源需要改变时被调用。它可以设置设备电源管理的 ON/OFF 状态。这个函数应该在 个中心控制区被调用。

函数原型：void osal_pwrmgr_device(byte pwrmgr_device)

输入参数：PWRMGR_DEVICE——改变或设置电源节能模式。
PWRMGR_ALWAYS_ON——主电源供电，无节能模式。
PWRMGR_BATTERY——打开节能模式(一般为电池供电)。

返　　回：无

2) osal_pwrmgr_task_state()

功能描述：该函数被每个任务调用，声明该任务是否需要节能。当任务被创建时，默认是节能模式，如果任务总是需要节能，那么不需要调用该函数。

函数原型：byte osal_pwrmgr_task_state(byte task_id, byte state)

输入参数：state——改变一个任务的电源模式，值为下列之一：
PWRMGR_CONSERVE：打开节能，所有的任务都认同，这是任务被初始化

的默认状态。

PWRMGR_HOLD：关闭节能。

返　　回：返回操作结果，参数如下：

ZSUCCESS：成功。

INVALID_TASK：无效任务。

8. 非易失性存储管理 API

该 API 描述了 OSAL 非易失存储系统。该系统为应用提供存储设备固定信息的方式。依照 ZigBee 规范，它也可以用于某些堆栈条目的固定存储，这些 NV 函数被设计为可读写用户定义的如结构或队列等任意数据类型的条目。

用户能读或写一个条目，也可以通过设置适当的偏移和长度读写条目的一些元素。这些 API 与 NV 存储体没有关系，采用 Flash 或 EEPROM 都能实现。每个 NV 条目有个唯一的 ID 号，这些 ID 号也有规定和限制，有些 ID 值被保留，有些 ID 被用在指定的堆栈或指定的平台，用户定义的条目 ID 只能采用分配到的 ID 值范围。条目 ID 分配如下：

0x0000：保留。

0x0001～0x0020：OSAL。

0x0021～0x0040：NWK。

0x0041～0x0060：APS。

0x0061～0x0080：安全。

0x0081～0x00A0：ZDO。

0x00A1～0x0200：保留。

0x0201～0x0FFF：应用。

0x1000～0xFFFF：保留。

1) osal_nv_item_init()

功能描述：在 NV 中初始化一个条目。该函数在 NV 中检查一个存在的条目，如果它不存在，则它被创建并用携带的数据进行初始化。在对每个条目调用 osal_nv_read() 或 osal_nv_write()函数之前，这个函数都必须被调用。

函数原型：byte osal_nv_item_init(uint16 id，uint16 len，void * buf)

输入参数：id——用户定义条目 ID。

len——条目长度(字节)。

* buf——条目初始化数据的指针，如果没有初始化数据，则设置为 NULL。

返　　回：指示操作结果，参数如下：

ZSUCCESS：成功。

NV_ITEM_UNINIT：条目未被初始化。

NV_OPER_FAILED：操作失败。

2）osal_nv_read()

功能描述：从 NV 读数据。该函数可以从 NV 中读取整个条目或者一个条目的部分数据，读取的数据复制到 * buf. 缓存区。

函数原型：byte osal_nv_read(uint16 id，uint16 offset，uint16 len，void * buf)

输入参数：id——用户定义的条目 ID。

offset——条目存储偏移大小(字节)。

len——条目长度(字节)。

* buf——读入的数据。

返　　回：指示操作结果，参数如下：

ZSUCCESS：成功。

NV_ITEM_UNINIT：条目未被初始化。

NV_OPER_FAILED：操作失败。

3）osal_nv_write()

功能描述：写数据到 NV。

函数原型：byte osal_nv_write(uint16 id，uint16 offset，uint16 len，void * buf)

输入参数：id——用户定义的条目 ID。

offset——条目存储偏移大小(字节)。

len——条目长度(字节)。

* buf——写的数据指针。

返　　回：指示操作结果，参数如下：

ZSUCCESS：成功。

NV_ITEM_UNINIT：条目未被初始化。

NV_OPER_FAILED：操作失败。

4）osal_offsetof()

功能描述：这个宏定义计算一个结构在内存中的偏移大小(字节)。在 NV API 函数中，计算补偿参数是很有用的。

函数原型：osal_offsetof(type，member)

输入参数：type——结构字节数。

member——结构成员。

5.2.3　OSAL 任务

1. 初始化

OSAL 功能可以被用户修改，但在 ZigBee 协议中，OSAL 设计的目的是：只需要对 OSAL 任务初始化及对 osalAddTasks() 函数进行必要的修改，其他部分不用修改，用户可以直接使用 OSAL 中的功能。

2. 组　成

OSAL 执行一个维护性的循环任务，Z－Stack 的子系统都作为 OSAL 任务运行，用户在应用中必须创建至少一个 OSAL 任务。这些任务添加在 osalAddTasks() 函数中执行。在该例子中也清晰地显示了在所有 Z－Stack 任务添加后，用户必须用 osalTaskAdd() 函数创建至少一个属于自己的任务。

3. 系统服务

OSAL 和 HAL 系统服务是唯一的，只有一个 OSAL 任务可以登记键盘(开关按下)通告和串口行为通告。同一个任务并非一定要登记这两个，如果 Z－Stack 任务没有登记任何一个，则它们不被用户应用。

4. 应用设计

用户可能为每一个应用对象都创建一个任务，或者为所有的应用对象只创建一个任务。当选择上述设计时，下面是一些设计思路：

1) 为许多应用对象创建一个 OSAL 任务

下面是简单和复杂处理的一些叙述：

- Pro：接收一个互斥任务事件(开关按下或串口)时，动作是单一的。
- Pro：需要堆栈空间保存一些 OSAL 任务结构。
- Con：接收一个 AF 信息或一个 AF 数据确认时，动作是复杂的——在一个用户任务上，分支多路处理应用对象的信息事件。
- Con：通过匹配描述符(如自动匹配)去发现服务的处理过程更复杂——为了适当地对 ZDO_NEW_DSTADDR 信息起作用，一个静态标志必须被维持。

2) 为一个应用对象创建一个 OSAL 任务

一对一设计的反面和正面是与上面一对多设计相反的：

- Pro：在应用对象试图自动匹配时，仅一个 ZDO_NEW_DSTADDR 被接收。

- Pro：已经被协议栈下层多元处理后的一个 AF 输入信息或一个 AF 数据确认。
- Con：需要堆栈空间保存一些 OSAL 任务结构。
- Con：如果两个或更多应用对象用同一个唯一的资源，那么接收一个互斥任务事件的动作就更复杂。

5. 强制方法

任何一个 OSAL 任务必须用两种方法执行：一种是初始化；另一种是处理任务事件。

1) 任务初始化

在例子中调用函数"Application Name"_Init(如 SAPI_Init)执行任务初始化。

该任务初始化函数应该完成如下功能：

- 变量或相应应用对象特征初始化。为了使 OSAL 内存管理更有效，在这里应该分配永久堆栈存储区。
- 在 AF 层登记相应应用对象(如 afRegister())。
- 登记可用的 OSAL 或 HAL 系统服务(如 RegisterForKeys())。

2) 任务事件处理

调用函数"Application Name"_ProcessEvent (e. g. SAPI_ProcessEvent())处理任务事件。除了强制的事件之外，任一 OSAL 任务能被定义多达 15 个任务事件。

6. 强制事件

OSAL 任务设计，必须保留任务事件 SYS_EVENT_MSG (0x8000)。

任务事件管理者都应该处理如下的系统信息子集。下面只列出了部分信息，但却是最常用的几个信息处理，推荐根据例子复制到自己项目中使用。

1) AF_DATA_CONFIRM_CMD

调用 AF_DataRequest()函数数据请求成功的指示。Zsuccess 确认数据请求传输成功，如果数据请求设置 AF_ACK_REQUEST 标志位，那么只有最终目的地址成功接收后，Zsuccess 确认才返回；如果数据请求没有设置 AF_ACK_REQUEST 标志位，那么数据请求只要成功传输到下跳节点就返回 Zsuccess 确认信息。

2) AF_INCOMING_MSG_CMD

AF 信息输入指示。

3) KEY_CHANGE

键盘动作指示。

4) ZDO_NEW_DSTADDR

匹配描述符请求(Match Descriptor Request)响应指示(例如：自动匹配)。

5) ZDO_STATE_CHANGE

网络状态改变指示。

5.3　ZigBee2006 应用接口

5.3.1　实验目的

- 设置这些设备自动进入网络。
- 创建从每一个开关到一个或多个灯的绑定。
- 从开关设备发送一个改变灯状态的命令。
- 为某个开关到不同的灯重新指派绑定。
- 增加新的灯或开关到该网络。

5.3.2　原理介绍

1. 设　备

该示范例子有两种应用设备类型：开关和灯。

应用例子工程有作为终端设备(End - device)的简单开关配置和作为协调器或路由器设备的简单管理器配置。

当这个设备第一次开启的时候，它进入一个“保持状态”，LEDx 闪烁。

对于灯管理器设备，在该状态下，按下 SW1 键它将使该设备作为协调器启动，期间要是按下 SW2 键，它将使该设备作为路由器启动。

对于开关设备而言，在该状态下，无论是按下 SW1 键还是 SW2 键都将作为终端设备启动。

2. 命　令

有一个单一的应用命令——一个“拨动”(Toggle)命令。对于开关，该命令作为输出被定义；对于管理器，却作为输入被定义。该命令信息除了命令标志符外没有其他参数。

3. 绑　定

“按钮”绑定被使用。

当一个开关和一个管理器间绑定被创建时，首先是这个管理器要进入允许绑定模式，接着

是开关(在一定时间内)发出一个绑定请求,这就将从开关到管理器之间创建了一个绑定。重复上面的过程,一个开关可以与多个管理器绑定。

为某个开关重新分配绑定,这个绑定请求与同一个删除参数被发出。这就将该开关的所有绑定移除。现在就可以用上面的绑定方法重新与其他的管理器进行绑定操作。

5.3.3 软件准备SAPI介绍

关于详细的程序清单见SAPI.C文件。

1. 初始化

- ZB系统复位(zb_SystemReset);
- ZB启动请求(zb_StartRequest)。

2. 配 置

- ZB读配置(zb_ReadConfiguration);
- ZB写配置(zb_ WriteConfiguration);
- ZB获得设备信息(zb_GetDeviceInfo)。

3. 发现(设备、网络和服务发现)

- ZB发现设备请求(zb_FindDeviceRequest);
- ZB绑定设备请求(zb_BindDeviceRequest);
- ZB允许绑定请求(zb_AllowBindRequert);
- ZB许可加入请求(zb_PermitJoinRequest)。

4. 数据传输

- ZB发送数据请求(zb_SendDataRequest);
- ZB接收数据指示(zb_ReceiveDataIndication)。

5.4 网络形成

每个设备都有一组能被配置的参数(例如:被PC工具或者外部处理器配置)。这个配置参数在代码中已经定义了默认值。在同一个网络中,所有设备的“网络细节”(Network - specific)配置参数应该被设置成一样的值;每个设备的“设备细节”(Device - specifi)配置参数可以配置为不同的值。

但是 ZCD_NV_LOGICAL_TYPE 必须被设置，直至有正确的一个设备作为协调器被配置；所有电池电源设备作为终端设备被配置。

一旦这些工作都完成，这个设备就可以以任意一种方式被启动。协调器设备将建立网络，其他设备将发现和加入这个网络。

协调器将扫描所有被 ZCD_NV_CHANLIST 参数指定的通道，并选择一个最少能量的通道。如果有两个及以上的最小能量通道，那么协调器选择在 ZB 网络中存在的序号最小的通道。协调器将选择用 ZCD_NV_PANID 参数指定的网络 ID。路由器和终端设备将扫描用 ZCD_NV_CHANLIST 配置参数制定的通道和试图发现 ID 为 ZCD_NV_PANID 参数指定的网络。

5.4.1　协调器格式化网络

协调器将扫描 DEFAULT_CHANLIST 指定的通道，最后在其中之一上形成网络。如果 ZDAPP_CONFIG_PAN_ID 被定义为 0xFFFF，那么协调器将根据自身的 IEEE 地址建立一个随机的 PAN ID；如果 ZDAPP_CONFIG_PAN_ID 没有被定义为 0xFFFF，那么协调器建立网络的 PAN ID 将由 ZDAPP_CONFIG_PAN_ID 指定。

当所有的参数配置好后，可以调用下面的函数来格式化网络：

```
NLME_NetworkFormationRequest(
                    zgConfigPANID,
                    zgDefaultChannelList,
                    zgDefaultStartingScanDuration,
                    beaconOrder,
                    superframeOrder,
                    false
                    );
```

一般不直接用上面的函数形成网络，而是用 ZDO_StartDevice()函数来启动一个设备。

5.4.2　路由器和终端设备加入网络

路由器和终端设备启动后，将扫描 DEFAULT_CHANLIST 指定的频道。如果 ZDAPP_CONFIG_PAN_ID 没有被定义为 0xFFFF，那么路由器将强制加入 ZDAPP_CONFIG_PAN_ID 定义的网络。

注意：如果协调器和路由器或终端设备都没有定义 ZDAPP_CONFIG_PAN_ID 为

0xFFFF，那么两者之间不一样的定义可能会出现一些意外的结果。

如果 ZDAPP_CONFIG_PAN_ID 被定义为一个正确的值(小于或等于 0x3FFF)，那么协调器就只在指定的 PAN ID 上试图建立网络。

如果发现一个网络，将调用下面函数：

```
NLME_NetworkDiscoveryRequest(
                                uint32 ScanChannels,
                                byte scanDuration
                                );
```

如果发现网络存在，就调用下面函数加入该网络：

```
NLME_OrphanJoinRequest(
                        uint32 ScanChannels,
                        byte ScanDuration
                        );
```

最好也不要用这两个函数去发现/加入网络，而是用 ZDO_StartDevice()启动该设备。

5.4.3 ZDO_StartDevice

功能描述：在网络中启动设备、协调器、路由器及终端设备，启动之后，设备根据自身的类型去建立或发现和加入网络。

函数原型：

```
ZDO_StartDevice(
                byte logicalType,
                devStartModes_t startMode,
                byte beaconOrder,
                byte superframeOrder
                );
```

参数介绍：

byte logicalType，　　设备逻辑类型；

devStartModes_t startMode　　启动模式。

模式定义：

```
typedef enum
{
   MODE_JOIN,                    //加入
   MODE_RESUME,                  //恢复
```

```
    MODE_SOFT,                  //软件启动
    MODE_HARD,                  //硬件启动
    MODE_REJOIN                 //再加入
} devStartModes_t;
byte beaconOrder,               //信标时间
byte superframeOrder            //超帧长度
```

返　　回：无。

源代码可以查阅 ZDObject.c 源文件。

但是在 ZDO_StartDevice 函数中调用了 NLME_NetworkFormationRequest、NLME_NetworkDiscoveryRequest 和 NLME_OrphanJoinRequest 函数，所以它会自动启动设备，并根据不同的类型做相应的工作。这些工作甚至用户可以不必关心，它就会自动完成建立网络、发现网络、加入网络等工作。

注意：该函数在 ZDApp_event_loop 事件处理函数中被调用，也就是在 ZDO 层完成了相应的功能，所有的工作都是通过操作系统管理完成的。

ZDApp_event_loop 函数的源代码可查阅 ZDApp.c 源文件。

5.5 绑　定

绑定是控制信息从一个应用层到另一个应用层流动的一种机制。在 ZigBee2006 版本中，绑定机制在所有的设备中被执行。

绑定允许应用层发送信息而不需要带目的地址，APS 层从它的绑定表格中确定目的地址，然后在信息前端加上这个目的地址或组地址。

注意：在 ZigBee2004 版本中，所有绑定条目存储在协调器中；在 ZigBee2006 版本中，所有绑定条目存储在发送数据的设备中。

绑定就是在两个设备应用层上的逻辑连接。多重绑定能在一个设备上被创建。另外，1个绑定可能有多余1个的目的设备(1个到多个绑定)。

例如：在多开关控制灯的网络中，每一个开关可以控制1个或更多的灯。这样的话，在每一次开关灯时，一个绑定都被建立。这样就允许应用在没有目的地址情况下发送数据包。

一旦一个绑定在源设备被创建，应用就可以不需要指定目的地址(在调用函数 zb_SendDataRequest()时，一个有效的目的地址 0xFFFE 应该被用作为目的地址)而发送数据了。这是因为协议栈查询目的地址在内部基于信息包的命令标志符绑定表格。

如果绑定能有多余1个的目的地址，那么这个协议栈将自动发送一个信息的复制到每一个指定的绑定目的地址的入口。

如果 NV_RESTORE 编译选项允许时绑定，则这个协议将保存绑定条目到非易失性的 RAM 中。这对设备意外复位（或电池需要充电）是很有用的。这个设备不需要用户设置，就能重新自动地获得绑定。

注意：绑定只能在“补充的”(Complementary)设备间被创建。(也就是说，如果两个设备已经在它们的简单描述符结构中登记为一样的命令_ID，而且一个作为输入，另一个作为输出时，绑定才能成功)。

5.5.1 绑定表格

绑定表格函数形式：

(as, es, cs)={(ad1|, ed1|), (ad2|, ed2|), …, (adn|, edn|)}

as=绑定源设备的地址。

es=绑定源设备 EP 的标志符。

cs=绑定连接的串标志符。

adi=i 绑定分配的目的地址或目的组地址。

edi=i 绑定分配的 EP 标志符。

注意：只有当 adi 是一个设备地址时，edi 才会有。

有 3 种方式可以建立一个绑定表格：

(1) ZDO 绑定请求：一个试运转工具能告诉这个设备制作一个绑定报告。

(2) ZDO 终端设备绑定请求：设备能告诉协调器它们想建立绑定表格报告。该协调器将协调并在这两个设备上创建绑定表格条目。

(3) 设备应用：在设备上的应用能建立或管理一个绑定表格 。

任何一个设备或应用能在网络中发送一个 ZDO 信息到另 个设备建立一个绑定报告。这是调用绑定帮助并且将建立一个绑定条目为发送设备。

1. ZDO 绑定请求

通过调用函数 ZDP_BindReq()发送一个绑定请求。第一个参数(dstAddr)是绑定的源地址的短地址。这之前应该确定允许绑定，并在 ZDConfig. h 文件中有参数[ZDO_BIND_UNBIND_REQUEST]允许绑定。

能用同样的参数调用函数 ZDP_UnbindReq()移除绑定。

目标设备将调用函数 ZDApp_BindRsp()或 ZDApp_UnbindRsp()，反馈绑定或移除绑定的响应，返回其操作状态为 ZDP_SUCCESS, ZDP_TABLE_FULL 或 ZDP_NOT_SUPPORTED。

2. ZDO 终端设备绑定请求

该机制是用一个按钮按下或其他类似的动作来选择设备在指定时间内被绑定。在规定时间内，该终端设备绑定请求信息被收集到协调器，并创建一个基于模式 ID 和串 ID 的规定的绑定表格条目。默认的终端设备绑定超时时间(APS_DEFAULT_MAXBINDING_TIME)为 16 s(定义在 nwk_globals. h 中)，但是能被改变。

在所有的应用例子中，有一个处理键盘事件的函数，例如 TransmitApp. c 文件中的 TransmitApp_HandleKeys()函数。在该函数中，调用了函数 ZDApp_SendEndDeviceBindReq()(在 ZDApp. c 中)，它将收集应用终端设备的所有信息并调用函数 ZDP_EndDeviceBindReq()(在 ZDProfile. c 中)，发送一个绑定信息到协调器。或者，在 SampleLight 和 SampleSwitch 例子中，直接调用 ZDP_EndDeviceBindReq()函数就能实现点亮/关闭灯的功能。

协调器将接收[ZDP_IncomingData() 在 ZDProfile. c]这些信息并分析处理[ZDO_ProcessEndDeviceBindReq() 在 ZDObject. c]这些信息，同时调用函数 ZDApp_EndDeviceBindReqCB() [在 ZDApp. c]，它将调用 ZDO_MatchEndDeviceBind() [ZDObject. c]处理这个请求。

当协调器接收到两个匹配终端设备的绑定请求时，它将启动在绑定设备上创建源绑定条目的处理过程。该协调器有如下处理过程：

(1) 发送一个 ZDO 解除绑定请求到第一个设备。该终端设备绑定处理，所以首先发送一个解除绑定，移除一个存在的绑定条目。

(2) 等待 ZDO 解除绑定响应。如果响应状态为 ZDP_NO_ENTRY，则发送一个 ZDO 绑定请求，在源设备上制作一个绑定条目 。如果响应状态为 ZDP_SUCCESS，则为第一个设备移除绑定。

(3) 等待 ZDO 绑定响应。

(4) 当第一个设备完成时，对第二个设备做同样的处理。

(5) 当第二个设备完成时，发送 ZDO 终端设备绑定响应信息到第一个和第二个设备。

3. 设备应用绑定管理

在设备上其他进入绑定条目的方式是应用层管理绑定表格。意思是说，应用层将调用下列函数添加和移除绑定表格条目：

- bindAddEntry()：增加绑定表格条目。
- bindRemoveEntry()：从绑定表格中移除条目。
- bindRemoveClusterIdFromList()：从一个存在的绑定表格项目中移除一个串 ID。
- bindAddClusterIdToList()：添加一个串 ID 到一个存在的绑定表格。
- bindRemoveDev()：移除指定地址的所有绑定条目。

- bindRemoveSrcDev()：移除源地址的所有条目。
- bindUpdateAddr ()：更新条目到另一个地址。
- bindFindExisting ()：发现一个绑定表条目。
- bindIsClusterIDinList()：在绑定表条目中核对一个存在的串。
- bindNumBoundTo()：同一个地址(源或目的)的条目数。
- bindNumOfEntries()：表格条目数。
- bindCapacity()：最大条目允许。
- BindWriteNV()：在NV中更新表格。

5.5.2 绑定建立

有以下两种可用的机制配置设备绑定：

(1) 如果目的设备的扩展地址是已知的，则zb_BindDeviceRequest()函数就能创建一个绑定条目。

(2) 如果扩展地址是未知的，则一个“按钮”可以利用。这样的话，这个目的设备首先要处于一种状态，它将被zb_AllowBindResponse()发出一个匹配响应，然后在源设备处zb_ BindDeviceRequest()函数带着空地址发出。

1. 已知扩展地址的绑定

这里可以直接调用函数zb_BindDeviceRequest()发起绑定请求：

```
zb_BindDevice (
              uint8 create,            //是否创建绑定：TRUE 创建;FALSH 解除
              uint16 commandId,        //命令 ID,基于某命令的绑定
              uint8 * pDestination     //指向扩展地址指针
              );
```

该函数部分代码如程序清单5.1所示。

程序清单5.1

```
if ( pDestination )
{       //已知扩展地址的绑定,即 * pDestination 为非 NULL
        source.addr.shortAddr = _NIB.nwkDevAddress;
        source.addrMode = Addr16Bit;
        destination.addrMode = Addr64Bit;
        osal_cpyExtAddr( destination.addr.extAddr, pDestination );
        //调用 APS 绑定请求函数
        ret = APSME_BindRequest( &source, sapi_epDesc.endPoint, commandId,
```

```
                                        &destination, sapi_epDesc.endPoint );
    if ( ret == ZSuccess )
    {
      //发现网络地址,得到被绑定设备的短地址
      ZDP_NwkAddrReq(pDestination, ZDP_ADDR_REQTYPE_SINGLE, 0, 0 );
      osal_start_timerEx( ZDAppTaskID, ZDO_NWK_UPDATE_NV, 250 );
    }
}
```

程序清单 5.1 调用了 APS 绑定函数 APSME_BindRequest,该函数叙述如下:

```
ZStatus_t APSME_BindRequest(
    zAddrType_t * SrcAddr,
    byte SrcEndpInt,
    uint16 ClusterId,
    zAddrType_t * DstAddr,
    byte DstEndpInt
);
```

在两个设备间建立绑定,该函数通过 APSME－BIND.confirm 原语返回,而且这两者是不可分割的。如果绑定成功,则调用函数 ZDP_NwkAddrReq 将得到目的设备的短地址。其程序如下:

```
afStatus_t ZDP_NwkAddrReq(
    byte * IEEEAddress,          //被请求设备的 IEEE 地址
    byte ReqType,                //想得到的响应类型
    byte StartIndex,
    byte SecuritySuite
);
```

参数:

ReqType:想得到的响应类型,它的值可能是下列之一:

- ZDP_NWKADDR_REQTYPE_SINGLE:返回设备的短地址和扩展地址。
- ZDP_NWKADDR_REQTYPE_EXTENDED:返回设备的短地址和扩展地址及所有相关设备的短地址。

调用这个函数可以产生一个根据已知遥远设备的 IEEE 地址,请求得到 16 位的短地址的信息。该信息以广播的方式发送给网络中的所有设备。

2. 未知扩展地址的绑定

在该绑定方式下,发送绑定请求之前,先要让被绑定的目的设备处于允许绑定模式。可以

调用函数 zb_AllowBind()进入该模式，如程序清单 5.2 所示。

程序清单 5.2

```
void zb_AllowBind ( uint8 timeout )
{
  osal_stop_timer( ZB_ALLOW_BIND_TIMER );
  if ( timeout == 0 )
  {
    afSetMatch(sapi_epDesc.simpleDesc->EndPoint, FALSE);
  }
  else
  {
    afSetMatch(sapi_epDesc.simpleDesc->EndPoint, TRUE);
    if ( timeout != 0xFF )
    {
      if ( timeout > 64 )
      {
        timeout = 64;
      }
      osal_start_timerEx(sapi_TaskID, ZB_ALLOW_BIND_TIMER, timeout * 1000);
    }
  }
  return;
}
```

参数 timeout 是进入绑定模式持续的时间(s)。如果设置为 0xFF，则设备在任何时候都在允许绑定模式；如果设置为 0x00，则设备将通过该命令取消允许绑定模式。

在该实验中，最大的溢出时间为 64 s，仅仅一个命令可以用在任何时候允许绑定模式。

调用该函数使设备在给定时间内进入允许绑定模式。一个在允许绑定模式下同等的设备调用函数 zb_BindDevice 能与之建立绑定，其目的地址为空。

在该函数中调用函数 afSetMatch，使之允许响应 ZDO 的匹配描述符请求。

在目的设备处于允许绑定模式的时间内，源设备可以调用函数 zb_BindDevice 发送绑定请求，此时执行如程序清单 5.3 所示的代码。

程序清单 5.3

```
{
    ret = ZB_INVALID_PARAMETER;
    destination.addrMode = Addr16Bit;
    destination.addr.shortAddr = NWK_BROADCAST_SHORTADDR;
```

```
    if ( ZDO_AnyClusterMatches( 1, &commandId, sapi_epDesc.simpleDesc->AppNumOutClusters,
                                 sapi_epDesc.simpleDesc->pAppOutClusterList ) )
    {
      //匹配一个在允许绑定模式下的设备
      ret = ZDP_MatchDescReq( &destination, NWK_BROADCAST_SHORTADDR,
          sapi_epDesc.simpleDesc->AppProfId, 1, &commandId, 0, (cId_t *)NULL, 0 );
    }
    else if(ZDO_AnyClusterMatches(1, &commandId, sapi_epDesc.simpleDesc->AppNumInClusters,
                                 sapi_epDesc.simpleDesc->pAppInClusterList ) )
    {
      ret = ZDP_MatchDescReq( &destination, NWK_BROADCAST_SHORTADDR,
          sapi_epDesc.simpleDesc->AppProfId, 0, (cId_t *)NULL, 1, &commandId, 0 );
    }
    if ( ret == ZB_SUCCESS )
    {
      //设置一个时间,确保绑定完成
      osal_start_timerEx(sapi_TaskID, ZB_BIND_TIMER, AIB_MaxBindingTime);
      sapi_bindInProgress = commandId;  //允许基于命令的绑定过程
      return;
    }
}
```

在之中调用了函数 ZDP_MatchDescReq(见程序清单 5.4),将建立和发送一个匹配描述符(Match Descripton)请求。用这个函数搜索在一个应用中的输入/输出串列表中匹配某条件的设备/应用。

程序清单 5.4

```
afStatus_t ZDP_MatchDescReq(
                        zAddrType_t *dstAddr,
                        uint16 nwkAddr,
                        uint16 ProfileID,
                        byte NumInClusters,
                        byte *InClusterList,
                        byte NumOutClusters,
                        byte *OutClusterList,
                        byte SecuritySuite
                        );
```

参数:

dstAddr:目的地址。

nwkAddr：已知的 16 位网络地址。

ProfileID：应用模式 ID，为串 ID 作参考。

NumInClusters：在输入串列表中串 ID 的数量。

InClusterList：输入串 ID 的队列（每字节）。

NumOutClusters：在输出串列表中串 ID 的数量。

OutClusterList：输出串 ID 的队列（每字节）。

SecuritySuite：信息安全类型。

返回：

afStatus_t：用于 AF 发送信息，因此这个状态值是被定义在 ZComDef.h 文件中的 AF 的状态值。

该绑定响应处理在 SAPI_ProcessEvent 事件处理函数中，如程序清单 5.5 所示。

程序清单 5.5

```
case ZDO_MATCH_DESC_RESP:
    pMatchRsp = ( ZDO_MatchDescResp_t * ) pMsg;
    if ( sapi_bindInProgress != 0xffff )
    {
      //创建一个绑定条目
      srcAddr.addrMode = Addr16Bit;
      srcAddr.addr.shortAddr = _NIB.nwkDevAddress;
      dstAddr.addrMode = Addr16Bit;
      dstAddr.addr.shortAddr = pMatchRsp->nwkAddr;
      if ( APSME_BindRequest(&srcAddr, sapi_epDesc.simpleDesc->EndPoint,
              sapi_bindInProgress, &dstAddr, pMatchRsp->epList[0] ) == ZSuccess )
      {
        osal_stop_timer(ZB_BIND_TIMER);
        osal_start_timerEx( ZDAppTaskID, ZDO_NWK_UPDATE_NV, 250 );
        sapi_bindInProgress = 0xffff;
        //发现 IEEE 地址
        ZDP_IEEEAddrReq(pMatchRsp->nwkAddr, ZDP_ADDR_REQTYPE_SINGLE, 0, 0);
        //发送一个绑定确认到应用
        zb_BindConfirm( sapi_bindInProgress, ZB_SUCCESS );
      }
    }
    break;
```

在以上两种绑定方式中，最终都是用函数 APSME_BindRequest 函数创建绑定；不同的是，前者目的地址采用的是 64 位扩展地址，而后者采用的目的地址是 16 位网络地址。

前者已知扩展地址，调用 ZDP_NwkAddrReq 函数获得目的设备的短地址；后者利用描述匹配得到短地址，然后调用 ZDP_IEEEAddrReq 函数，获取目的设备的扩展地址。

5.5.3 绑定解除

解除绑定和建立绑定请求函数都是 zb_ BindDeviceRequest()，但如果参数不一样（第一个参数为 FALSH），则被执行的代码段就有区别，如程序清单 5.6 所示。

程序清单 5.6

```
{
    //移除存在的绑定
    BindingEntry_t * pBind;
    source.addr.shortAddr = _NIB.nwkDevAddress;
    source.addrMode = Addr16Bit;
    //循环发现所有的绑定并将之移除
    while (pBind = bindFind(&source, sapi_epDesc.simpleDesc ->EndPoint, commandId,
                                                    FALSE, FALSE) )

    {
      bindRemoveEntry(pBind);
    }
    osal_start_timerEx( ZDAppTaskID, ZDO_NWK_UPDATE_NV, 250 );
  }
  return;
```

函数 bindRemoveEntry()完成从绑定表格中移除绑定条目。

5.6 命　令

命令就是为了实现某中特定的通信而指定的一种强制性的通信方式。

5.6.1 命令定义及使用

根据上面的叙述，在该例子中定义了一个命令：

```
#define TOGGLE_LIGHT_CMD_ID                1
```

这是灯状态切换的一个命令，也可以说是一个串，ID 为 1。该命令定义在文件 SimpleApp.h 中。

作为灯设备来说，该命令为输入命令，所以定义在输入命令列表中：

```
const cId_t zb_InCmdList[NUM_IN_CMD_CONTROLLER] =
{
  TOGGLE_LIGHT_CMD_ID
};
```

该设备的简单描述符定义如下：

```
const SimpleDescriptionFormat_t zb_SimpleDesc =
{
  MY_ENDPOINT_ID,                         //端点(2)
  MY_PROFILE_ID,                          //Profile ID
  DEV_ID_CONTROLLER,                      //设备 ID
  DEVICE_VERSION_CONTROLLER,              //设备版本
  0,                                      //保留
  NUM_IN_CMD_CONTROLLER,                  //输入命令数量(1)
  (cId_t * ) zb_InCmdList,                //输入命令列表
  NUM_OUT_CMD_CONTROLLER,                 //输出命令数量(0)
  (cId_t * ) NULL                         //输出命令列表(空)
};
```

作为开关设备来说，该命令属输出命令，所以定义在输出命令列表中：

```
const cId_t zb_OutCmdList[NUM_OUT_CMD_SWITCH] =
{
  TOGGLE_LIGHT_CMD_ID
};
```

该设备的简单描述符定义如下：

```
const SimpleDescriptionFormat_t zb_SimpleDesc =
{
  MY_ENDPOINT_ID,                         //端点(2)
  MY_PROFILE_ID,                          //Profile ID
  DEV_ID_CONTROLLER,                      //设备 ID
  DEVICE_VERSION_SWITCH,                  //设备版本
  0,                                      //保留
  NUM_IN_CMD_SWITCH,                      //输入命令数量(1)
  (cId_t * ) NULL,                        //输入命令列表(空)t
  NUM_OUT_CMD_SWITCH,                     //输出命令数量(1)
  (cId_t * ) zb_OutCmdList                //输出命令列表
};
```

描述符定义好后,需要调用函数 afRegister 登记一个 EP 描述符:

```
afStatus_t afRegister( endPointDesc_t * epDesc )
{
  epList_t * ep = afRegisterExtended( epDesc, NULL );
  return ((ep == NULL) ? afStatus_MEM_FAIL : afStatus_SUCCESS);
}
```

该函数是在任务初始化函数 SAPI_Init 中被调用了。这样就可以使用该端点了,从而可以使用该命令(串)。

命令的发送是通过函数 zb_SendDataRequest 来完成的,如程序清单 5.7 所示。

程序清单 5.7

```
//*******************************************************************
//函数原型:void zb_SendDataRequest ( uint16 destination, uint16 commandId, uint8 len,
                    uint8 * pData, uint8 handle, uint8 txOptions, uint8 radius )
//输入:目的地址、命令 ID、数据长度、数据、句柄、发送选项、半径(深度)
//输出:无
//功能描述:发送数据
//*******************************************************************
void zb_SendDataRequest ( uint16 destination, uint16 commandId, uint8 len,
                    uint8 * pData, uint8 handle, uint8 txOptions, uint8 radius )
{
  afStatus_t status;
  afAddrType_t dstAddr;
  txOptions |= AF_DISCV_ROUTE;
  //设置目的地址
  if (destination == ZB_BINDING_ADDR)
  {
    //绑定模式
    dstAddr.addrMode = afAddrNotPresent;
  }
  else
  {
    //用短地址
    dstAddr.addr.shortAddr = destination;
    dstAddr.addrMode = afAddr16Bit;
    if ( ADDR_NOT_BCAST != NLME_IsAddressBroadcast( destination ) )
    {
      txOptions &= ~AF_ACK_REQUEST;
```

```
    }
  }
  //设置目的端点
  dstAddr.endPoint = sapi_epDesc.simpleDesc->EndPoint;
  //发送信息
  status = AF_DataRequest(&dstAddr, &sapi_epDesc, commandId, len,
                          pData, &handle, txOptions, radius);
  if (status != afStatus_SUCCESS)
  {
    SAPI_SendCback( SAPICB_DATA_CNF, status, handle );
  }
}
```

关于该函数更多的功能描述见5.3.3小节相关部分。

从代码中可以看出,其实发送数据调用了AF_DataRequest函数。

由于该实验是基于绑定的命令传输,所以目的地址为指定的0xFFFE。这样,设备将自动地去绑定表格中查找真正的目的地址。如果绑定表格中有大于1个目的地址,那么该信息将被复制多次并分别发送出去。

试验中调用该函数为

```
zb_SendDataRequest( 0xFFFE, TOGGLE_LIGHT_CMD_ID, 0,
                    (uint8 *)NULL, myAppSeqNumber, 0, 0 );
```

5.6.2 串

一个串实际上是一些相关命令和属性的集合,这些命令和属性一起定义为指定的功能。典型的,串的属性存储实体是作为服务器,而属性采集或处理实体被作为从机。可是,如果需要,属性可以在串的从机上被呈现。

例如:读和写属性命令,它允许设备处理属性,从从机设备发送该属性,服务器设备接收,任何对于该命令的应答(读和写属性响应命令)都是从服务器发送,由从机接收;反之,动态的属性报告命令,都是从服务器设备发送,由从机接收。

该例子中的TOGGLE_LIGHT_CMD_ID和SENSOR_REPORT_CMD_ID命令,实际上就是两个串。

5.6.3 ZCL介绍

在ZigBee中,ZCL(串库)担当一个仓库的作用。通过ZCL的应用,可以直接通过命令控制各个功能的实现。其主要的功能有：

- 产生请求与应答命令；
- 记录应用属性表；
- 记录串库管理者回收函数；
- 记录 Profile 真实的串 ID 换算表。

ZCL 是通过判断串 ID 来达到相应作用的。在系统中，首先对串库进行设置，然后根据不同的 ID 设置不同的功能，这样 ID 和功能形成了一一对应的关系。在无线控制的过程中，就不需要传输大量的命令，只需要传输串 ID，然后通过串 ID 判断需要执行的命令就可以了。这样既保证了数据的安全性和通信可靠性，又提高了通信的效率。

5.6.4 Profile 介绍

在 ZigBee 网络中，两个设备之间通信的关键是统一一个 Profile(模式，也称剖面)。

Profile 的一个例子就是智能家居。这个 ZigBee Profile 允许一系列设备类型交换控制消息来构造一个无线智能家居应用。这些设备被设计成通过很好地交换已知信息来实现这些控制，例如控制灯的开和关，发送一个亮度传感器测量给一个照明设备控制器，或者如果已有的传感器检测到移动，就发送一个警告信息。

Profile 另一个类型的例子是在两个 ZigBee 设备间定义了普通行为。例如，无线网络在网络中依靠自制设备的能力来同网络连接和发现其他设备，以及在设备上的服务。设备和服务发现是在设备的 Profile 中支持的特性。

ZigBee 在两个分开的等级定义 Profile，这两个等级是私人的和公开的。这些等级的精确定义和标准，是在 ZigBee 联盟和这个文件范围之外的一个管理问题。为了这个技术规范的目的，Profile 标识符标准是唯一的。最后，对一个 Profile 标识符的应用程序，每一个 Profile 必须以向 ZigBee 联盟的一个请求开始。一旦获得 Profile 标识符，Profile 标识符就允许 Profile 设计者对设备描述和串(簇)标识符进行定义。

Profile 标识符应用的市场空间对从 ZigBee 联盟发行 Profile 标识符是一个关键的标准。Profile 需要覆盖一个足够宽的设备范围来允许互动性发生在没有过渡范围设备之间，且导致用来描述它们接口的一个串(簇)标识符的不足。相反，Profile 不能被定义的太狭窄，否则将导致很多被个人 Profile 标识符描述的设备，以及 Profile 标识符寻址空间的浪费，且在描述设备如何接口时产生互操作性。在 ZigBee 联盟中的政策组，将就如何定义 Profile 建立标准，且帮助请求者制作它们的 Profile 标识符请求。

Profile 标识符是 ZigBee 协议中的主要枚举量。每一个唯一的 Profile 标识符定义了设备描述和串(簇)标识符的一个联合的枚举量。例如，对 Profile 标识符“1”，存在一些被 16 位值描述的设备描述(就是说在每一个 Profile 中可能有 65 536 个设备描述)和一些被 16 位值描述

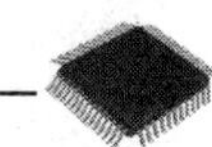

的串(簇)标识符(就是说在每一个 Profile 中可能有 65 536 个标识符)。每一个串(簇)标识符也支持一些被 16 位值描述的属性。例如,每一个 Profile 标识符最多有 65 536 个串(簇)标识符,且每一个这样的标识符最多又可以包含 65 536 个属性。

Profile 开发者的责任就是定义、分配设备描述和串(簇)标识符及在它们已分配的 Profile 标识符中的属性。

注意: 设备描述和串(簇)标识符及属性标识符的定义必须很小心,以保证简单描述的有效建立和当交换消息时单一化处理。

设备描述和串(簇)标识符必须通过将被处理的、已知的 Profile 标识符来完成。在任何消息被定向到一个设备之前,ZigBee 协议采用已经使用服务发现确定 Profile 在设备和端点的支持。同样,绑定处理采用相似的服务发现,且 Profile 发生。这是因为作为结果的匹配提取到源地址、源端点、串(簇)标识符、目的地址和目的端点。

在一个单独的 ZigBee 设备中,也许包含许多的 Profile 的维持,这些 Profile 是由在这些 Profile 定义的各种串(簇)标识符的子集提供的,且维持多样的设备描述。在设备中,使用一个分层寻址定义的能力如下:

(1) 设备:设备是由有唯一的 IEEE 和网络地址的单个无线节点来维持的。

(2) 端点:这是一个 8 位的域,描述了不同的应用程序,这些应用都是由单个无线节点来维持的。端点 0x00 用来寻址设备 Profile,设备 Profile 是每个 ZigBee 设备必须使用的;端点 0xFF 用来寻址所有活动的端点(广播端点),且端点 0xF1～0xFE 保留。结果,一个单独的物理 ZigBee 无线节点能维持最多 240 个应用程序端点 0x01～0xF0。

应用程序决定关于如何配置设备端点应用程序和用哪个端点来广播。唯一的要求是每个端点都应建立简单的描述符,且这些描述符对于服务发现是有效的。

一旦设备被建立维护特殊的 Profile 与串(簇)描述符使用一致。串(簇)描述符使用是为在这些 Profile 中的设备描述,那么应用程序能被配置。为了达到这一点,每一个应用程序被分配给个别的端点,且每一个都使用简单描述符来描述。通过简单描述和在 ZigBee 设备 Profile 中描述的其他服务发现机制,激活服务发现,伴随设备的支持,促进补充设备之间应用的信息交换。

重要的一点是,服务发现是以 Profile 标识符、输入串(簇)标识符列表和输出串(簇)标识符列表(设备描述很明显的丢失了)为基础构成的。设备描述是在表示 Profile 类型的设备中规定必选、可选的串(簇)标识符维持的一个简单的协定。另外,期望设备描述枚举在 PDA 中使用或者其他辅助的绑定设备提供设备能力的额外描述。

例如,ZigBee 设备能被建立带有一个为了一个标准而写的单独的端点应用程序,公开的 ZigBee Profile 标识符"XX"。如果生产商想配置一个 ZigBee 设备支持的标准 Profile"XX",且提供给买主特殊的扩展名,则这些扩展名将被放在一个孤立的端点,维持标准的 Profile 标识符"XX",但生产时没有买主扩展名的设备将仅维持单独的 Profile 标识符"XX",且不能使用买主扩展名响应或者建立消息。

在先前的例子中，使用一个标准建立一个设备，这个标准公布 ZigBee Profile 标识符“XX”，它包含了标准的 Profile 的最初版本。如果 ZigBee 联盟将更新这个标准 Profile 来建立新的特性和加法，则修订本将组合成一个新的标准 Profile，这个新的标准 Profile 有一个新的 Profile 标识符（即“XY”）。有 Profile 标识符“XX”的设备应与新设备兼容，这新的设备对于 Profile 标识符“XX”和 Profile 标识符“XY”有新设备维持。以这种方式，新设备使用 Profile 标识符“XX”与旧设备通信。然而，也可以使用 Profile 标识符“XY”与旧设备通信在相同的应用程序中。在 ZigBee 中，是服务发现特性激活网络中的设备来确定维持级别的。

ZigBee 设备使用描述符数据结构来描述它们自己，包含在这些描述符中的实际数据被定义在个人的设备描述符中。ZigBee 设备有 5 个描述符：节点、节点电源、简单的、复杂的和使用者，如表 5.1 所列。

表 5.1　ZigBee 设备描述符

描述符名称	状　态	描　述
Node	M	节点的类型和能力
Node power	M	节点电源特性
Simple	M	包含在节点中的设备描述
Complex	O	设备描述的进一步信息
User	O	定义的使用者的描述符

节点、节点电源、节点设备和使用者描述符按它们出现在各自表中的顺序传送；也就是，表头的域第一个传送，表底的域最后传送。

节点描述符包含 ZigBee 节点能力的信息，且对于每个节点都是必选的。在一个节点中，仅仅有一个节点描述符。节点描述符的域如表 5.2 所列（是按照传送的顺序排列的）。

表 5.2　节点描述符域

域　名	长度/位	域　名	长度/位
逻辑类型	3	MAC 能力标志	8
有效复杂描述符	1	生产商代码	16
有效使用者描述符	1	最大缓冲值	8
保留	3	最大转换值	16
APS 标志	3	服务器 MASK	16
频率组合	5		

节点电源描述符给节点的电源状态一个动态表示，且对每一个节点都是必须有的。在一

个节点中，就只有一个节点电源描述符。节点电源描述域如表5.3所列(是按照传输的顺序排列的)。

简单描述符包含节点中的每一个端点的特定信息。它在节点中存在的每一个端点是必选的。简单描述符域如表5.4所列，是按照传输的顺序排列的。这个描述符在整个空间进行传输。简单描述符的全部长度应小于或等于 *maxCommandSize*。

表5.3 节点电源描述域

域 名	长度/位
当前电源模式	4
有效的电源源	4
当前的电源源	4
当前电源源级别	4

表5.4 简单描述符域

域 名	长度/位
端点	8
应用 Profile 标识符	16
应用设备标识符	16
应用设备版本	4
保留	4
应用输入簇计数器	8
应用输入簇列表器	16 * i(i是应用输入簇计数器的值)
应用输出簇计数器	8
应用输出簇列表器	16 * o(o是应用输出簇计数器的值)

复杂描述包含在节点中的每一个复杂描述符的扩展信息。复杂描述的使用是可选的。

由于在这个描述符中的扩展和复杂的特性，所以它使用压缩的XML标志并以XML格式存在。描述符的每个域如表5.5所列，可以以任何顺序传输。作为这个标识符，需要在整个空间传输。复杂描述符的全部长度应小于或等于 *maxCommandSize*。

表5.5 复杂描述符域

域 名	XML标志	复杂XML标志值 b3b2b1b0	数据类型
保留	—	0000	—
语言和字符设置	＜语言代码＞	0001	—
生产商名称	＜生产商名称＞	0010	字符串
模型名称	＜模型名称＞	0011	字符串
连续数	＜连续数＞	0100	字符串
设备 URL	＜设备 URL ＞	0101	字符串
图标(Icon)	＜图标＞	0110	字节串
图标 URL	＜大纲＞	0111	字符串
保留	—	1000～1111	—

使用者标识符包含允许使用者使用 user-friendly 字符标识符来识别设备的信息，这些字

符串如"Bedroom TV"或者"Stairs light"。使用者标识符的使用是可选的。这个标识符包括一个单独的域,使用ASCII字符设置,且包含一个16个字符的最大值。使用者标识符域如表5.6所列,是按照它们传输顺序排列的。

表5.6　使用者标识符域

域　名	长度/字节
使用者标识符	16

应用程序框架能通过APS子层的数据服务过滤到达的帧,且仅存于对在每个活动的端点上执行的应用有影响的帧。

应用程序框架通过APSDEDATA. indication原语从APS子层接收数据,且被标定为一个特殊的端点(DstEndpoint参数)和一个特殊的Profile(ProfileId参数)。

如果应用程序框架为一个不活动的端点接收一个帧,则丢弃该帧;否则,应用程序框架应确定是否规定Profile标识符与在规定的端点上执行的Profile标识相匹配。如果Profile标识符不匹配,那么应用程序框架拒绝该帧;反之,应用程序框架应传递接收到的帧的载荷到执行在规定端点的应用。

下面对Profiles进行概述。

(1) 为什么需要Profiles?

- 需要一种共同的语言来交换数据。
- 需要一个良好的处理动作设置。
- 不同厂商设备的互用性。
- 最终(使用)用户需要简单和可靠性操作。
- 产品的消费适应性。
- 允许可靠的、一致的测试程序被创建。

(2) Profile规范

- 设置一个设备的应用范围。
- 设置一个串的功能:
  - 设置一个设备状态属性;
  - 设置一个信息传达的命令。
- 各个设备串的详细说明。
- 各个设备的特殊功能描述。

(3) Profile分类

- 公用Profiles:
  - 一般应用;
  - 公开地发展ZigBee联盟成员;
  - 处理内部应用结构工作集。
- 厂商特殊Profiles:
  - 特殊的制造商私有应用软件;

- 厂商特殊的应用 Profiles 必须通过 ZigBee 分配模式认证。

(4) ZigBee 公共应用模式

- 家庭自动化：
  - 灯开关；
  - 温度计；
  - 窗帘控制；
  - 加热单元等。
- 工业控制：
  - 温度；
  - 压力传感器；
  - 红外等。

(5) 更多应用模式

- 商业楼宇自动化，包括大楼控制，管理和监视等。
- 电信服务。
- 自动抄表：
  - 电表；
  - 水表。
- 无线传感器网络，包括超低功耗无人看护网络等。

5.7　灯光控制实验

5.7.1　APP 函数分析

除了协议栈完成的功能之外，应用上层用户需要添加自己的任务函数。下面介绍本实验的主要函数。

1. 任务函数

SAPI 初始化函数，如程序清单 5.8 所示。该函数应初始化该任务的所有初始量，如相关硬件初始化、表格初始化、电源初始化等。

程序清单 5.8

```
//************************************************************
//函数原型：void SAPI_Init( byte task_id )
//输入：任务 ID
```

```
//输出：无
//功能描述：初始化任务
//*******************************************************************
void SAPI_Init( byte task_id )
{
  uint8 startOptions;
  sapi_TaskID = task_id;                              //分配任务 ID
  sapi_bindInProgress = 0xffff;                       //不允许绑定过程
  sapi_epDesc.endPoint = zb_SimpleDesc.EndPoint;      //初始化描述符
  sapi_epDesc.task_id = &sapi_TaskID;
  sapi_epDesc.simpleDesc = (SimpleDescriptionFormat_t *)&zb_SimpleDesc;
  sapi_epDesc.latencyReq = noLatencyReqs;
  //在 AF 层登记该端点描述符
  afRegister( &sapi_epDesc );
  //关闭匹配描述符响应
  afSetMatch(sapi_epDesc.simpleDesc->EndPoint, FALSE);
  //从 ZDApp 登记返回事件
  ZDApp_RegisterForNwkAddrRsp( sapi_TaskID );
  ZDApp_RegisterForMatchDescRsp( sapi_TaskID );
#if (HAL_KEY == TRUE)
  //登记 HAL(键盘)事件
  RegisterForKeys( sapi_TaskID );
#endif
#if (defined HAL_KEY) && (HAL_KEY == TRUE)
  if ( HalKeyRead () == HAL_KEY_SW_1)
  {
    //关闭自动启动设备,复位
    startOptions = 0;
    zb_WriteConfiguration( ZCD_NV_STARTUP_OPTION, sizeof(uint8), &startOptions );
    zb_SystemReset();
  }
#endif
  //设置事件,启动应用
  osal_set_event(task_id, ZB_ENTRY_EVENT);
}
```

任务事件处理函数,如程序清单 5.9 所示。该函数处理该任务所有的事件,包括时间、消息和其他用户定义的事件。该函数中所有确认函数都是由用户编写,向应用(用户)指示该事件发生,继而可以做相关的处理。例如发现网络设备后,可以把该设备的信息输出到 LCD 或串口;接收到数据后,把该数据输出到LCD或串口。接收到命令后,根据命令做相应的处理(闪灯等)。发生键盘事件,可以调用键盘处理函数。发送完数据包后,可以闪烁LED指示发送完毕等。

该函数定义了很多处理,在本实验中的很多事件调用了该函数,但是该函数没有做任何的处理,这有待于用户自己开发,例如发送数据确认函数zb_SendDataConfirm就为空。当然,用户也可以添加自己的消息。在本实验中,为用户留下了空间pMsg->event>=ZB_USER_MSG。

程序清单5.9

```
//*************************************************************
//函数原型：UINT16 SAPI_ProcessEvent( byte task_id, UINT16 events )
//输入：任务 ID、事件
//输出：无
//功能描述：初始化任务
//*************************************************************
UINT16 SAPI_ProcessEvent( byte task_id, UINT16 events )
{
  osal_event_hdr_t *pMsg;
  afIncomingMSGPacket_t *pMSGpkt;
  afDataConfirm_t *pDataConfirm;
  ZDO_NwkAddrResp_t *pNwkAddrRsp;
  ZDO_MatchDescResp_t *pMatchRsp;
  zAddrType_t srcAddr, dstAddr;
   if ( events & SYS_EVENT_MSG )                    //同步消息事件
  {
    pMsg = (osal_event_hdr_t *) osal_msg_receive( task_id );
    while ( pMsg )
    {
      switch ( pMsg->event )
      {
        case AF_DATA_CONFIRM_CMD:                   //AF 数据确认
          //数据包发送确认信息.
          //这些状态值定义在 ZComDef.h 文件中
          //该信息定义域在 in AF.h 中
          pDataConfirm = (afDataConfirm_t *) pMsg;
          SAPI_SendDataConfirm( pDataConfirm->transID, pDataConfirm->hdr.status );
                                                    //发送数据确认
          break;
        case AF_INCOMING_MSG_CMD:                   //AF 数据输入
```

```
    pMSGpkt = (afIncomingMSGPacket_t * ) pMsg;
    //接收数据指示
    SAPI_ReceiveDataIndication( pMSGpkt->srcAddr.addr.shortAddr, pMSGpkt->clusterId,
                          pMSGpkt->cmd.DataLength, pMSGpkt->cmd.Data);
    break;
  case ZDO_STATE_CHANGE:                      //ZDO状态改变
    //向应用通报设备启动
    if (pMsg->status == DEV_END_DEVICE ||
        pMsg->status == DEV_ROUTER ||
        pMsg->status == DEV_ZB_COORD )
    {
      SAPI_StartConfirm( ZB_SUCCESS ); //启动确认
    }
    break;
  case ZDO_NWK_ADDR_RESP:                     //网络地址响应
    //发现到设备,返回设备信息到应用
    pNwkAddrRsp = ( ZDO_NwkAddrResp_t * ) pMsg;
    SAPI_FindDeviceConfirm( ZB_IEEE_SEARCH, (uint8 *)&pNwkAddrRsp->nwkAddr,
                                       pNwkAddrRsp->extAddr );
    break;
  case ZDO_MATCH_DESC_RESP:                   //ZDO接收到一个匹配描述符响应
    pMatchRsp = ( ZDO_MatchDescResp_t * ) pMsg;
    if ( sapi_bindInProgress != 0xffff )
    {
      //创建一个绑定表格条目
      srcAddr.addrMode = Addr16Bit;
      srcAddr.addr.shortAddr = _NIB.nwkDevAddress;
      dstAddr.addrMode = Addr16Bit;
      dstAddr.addr.shortAddr = pMatchRsp->nwkAddr;
      if ( APSME_BindRequest(&srcAddr, sapi_epDesc.simpleDesc->EndPoint,
                 sapi_bindInProgress, &dstAddr, pMatchRsp->epList[0] ) == ZSuccess )
      {
        osal_stop_timer(ZB_BIND_TIMER);
        osal_start_timerEx( ZDAppTaskID, ZDO_NWK_UPDATE_NV, 250 );
        sapi_bindInProgress = 0xffff;
        //发现IEEE地址
        ZDP_IEEEAddrReq(pMatchRsp->nwkAddr, ZDP_ADDR_REQTYPE_SINGLE, 0, 0);
        //发送绑定确认,反馈到应用
        zb_BindConfirm( sapi_bindInProgress, ZB_SUCCESS );
```

```
      }
    }
    break;
  case ZDO_MATCH_DESC_RSP_SENT:          //ZDO 发送一个匹配描述符响应
    SAPI_AllowBindConfirm( ((ZDO_MatchDescRspSent_t *)pMsg)->nwkAddr );
    break;
  case KEY_CHANGE:                       //键盘事件
    zb_HandleKeys( ((keyChange_t *)pMsg)->state, ((keyChange_t *)pMsg)->keys );
    break;
  case SAPICB_DATA_CNF:                  //发送数据确认
    SAPI_SendDataConfirm( (uint8)((sapi_CbackEvent_t *)pMsg)->data,
                          ((sapi_CbackEvent_t *)pMsg)->hdr.status );
    break;
  case SAPICB_BIND_CNF:                  //绑定确认
    SAPI_BindConfirm( ((sapi_CbackEvent_t *)pMsg)->data,
                      ((sapi_CbackEvent_t *)pMsg)->hdr.status );
    break;
  case SAPICB_START_CNF:                 //设备启动确认
    SAPI_StartConfirm( ((sapi_CbackEvent_t *)pMsg)->hdr.status );
    break;
  default:
    //用户信息处理
    if ( pMsg->event >= ZB_USER_MSG )
    {  //用户可以编写自己的消息处理任务函数  }
    break;
  }
  //释放存储空间
  osal_msg_deallocate( (uint8 *) pMsg );
  //下一个任务事件
  pMsg = (osal_event_hdr_t *) osal_msg_receive( task_id );
 }
 //返回没有被处理的事件
 return (events ^ SYS_EVENT_MSG);
}
if ( events & ZB_ALLOW_BIND_TIMER )         //允许绑定时间事件
{
 afSetMatch(sapi_epDesc.simpleDesc->EndPoint, FALSE);
 return (events ^ ZB_ALLOW_BIND_TIMER);
}
```

```
if ( events & ZB_BIND_TIMER )                    //绑定时间事件
{
  //Send bind confirm callback to application
  SAPI_BindConfirm( sapi_bindInProgress, ZB_TIMEOUT );
  sapi_bindInProgress = 0xffff;
  return (events ^ ZB_BIND_TIMER);
}
if ( events & ZB_ENTRY_EVENT )                   //设备启动事件
{
  uint8 startOptions;
  //等待启动事件
  HalLedSet (HAL_LED_4, HAL_LED_MODE_OFF);
  zb_ReadConfiguration( ZCD_NV_STARTUP_OPTION, sizeof(uint8), &startOptions );
  if ( startOptions & ZCD_STARTOPT_AUTO_START )
  {
    zb_StartRequest();
  }
  else
  {
    //闪烁 LED2,等待外部输入,启动设备
    HalLedBlink(HAL_LED_2, 0, 50, 500);
  }
  return (events ^ ZB_ENTRY_EVENT );
}
//用户事件必须是最后一个
if ( events & ( ZB_USER_EVENTS ) )
{
  //用户事件处理,这里函数没有编写
  zb_HandleOsalEvent( events );
}
//Discard unknown events
return 0;
}
```

这里要特别强调绑定过程,也就是描述符匹配过程:

(1) 首先调用 zb_AllowBind(myAllowBindTimeout)函数,使管理设备(灯)处于允许绑定(匹配)响应模式。

(2) 在 myAllowBindTimeout 规定的时间内,终端设备需要调用 zb_BindDevice(TRUE, TOGGLE_LIGHT_CMD_ID, NULL)函数发送绑定(描述符匹配 ZDP_MatchDescReq)请求。

(3) 当管理器接收到匹配请求后，对该匹配作出响应，发送一个匹配响应，之后可以看到发送匹配响应后的确认事件：

case ZDO_MATCH_DESC_RSP_SENT：……。

(4) 当终端设备接收到匹配响应后，产生该事件：

case ZDO_MATCH_DESC_RESP：……。

该事件详细的处理过程见任务处理函数。在这里，调用了函数 APSME_BindRequest 建立绑定，而且调用了函数 ZDP_IEEEAddrReq，得到被绑定的 IEEE 地址。

(5) 最后完成绑定，在终端设备建立绑定表格。

该实验采用了手动绑定(匹配)的方法，很多时候该过程都需要自动完成，那么在程序中做相应的处理即可，也可以在规定的时间里完成绑定等。

2. 管理器(灯)设备

管理器应用程序见 SimpleController. c 源文件，这里就键盘处理函数和接收数据指示这两个重要的函数加以说明。

1) 键盘处理函数

该函数完成所有外部键盘输入事件的处理，如程序清单 5.10 所示。

程序清单 5.10

```
//*****************************************************************
//函数原型：void zb_HandleKeys( uint8 shift, uint8 keys )
//输入：键盘按下状态、按键
//输出：无
//功能描述：按键处理函数
//*****************************************************************
void zb_HandleKeys( uint8 shift, uint8 keys )
{
  uint8 startOptions;
  uint8 logicalType;
  //双击处理，这里没有使用
  if ( shift )
  {
    if ( keys & HAL_KEY_SW_1 )
    {
    }
    if ( keys & HAL_KEY_SW_2 )
    {
    }
```

```
    if ( keys & HAL_KEY_SW_3 )
    {
    }
    if ( keys & HAL_KEY_SW_4 )
    {
    }
  }
  Else                                   //单击按键
  {
    if ( keys & HAL_KEY_SW_1 )
    {
      if ( myAppState == APP_INIT  )
      {
        //在初始化状态,键盘用于指示设备逻辑模式
        //SW1(S1)作为协调器启动
        zb_ReadConfiguration( ZCD_NV_LOGICAL_TYPE, sizeof(uint8), &logicalType );
        if ( logicalType != ZG_DEVICETYPE_ENDDEVICE )
        {
          logicalType = ZG_DEVICETYPE_COORDINATOR;
          zb_WriteConfiguration(ZCD_NV_LOGICAL_TYPE, sizeof(uint8), &logicalType);
        }
        //配置完成,然后使设备进入自动启动模式
        //设置自动启动标志后,复位重新启动设备
        zb_ReadConfiguration( ZCD_NV_STARTUP_OPTION, sizeof(uint8), &startOptions );
        startOptions = ZCD_STARTOPT_AUTO_START;
        zb_WriteConfiguration( ZCD_NV_STARTUP_OPTION, sizeof(uint8), &startOptions );
        zb_SystemReset();
      }
      else
      {
        //允许绑定
        zb_AllowBind( myAllowBindTimeout );
      }
    }
    if ( keys & HAL_KEY_SW_2 )
    {
      if ( myAppState == APP_INIT )
      {
        //在初始化状态,键盘用于指示设备逻辑模式
```

```
        //SW2(S4)作为路由器启动
        zb_ReadConfiguration( ZCD_NV_LOGICAL_TYPE, sizeof(uint8), &logicalType );
        if ( logicalType != ZG_DEVICETYPE_ENDDEVICE )
        {
          logicalType = ZG_DEVICETYPE_ROUTER;
          zb_WriteConfiguration(ZCD_NV_LOGICAL_TYPE, sizeof(uint8), &logicalType);
        }
        zb_ReadConfiguration( ZCD_NV_STARTUP_OPTION, sizeof(uint8), &startOptions );
        startOptions = ZCD_STARTOPT_AUTO_START;
        zb_WriteConfiguration( ZCD_NV_STARTUP_OPTION, sizeof(uint8), &startOptions );
          zb_SystemReset();
      }
    else
      {
      }
    }
      //按键 3 和 4 这里没有使用
    if ( keys & HAL_KEY_SW_3 )
    {
    }
    if ( keys & HAL_KEY_SW_4 )
     {
    }
  }
}
```

这里的键盘处理函数只使用了 SW1 和 SW2 按键，SW3 和 SW4 按键用户可以自己定义其处理过程，也可以加入自己的处理函数。

2）接收数据指示

当管理器接收到数据后，发生该事件 AF_INCOMING_MSG_CMD，这里调用了函数 zb_ReceiveDataIndication 对接收到的数据做相应的处理，如程序清单 5.11 所示。

程序清单 5.11

```
//*****************************************************************
//函数原型：void zb_ReceiveDataIndication( uint16 source, uint16 command, uint16 len, uint8 * pData )
//输入：源地址、数据命令、数据长度、数据
//输出：无
//功能描述：接收数据指示
//*****************************************************************
void zb_ReceiveDataIndication( uint16 source, uint16 command, uint16 len, uint8 * pData   )
```

```
{
  if (command == TOGGLE_LIGHT_CMD_ID)
  {
    //接收命令为 toggle 命令
    HalLedSet(HAL_LED_1, HAL_LED_MODE_TOGGLE);
  }
}
```

由于在该实验中数据为空，所以该函数只针对命令做了相应处理。如果有数据载荷，还可以对数据做相应处理。5.8 节中的温度传感器实验就有数据载荷，并对数据做了处理。

3. 终端（开关）设备

应用程序见源文件 SimpleSwitch.c，如程序清单 5.12 所示。

程序清单 5.12

```
//*************************************************************
//函数原型：void zb_HandleKeys( uint8 shift, uint8 keys )
//输入：键盘按下状态、按键
//输出：无
//功能描述：按键处理函数
//*************************************************************
void zb_HandleKeys( uint8 shift, uint8 keys )
{
  uint8 startOptions;
  uint8 logicalType;
  //双击没有功能代码
  if ( shift )
  {
    if ( keys & HAL_KEY_SW_1 )
    {
    }
    if ( keys & HAL_KEY_SW_2 )
    {
    }
    if ( keys & HAL_KEY_SW_3 )
    {
    }
    if ( keys & HAL_KEY_SW_4 )
    {
    }
```

```
}
else
{
  if ( keys & HAL_KEY_SW_1 )
  {
    if ( myAppState == APP_INIT )
    {
      //在初始化状态,键盘用于指示设备逻辑模式
      //SW1 (S1)和 SW2(S4)都作为终端设备启动
      logicalType = ZG_DEVICETYPE_ENDDEVICE;
      zb_WriteConfiguration(ZCD_NV_LOGICAL_TYPE, sizeof(uint8), &logicalType);
      zb_ReadConfiguration( ZCD_NV_STARTUP_OPTION, sizeof(uint8), &startOptions );
      startOptions = ZCD_STARTOPT_AUTO_START;
      zb_WriteConfiguration( ZCD_NV_STARTUP_OPTION, sizeof(uint8), &startOptions );
      zb_SystemReset();
    }
    else
    {
      //绑定请求
      zb_BindDevice(TRUE, TOGGLE_LIGHT_CMD_ID, NULL);
    }
  }
  if ( keys & HAL_KEY_SW_2 )
  {
    if ( myAppState == APP_INIT )
    {
      logicalType = ZG_DEVICETYPE_ENDDEVICE;
      zb_WriteConfiguration(ZCD_NV_LOGICAL_TYPE, sizeof(uint8), &logicalType);
      zb_ReadConfiguration( ZCD_NV_STARTUP_OPTION, sizeof(uint8), &startOptions );
      startOptions = ZCD_STARTOPT_AUTO_START;
      zb_WriteConfiguration( ZCD_NV_STARTUP_OPTION, sizeof(uint8), &startOptions );
      zb_SystemReset();
    }
    else
    {
      //发送命令 TOGGLE_LIGHT_CMD_ID
      zb_SendDataRequest( 0xFFFE, TOGGLE_LIGHT_CMD_ID, 0,
                          (uint8 *)NULL, myAppSeqNumber, 0, 0 );
    }
  }
  if ( keys & HAL_KEY_SW_3 )
```

```
    {
      //移除存在的所有绑定
      HalLedSet( HAL_LED_1, HAL_LED_MODE_OFF );//bangding
      zb_BindDevice(FALSE, TOGGLE_LIGHT_CMD_ID, NULL);
    }
    if ( keys & HAL_KEY_SW_4 )
    {
    }
  }
}
```

从键盘处理函数中可以看出，在初始化阶段，SW1 和 SW2 作为选择设备逻辑类型用。启动之后，SW1(S1)发送绑定请求，SW2(S4)发送命令，SW3(S2)解除绑定。

确认绑定成功后，在终端设备上有指示，如程序清单 5.13 所示。

程序清单 5.13

```
//*******************************************************************
//函数原型：void zb_BindConfirm( uint16 commandId, uint8 status )
//输入：命令、状态
//输出：无
//功能描述：绑定成功确认
//*******************************************************************
void zb_BindConfirm( uint16 commandId, uint8 status )
{
  if ( ( status == ZB_SUCCESS ) && ( myAppState == APP_START ) )
  {
    //打开 LED1
    HalLedSet( HAL_LED_1, HAL_LED_MODE_ON );
  }
}
```

在这里是以打开 LED1 作为绑定成功的标志。

完成上面工作后，可以在 void osalAddTasks(void)函数中添加一个添加任务函数 osalTaskAdd(SAPI_Init, SAPI_ProcessEvent, OSAL_TASK_PRIORITY_LOW)，此时操作系统就可以完成所有期望的处理。

5.7.2 灯光控制实验过程

针对管理器和开关配置编程在 5.7.1 小节中已有详细描述。应确保只能有一个管理器作为协调器，其他都作为路由器。

在本实验中使用 1 块扩展板和 1 个 ZigBee 模块 CC2430 作为一个管理器(协调器),1 个扩展板和 1 个 ZigBee 模块 CC2430 作为一个路由设备,1 个 ZigBee 模块 CC2430 作为终端(开关)设备。

当设备自动加入网络之后(LED3 闪亮——开、关设备;协调器建立网络,LED3 点亮;路由器加入网络,LED3 点亮),采用下面的控制方式来创建绑定:

(1) 通过按某个管理器的 S1 键使它进入允许绑定模式。

(2) 在某个灯开关上按下 S1 键(10 s 之内)发出绑定请求。

(3) 这就将使该开关设备绑定到该(处于绑定模式下的)管理器设备上。

(4) 当开关绑定成功时,(开关设备上的)LED1 闪亮。

(5) 之后,开关设备上的 S4 键被按下,将发送"切换"命令。它将使对应的管理器设备上的 LED1 状态切换。

(6) 如果开关设备上的 S3 键按下,则它将移除该设备上所有的绑定。

下面介绍整个实验的演示流程及相关分析:

(1) 把 C51RF - 3 - PK 配置的 Simple 工程文件夹复制到 IAR 安装盘根目录下(如 C 盘),找到工程目录并打开,如图 5.2 所示。

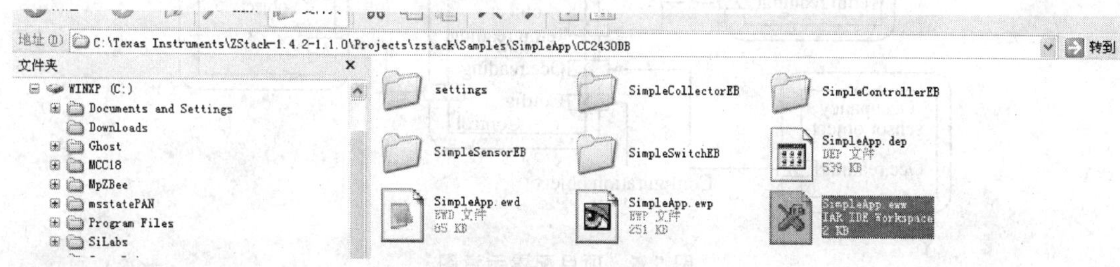

图 5.2 Simple 工程路径

(2) 编译下载。用两个模块,首先选择管理器编译下载,如图 5.3 所示;然后选择开关设备编译下载,如图 5.4 所示。

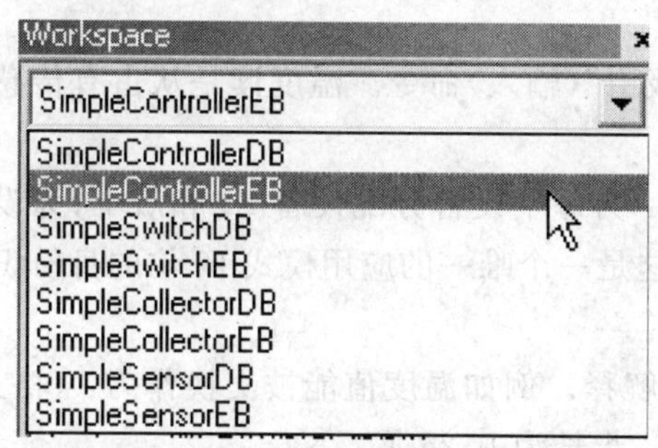

图 5.3 选择管理器(灯)

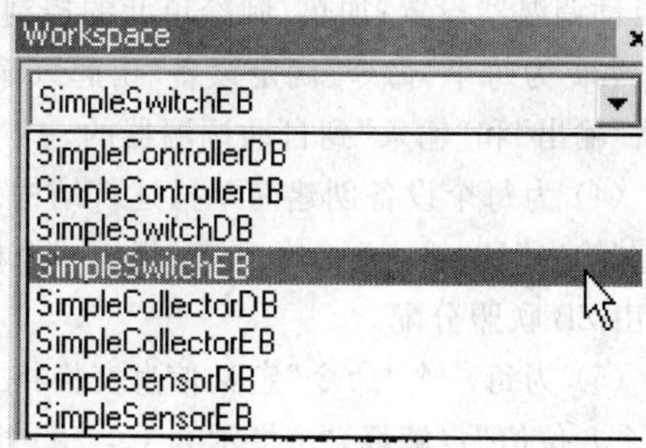

图 5.4 选择开关

(3) 选择适当的类型启动。这里有 3 个模块，两个管理器模块分别作为协调器和路由器启动，开关设备模块作为终端设备启动。

(4) 建立绑定。可以在协调器与终端设备之间建立绑定，或者在路由器和终端设备间建立绑定，开关也可以同时绑定所有的管理器设备，其绑定方法如前所述。

(5) 绑定之后，就可以在建立绑定之间的设备发送命令，并观察管理设备灯 LED1 的显示状态的变化。

(6) 按下 S2 键可以解除开关上的所有绑定，从而可以按照步骤(4)、(5)重新绑定和传输命令。

5.7.3 实验总结

下面介绍用简单的 API 开发一个应用的方法，其项目配置示意如图 5.5 所示。

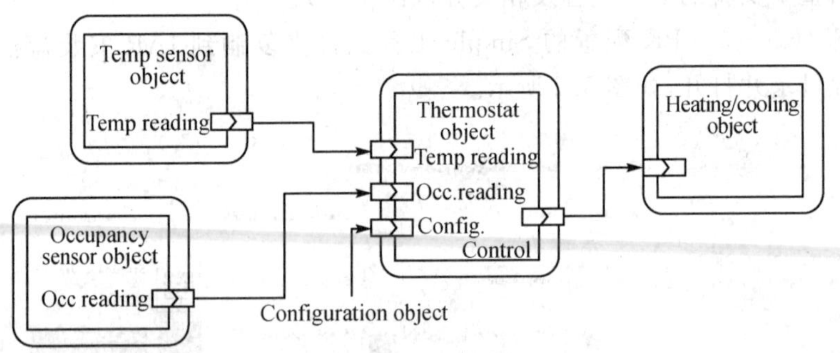

图 5.5 项目配置示意图

(1) 确定应用中的所有设备。例如温度传感器、占有传感器、自动调温器、加热单元和遥控，并为它们中的每一个设备都分配一个设备 ID(唯一的 16 位 ID)。

(2) 确定“命令”，为每个设备在设备之间交换信息分配的 16 位命令 ID。例如：读温度；读自动调温器设置；加热/制冷单元的控制。

(3) 为每个“命令”确定设备“引起”(输出)和“吸引”(输入)命令。温度读是从占有传感器设备“输出”和“输入”到自动调温器的。

(4) 为每个设备创建简单描述符结构。这包括：为每个设备分配设备 ID 和版本；为设备指定“输出”和“输入” 命令列表；指定一个模式 ID，这是一个唯一的应用模式 16 位的身份识别码，由 ZB 联盟分配。

(5) 为每一个“命令”定义信息交换格式和它的解释。例如温度值能被交换作为：(格式)“一个 8 位值”；(解释)“0 指示 0 ℃，255 指示 64 ℃，步长为 0.25 ℃ ”。

(6) 为每个设备写应用程序。“输出”命令设备应该能产生一个数据包，作为周期发送或

外部时间触发发送;"输入"命令设备应该接收这些数据包并分析有效的载荷。

(7) 确定一个绑定方案,使设备能够正确地交换数据包。

5.8 无线温度传感器实验

传感器节点采集温度和电池电压,并发送这些数据到中心收集节点进行处理。这里为了实验简单,只有一个中心节点收集这些信息,处理后通过串口送到计算机,这些信息可以在串口调试工具或超级终端上看到。为了提高网络的负载,可以增加中心收集节点。

这个实验必须做到:

(1) 自动形成一个网络。

(2) 传感器设备必须能自动加入网络,并自动完成绑定。

(3) 如果传感器设备没有从中心节点收到应答,那么它将自动移除到该中心节点的绑定,然后自动地去发现新的中心节点绑定。

5.8.1 设　备

有两种设备被配置:传感器和中心收集设备(SimpleSensor and SimpleCollector)。

中心收集设备描述符如下:

```
const SimpleDescriptionFormat_t zb_SimpleDesc =
{
  MY_ENDPOINT_ID,                       //端点
  MY_PROFILE_ID,                        //Profile ID
  DEV_ID_COLLECTOR,                     //设备 ID
  DEVICE_VERSION_COLLECTOR,             //设备版本
  0,                                    //保留
  NUM_IN_CMD_COLLECTOR,                 //输入命令数量
  (cId_t *) zb_InCmdList,               //输入命令列表
  NUM_OUT_CMD_COLLECTOR,                //输出命令数量
  (cId_t *) NULL                        //输出命令列表
};
```

中心收集设备作为协调器或路由器启动。

传感器设备的描述符如下:

```
const SimpleDescriptionFormat_t zb_SimpleDesc =
{
  MY_ENDPOINT_ID,                       //端点
```

```
  MY_PROFILE_ID,                         //Profile ID
  DEV_ID_SENSOR,                         //设备 ID
  DEVICE_VERSION_SENSOR,                 //设备版本
  0,                                     //保留
  NUM_IN_CMD_SENSOR,                     //输入命令数量
  (cId_t *) NULL,                        //输入命令列表
  NUM_OUT_CMD_SENSOR,                    //输出命令数量
  (cId_t *) zb_OutCmdList                //输出命令列表
};
```

传感器设备作为终端设备启动。

5.8.2 命　令

这里仍然只有一个命令——SENSOR_REPORT_CMD_ID。在传感器设备中，该命令定义为“输出”命令：

```
const cId_t zb_OutCmdList[NUM_OUT_CMD_SENSOR] =
{
  SENSOR_REPORT_CMD_ID
};
```

在中心收集设备，该命令定义为“输入”命令：

```
const cId_t zb_InCmdList[NUM_IN_CMD_COLLECTOR] =
{
  SENSOR_REPORT_CMD_ID
};
```

该命令信息带有 2 字节的负载，第 1 字节指示读取的类型(温度或电池电压)；第 2 字节为传感器指示值(温度或电压指示)。温度值指示范围为 0～99 ℃，电压值范围为 0～3.75 V，精度为 0.1 V。

注意： 温度和电池电压值不是很准确，许多硬件参数需要校准，可参看源代码传感器的相关校准参数。另外，2430 内部的温度传感器经检定不准确，可以采用外部温度传感器。不过，这里为了实验方便，仍然采用内部温度传感器。

5.8.3 发现和绑定

加入网络之后，传感器设备将试图发现和绑定它自己到一个中心收集设备，如果发现多个收集设备，它将挑选第一个响应的收集设备建立绑定；如果没有发现收集节点，它将周期性地

继续搜索。

用 osal_start_timer(MY_START_EVT, myStartRetryDelay)函数设置一个时间事件，该事件处理如下：

```
if ( event & MY_FIND_COLLECTOR_EVT )
{
    //继续发送绑定
    zb_BindDevice( TRUE, SENSOR_REPORT_CMD_ID, (uint8 *)NULL );
}
```

该代码在 zb_HandleOsalEvent 函数中，这是专门为用户留下的事件处理函数。可以看出，如果没有建立绑定，则传感器设备将周期性地发送绑定请求。

网络启动建立成功后，中心收集设备必须进入允许绑定模式，才能对传感器发送的绑定请求作出响应。在该实验中，通过按下收集设备的 S1 键，使之进入允许绑定模式。在该模式下，LED1 处于点亮状态；通过按下 S4 键，可以退出允许绑定模式，此时 LED1 关闭。

这可以从键盘处理函数 zb_HandleKeys 中看出。

中心收集设备 S1 键处理：

```
else                                                    //设备启动之后
{
    //打开允许绑定模式
    zb_AllowBind( 0xFF );
    HalLedSet( HAL_LED_1, HAL_LED_MODE_ON );            //点亮 LED1
}
```

S4 键处理：

```
else                                                    //设备启动之后
{
    //关闭允许绑定模式
    zb_AllowBind( 0x00 );
    HalLedSet( HAL_LED_1, HAL_LED_MODE_OFF );           //关闭 LED1
}
```

详细的绑定过程见 5.5 节。

5.8.4 数据包发送和接收

绑定建立成功之后，传感器设备将根据定义的时间间隔周期采集的温度传感器和电池电压值，分别通过报告命令发送给收集设备。该报告命令要求收集设备应答，通过函数 zb_

SendDataConfirm 可以指示应答。如果传感器设备有一个应答没有接收到，则传感器设备将移除它存在的绑定，然后进行重新发现和绑定过程。

通过函数 zb_HandleOsalEvent 完成用户定义的事件，如程序清单 5.14 所示。

程序清单 5.14

```
//*****************************************************
//函数原型：void zb_HandleOsalEvent( uint16 event )
//输入：事件
//输出：无
//功能描述：用户定义事件处理函数
//*****************************************************
void zb_HandleOsalEvent( uint16 event )
{
  uint8 pData[2];
  if ( event & MY_START_EVT )
  {
    zb_StartRequest();
  }
  if ( event & MY_REPORT_TEMP_EVT )          //温度报告
  {
    //读温度值
    pData[0] = TEMP_REPORT;
    pData[1] =   myApp_ReadTemperature();
    zb_SendDataRequest( 0xFFFE, SENSOR_REPORT_CMD_ID, 2, pData, 0, AF_ACK_REQUEST, 0 );
    osal_start_timer( MY_REPORT_TEMP_EVT, myTempReportPeriod );
  }
  if ( event & MY_REPORT_BATT_EVT )          //电池报告
  {
    //读电压值
    pData[0] = BATTERY_REPORT;
    pData[1] =   myApp_ReadBattery();
    zb_SendDataRequest( 0xFFFE, SENSOR_REPORT_CMD_ID, 2, pData, 0, AF_ACK_REQUEST, 0 );
    osal_start_timer( MY_REPORT_BATT_EVT, myBatteryCheckPeriod );
  }
  ⋮
}
```

温度采集函数 myApp_ReadTemperature()和电压采集函数 myApp_ReadBattery()见 SimpleSensor.c 文件中的源代码，这里不再列出。

收集节点接收到传感器设备发送的数据包后，能显示到 PC 机或 LCD 上。该实验是通过串口传输到 PC 机的，因此通过串口调试工具可以观察到。

该过程通过接收数据指示函数 zb_ReceiveDataIndication 完成,如程序清单 5.15 所示。

程序清单 5.15

```
//*************************************************************
//函数原型: void zb_ReceiveDataIndication( uint16 source, uint16 command, uint16 len, uint8 * pData )
//输入:源地址、命令、数据长度、数据
//输出:无
//功能描述:接收数据指示
//*************************************************************
//静态常量定义
CONST uint8 strDevice[] = "Device:0x";
CONST uint8 strTemp[] = "Temp: ";
CONST uint8 strBattery[] = "Battery: ";
void zb_ReceiveDataIndication( uint16 source, uint16 command, uint16 len, uint8 * pData   )
{
  uint8 buf[32];
  uint8 * pBuf;
  uint8 tmpLen;
  uint8 sensorReading;
  if (command == SENSOR_REPORT_CMD_ID)                    //保证命令正确
  {
    //读取传感器数据
    sensorReading = pData[1];
    //写信息到串口
    tmpLen = (uint8)osal_strlen( (char * )strDevice );
    pBuf = osal_memcpy( buf, strDevice, tmpLen );
    _ltoa( source, pBuf, 16 );
    pBuf += 4;
    * pBuf ++ = ' ';
    if ( pData[0] == BATTERY_REPORT )                     //电池电压
    {
      tmpLen = (uint8)osal_strlen( (char * )strBattery );
      pBuf = osal_memcpy( pBuf, strBattery, tmpLen );
      * pBuf ++ = (sensorReading / 10 ) + '0';            //转换 MSB 为 ascii
      * pBuf ++ = '.';                                    //小数点
      * pBuf ++ = (sensorReading % 10 ) + '0';            //转换 LSB 为 ascii
      * pBuf ++ = ' ';
      * pBuf ++ = 'V';
    }
    Else                                                  //温度
    {
      tmpLen = (uint8)osal_strlen( (char * )strTemp );
```

```
      pBuf = osal_memcpy( pBuf, strTemp, tmpLen );
       * pBuf ++ = (sensorReading / 10 ) + '0';            //转换 MSB 为 ascii
       * pBuf ++ = (sensorReading % 10 ) + '0';            //转换 LSB 为 ascii
       * pBuf ++ = ' ';
       * pBuf ++ = 'C';
    }
     * pBuf ++ = '\r';
     * pBuf ++ = '\n';
     * pBuf = '\0';
#if defined( MT_TASK )
    debug_str( (uint8 * )buf );
#endif
    //为了方便,这里也可以调用串口驱动函数,直接把接收到的数据写到串口
  }
}
```

这时就可以在串口观察到结果,如图 5.6 所示。

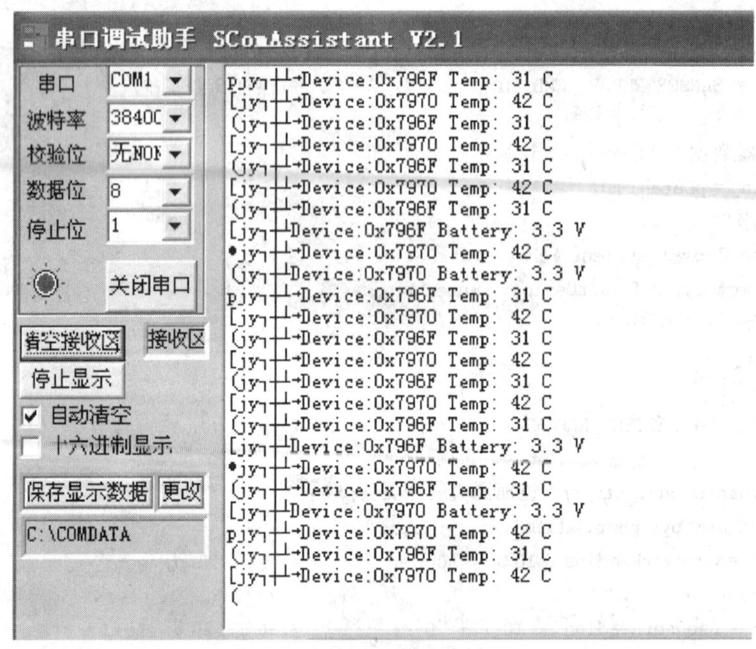

图 5.6　温度传感器串口观察

从图 5.6 中可以看出,该实验采用了 1 个中心节点、2 个传感器设备,短地址分别为 0x796F 和 0x7970,还可以看到两个设备环境中的温度和电池电压。

注意: 这里的温度传感器采用 CC2430 内部温度传感器,精确度不是很理想。

第 6 章

ZigBee2007/PRO 入门

通过第 4、5 章的学习，读者已经对 ZigBee 无线网络协议比较熟悉了。ZigBee2007/PRO 是 ZigBee2006 的升级版本。本章将介绍 ZigBee2007/PRO 入门。

本章实验是在 C51RF－CC2520－PK 开发系统及软件集成环境 IAR For MSP430 4.10a 上通过验证、调试的。

在开始本章实验前，读者需要了解 ZigBee 芯片 CC2520 及微控制器 MSP430 的结构，熟悉单片机语言 C51 程序设计。

6.1 ZigBee2007/PRO 入门实验

本章将了解 ZigBee2007 的使用方法，学习在 ZigBee2007 中利用 OSAL 建立和使用任务，通过任务的方式调用网络层 API，完成数据在网络中的通信。在整个实验中，会涉及组通信、广播通信和接收数据处理等 ZigBee 关键技术。

6.2 实验设备

本实验需要的设备包括硬件、软件集成开发平台。硬件使用的是成都无线龙通讯科技有限公司提供的 C51RF－CC2520－PK 系统，软件集成开发平台为 IAR For MSP430 4.10a。

6.2.1 硬件介绍

在本实验中，将通过 Sample App 实验例程运用 ZigBee 模块 CC2520 及液晶扩展板组成的设备实现 ZigBee 的简单数据发送、接收、路由等功能。根据实验所要体现的功能，对实验所需要的器材进行选择，包括 1 台 C51RF - CC2520 - PK 仿真器、3 个 ZigBee 模块 CC2520 和 3 块 C51RF - CC2520 - PK 液晶扩展板。

在实验中，将选择 3 个液晶扩展板及 3 个 ZigBee 模块 CC2520 分别扮演 1 个协调器和 2 个路由器两种角色。

在所有路由器都可以与协调器直接通信时，可实现接收/发送数据的功能。如果有一个路由器不能与协调器直接通信，则这个路由器将通过能直接与协调器通信的路由器路由完成通信。因此在整个系统中，路由器有两个功能：接收/发送数据和在网络中需要路由的时候完成路由。

6.2.2 硬件组成

在本实验中，将采用 1 个 ZigBee 模块 CC2520 及 1 块液晶扩展板组成协调器，2 个 ZigBee 模块 CC2520 及 2 块液晶扩展板组成 2 个路由器。

液晶扩展板上包括图形汉字 LCD 显示器、MSP430 超低耗微控制器、小键盘、传感器、ZigBee 模块接口、可调电阻、LED、仿真器接口、电源接口、RS - 232 接口等。有关液晶扩展板，请查阅 3.3 节介绍。

6.3 实验基础知识

在开始本章实验前，首先介绍与本章实验相关的 ZigBee2007 基础理论及 ZigBee 基础概述，然后对 ZigBee2007/PRO 作一个概要介绍。

6.3.1 ZigBee2007 简介

ZigBee2007 规范定义了 ZigBee 和 ZigBee PRO 两个特性集。全新的 ZigBee2007 规范建立在 ZigBee2006 之上，不但提供了增强型的功能，而且在某些网络条件下还具有向后兼容性。

ZigBee 特性集提供了树寻址、按需距离矢量路由协议（AODV）网状路由、单播、广播和群组通信以及安全等特性。相比之下，ZigBee PRO 特性集用随机寻址取代了树寻址，虽然包括了 ZigBee2006 和 ZigBee2007 规范中所使用的 AODV 路由，但是却提供了多对一源路由备选方案。ZigBee PRO 还增加了有限的广播寻址功能，并增加了对“高级”安全性的支持功能。ZigBee 和 ZigBee PRO 特性集均对可选频率捷变和拆分提供了更多的支持。

ZigBee 树寻址功能按照等级分配地址。ZigBee PRO 采用随机寻址法为设备分配地址，并通过不断监控和达到“管理”流量将冲突挑选出来。ZigBee 不仅受益于可靠、独特的寻址方法，而且不存在经常性的监控通信与处理地址冲突的开销。但 ZigBee PRO 却得益于调整功能，例如当通信限制会导致一个由多个(5个以上)调频(Hop)组成的网络时，或当一个网络由多个移动终端设备组成时，该优势是以不断增加的启动延迟为代价的。这是因为ZigBee PRO必须要允许一定的时间，以解决地址冲突问题，而对树寻址而言则并非必须。

ZigBee和ZigBee PRO路由均使用Ad Hoc方式的按需距离矢量路由协议(AODV)，但是只有ZigBee PRO支持多对一源路由选项。在牺牲一个较大协议栈的前提下，多对一源路由实现了快速路由建立，此时多个设备(如传感器)均向一个接收器(Sink)报告(如网关设备)。对于自主双向和点对点通信(如灯空开关和灯)来说，多对一源路由就变得不那么高效了，并且在一些情况下会变得不合时宜。

ZigBee和ZigBee PRO均支持集群寻址，但是ZigBee PRO增加了对有限广播集群寻址支持，可在所有集群成员相对紧密邻近时防止整个网络出现不必要的溢流(Flooding)。该特性在降低大型网络的网络宽通信开销方面极其有用，但随之而来的是占用更多宝贵的节点空间。

虽然存在一些细微的差异，但ZigBee与ZigBee PRO之间最主要的特性差异是对高级别安全性的支持。高级别安全性提供了一个点对点连接之间建立链路密钥的机制，并且当网络设备在应用层无法得到信任时增加了更多的安全性。像许多ZigBee PRO特性那样，高级安全特性对于某些应用非常有用，但在有效利用宝贵节点空间方面却付出了很大代价。

尽管ZigBee和ZigBee PRO在大部分特性上相同，但只有在有限条件下两者的设备才能在同一网络中同时使用。如果所建立的网络(由协调器建立)为一个ZigBee网络，那么ZigBee PRO设备将只能以有限的终端设备的角色连接和参与到该网络中，即该设备将通过一个父级设备(路由器或协调器)与网络保持通信，且不参与到路由或允许更多设备连接到网络中。同样，如果网络最初建立为一个ZigBee PRO网络，那么ZigBee设备也只能以有限的终端设备的角色参与到该网络中来。

6.3.2 ZigBee2007/PRO协议栈简介

ZigBee2007/PRO协议栈ZStack-2.0.0-1.2.0，是TI公司低功耗微控制器及新一代ZigBee芯片CC2520基于ZigBee2007协议规范开发的协议栈。协议栈以半开源的形式开放，协议栈网络层以库的形式体现，提供全功能的API函数集，底层驱动可根据自己的需要修改，是一套灵活、多功能的协议栈。

成都无线龙把ZStack-2.0.0-1.2.0成功移植到其新一代多功能可视图形化ZigBee开发系统C51RF-CC2520-PK内。使用C51RF-CC2520-PK可实现对ZigBee2007/PRO协议栈的学习、使用、开发。使用C51RF-CC2520-PK开发系统可实现对ZigBee2007/PRO的可视化开发，方便学习，简化开发流程。

在C51RF-CC2520-PK开发系统的例子程序文件夹\ZigBee2007无线传感器网络C51RF-WSN-CC2520开发系统V1.00\开发例子源代码程序\Texas Instruments内打开协

议栈，在工程文件的左边 Workspace 中可以看到整个协议栈的构架，如图 6.1 所示。

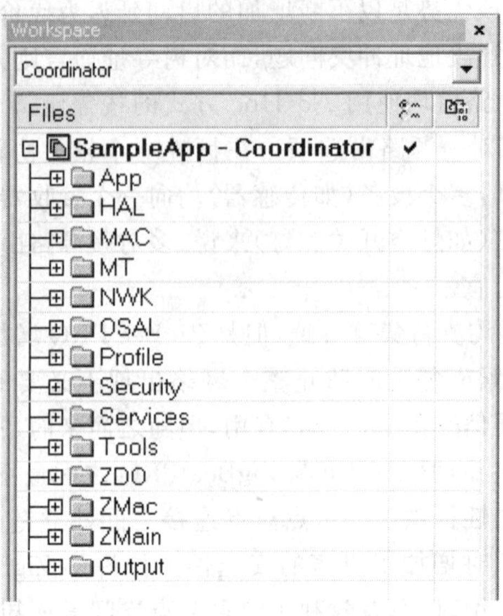

图 6.1 ZigBee2007 协议栈框架

整个协议栈由各个文件夹中的内容组成，各个文件夹中内容的功能分布如表 6.1 所列。

表 6.1 协议栈功能分布

目 录	功 能
App	应用层目录，这是用户创建各种不同工程的区域，在这个目录中包含了应用层的内容和这个项目的主要内容，在协议栈中一般是以操作系统的任务来实现的
HAL	硬件层目录，包含与硬件相关的配置和驱动及操作函数
MAC	MAC 层目录，包含 MAC 层的参数配置文件及其 MAC 的 LIB 库的函数接口文件
MT	实现通过串口可控各层，与各层进行直接交互
NWK	网络层目录，包含网络层配置参数文件和网络层库的函数接口文件，以及 APS 层库的函数接口
OSAL	协议栈实时操作系统
Profile	AF 层目录，包含 AF 层处理函数文件
Security	安全层目录，包含安全层处理函数，例如加密函数等
Services	地址处理函数目录，包含地址模式的定义及地址处理函数
Tools	工程配置目录，包含空间划分及 ZStack 相关配置信息
ZDO	ZDO 目录
ZMac	MAC 层目录，包含 MAC 层参数配置及 MAC 层 LIB 库函数回调处理函数
ZMain	主函数目录，包含入口函数及硬件配置文件
Output	输出文件目录，这是 EW8051 IDE 自动生成的

6.3.3 ZigBee 设备在 Zstack 中的体现

ZigBee 网络中提供 3 种网络设备类型，分别是协调器、路由器和终端节点，相关内容请查阅 4.2 节介绍。

一个 ZigBee 网络在网络建立初期，必须有一个也只能有一个协调器，因为协调器是整个网络的开始，要完成通信就必须在网络中再添加一个路由器或者终端节点。在 Zstack－2.0.0－1.20中提供了友好的选择设备接口，方法很简单。与使用 ZigBee2006 协议栈相同，只要在 IAR 工程中选择不同的模块即可。

1. 协调器

协调器是一个全功能设备，在整个网络中的权限最高，功能也最强大。它是一个网络的建立者，维护整个 ZigBee 网络。在协议栈中，每一个源文件都可能定义了多个设备功能的实现函数，它们通过条件编译来实现各个设备的需要。下面的代码是协议栈中一个典型的条件编译的介绍：

```
#if defined( ZDO_COORDINATOR )
  HalLcdWriteString( "NWK Coordinator", HAL_LCD_LINE_2 );
#else
  HalLcdWriteString( "NWK Device", HAL_LCD_LINE_2 );
#endif
```

代码中，ZDO_COORDINATOR 是协调器设备条件编译的选项，如果在设备中定义了宏定义 ZDO_COORDINATOR，那么设备就选择为协调器，实现协调器的功能；否则就选择网络中的其他设备。

在 Zstack 中是通过一个配置文件来设置这些宏定义的，不同的设备选择不同的宏定义即可。配置文件在…\ZStack－2.0.0－1.2.0\Projects\zstack\Tools\MSP2618 中。下面是协调器配置文件 f8wCoord.cfg 的介绍：

```
/* Coordinator Settings */
    -DZDO_COORDINATOR                    //Coordinator Functions
    -DRTR_NWK                            //Router Functions
```

从上面的配置看，协调器设备的功能一共包括 Coordinator 和 Router 两种。在 Zstack 中，该文件在选项中设置。首先选择 Coordinator，打开的方法为在项目中右击，然后选择 Options 选项，如图 6.2 所示。

在打开的对话框中，会出现如图 6.3 所示的内容，此时将文件添加到指定位置即可。

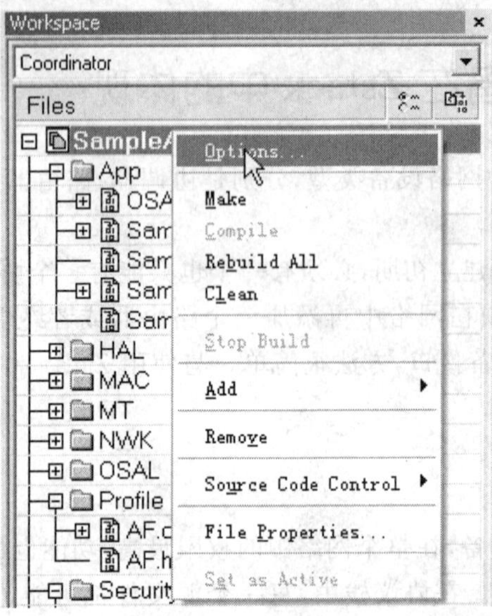

图 6.2　Options 配置

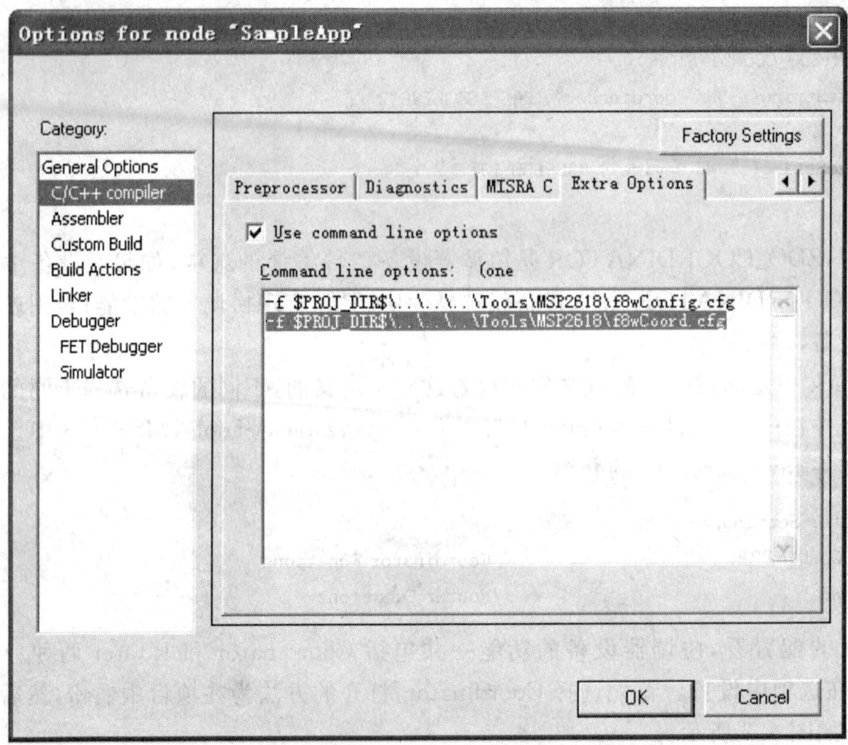

图 6.3　C/C++ compiler 配置

如果要选择协调器设备，则直接选择 Coordinator 就可以使用协调器设备了。

2. 路由器

路由器配置文件在…\ZStack－2.0.0－1.2.0\Projects\zstack\Tools\MSP2618 中。下面是协调器配置文件 f8wRouter.cfg 的介绍。如果要选择协调器设备，直接选择 Router 就可以使用路由器设备了。

```
/* Router Settings */
-DRTR_NWK                               //Router Functions
```

3. 终　端

终端节点的功能其实在每一个设备中都存在，所以它的配置文件并没有什么特殊的地方。如果要选择终端设备，直接选择 EndDeivce 就可以使用协调器设备了。

6.4　实验内容

实验建立在 ZigBee2007/PRO 协议栈 ZStack－2.0.0－1.2.0 的 SampleApp 实验的基础上。实验流程如图 6.4 所示。

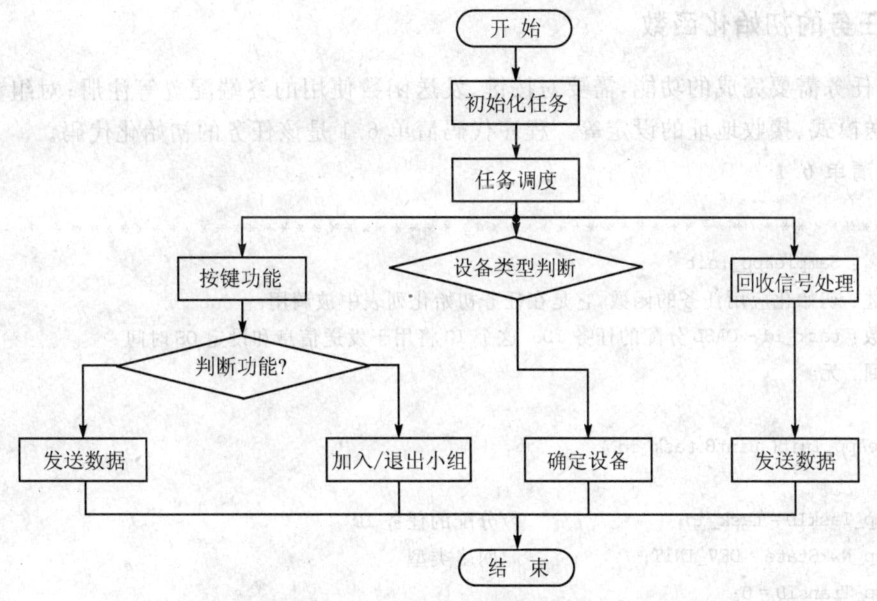

图 6.4　实验流程图

首先需要在整个系统中建立一个 SampleApp 任务。该任务的功能包括按键功能、发送信息功能、设备类型判断功能和接收信息后告知任务并处理信息功能。每一个功能在例程中用一个事件表示。

在 ZStack－2.0.0 中,网络的建立和网络的加入过程都是一个自动的过程,不需要其他辅助代码的添加。SampleApp 例子是在一个组里发送和接收数据的,所以在建立网络以后,首先要将节点本身加入到组中,组的 ID 号在代码中设定。如果需要退出组,则可在实验中设定一个按键来退出,通过按键触发来发出退出组命令,退出的节点可以给组成员发送信息。但是不能接收到组成员发送的信息。如果需要接收数据,则需要再次通过按键加入组。

在网络建立完成或加入网络后,设备都会返回自己的网络设备类型,返回设备类型是为了方便调试,在任务中没有实质的功能。

任务通过按键来发送一个信息,然后通过 OS 中的任务来调度接收数据,数据接收完成后,OS 会将接收数据完成的标志和接收的数据包返回,并通过处理函数实现相应的功能。

6.4.1 建立任务

在 ZStack－2.0.0 中,使用了一个操作系统 OSAL 对整个系统进行统一调度。该操作系统具有实时性好,结构简单,操作方便等特点,任务的建立只需要给任务分配一个任务 ID 和建立一个任务的功能函数就可以使用了。

1. 任务的初始化函数

分析任务需要完成的功能,需要对按键、发送函数使用的终端配置等注册;对组参数的设定;对发送模式、接收地址的设定等。程序代码清单 6.1 是该任务的初始化代码。

程序清单 6.1

```
/*************************************************************
* 函 数 名:SampleApp_Init
* 功能描述:初始化应用任务的函数,它是在任务初始化列表中被调用.
* 参    数:task_id - OASL 分配的任务 ID。这个 ID 将用于发送信息和设定 OS 时间
* 返    回:无
*/
void SampleApp_Init( uint8 task_id )
{
  SampleApp_TaskID = task_id;               //分配的任务 ID
  SampleApp_NwkState = DEV_INIT;            //网络类型
  SampleApp_TransID = 0;
  /*通过硬件来实现设备类型的选择,该功能必须要 BULLD_ALL_DEVICES 打开后才能使用*/
```

```
#if defined ( BUILD_ALL_DEVICES )
  if ( readCoordinatorJumper() )
    zgDeviceLogicalType = ZG_DEVICETYPE_COORDINATOR;                    //设备选择为协调器
  else
    zgDeviceLogicalType = ZG_DEVICETYPE_ROUTER;                         //设备选择为路由器
#endif //BUILD_ALL_DEVICES
#if defined ( HOLD_AUTO_START )
  ZDOInitDevice(0);
#endif

  //定义发送数据的方式为广播方式(所有网络中设备都能收到数据)
  SampleApp_Periodic_DstAddr.addrMode = (afAddrMode_t)AddrBroadcast;    //广播方式
  SampleApp_Periodic_DstAddr.endPoint = SAMPLEAPP_ENDPOINT;
  SampleApp_Periodic_DstAddr.addr.shortAddr = 0xFFFF;                   //网络地址

  //定义发送数据的方式为组发送
  SampleApp_Flash_DstAddr.addrMode = (afAddrMode_t)afAddrGroup;         //组方式
  SampleApp_Flash_DstAddr.endPoint = SAMPLEAPP_ENDPOINT;
  SampleApp_Flash_DstAddr.addr.shortAddr = SAMPLEAPP_FLASH_GROUP;       //组地址

  //endpoint 描述
  SampleApp_epDesc.endPoint = SAMPLEAPP_ENDPOINT;
  SampleApp_epDesc.task_id = &SampleApp_TaskID;
  SampleApp_epDesc.simpleDesc
           = (SimpleDescriptionFormat_t *)&SampleApp_SimpleDesc;
  SampleApp_epDesc.latencyReq = noLatencyReqs;

  //对 endpoint 描述注册
  afRegister( &SampleApp_epDesc );
  //注册所有的按键任务
  RegisterForKeys( SampleApp_TaskID );

  //默认所有的设备在组 1 中
  SampleApp_Group.ID = 0x0001;                                          //组 ID 号
  osal_memcpy( SampleApp_Group.name, "Group 1", 7);
  aps_AddGroup( SAMPLEAPP_ENDPOINT, &SampleApp_Group );                 //设备加入组

#if defined ( LCD_SUPPORTED )
  HalLcdWriteString( "SampleApp", HAL_LCD_LINE_1 );
```

```
#endif
}
```

2. 任务注册函数

任务注册是通过 OASL 初始化函数将任务注册到 OS 中。注册函数如程序清单 6.2 所示。

程序清单 6.2

```
const pTaskEventHandlerFn tasksArr[] = {
  macEventLoop,
  nwk_event_loop,
  Hal_ProcessEvent,
#if defined( MT_TASK )
  MT_ProcessEvent,
#endif
  APS_event_loop,
#if defined ( ZIGBEE_FRAGMENTATION )
  APSF_ProcessEvent,
#endif
  ZDApp_event_loop,
#if defined ( ZIGBEE_FREQ_AGILITY ) || defined ( ZIGBEE_PANID_CONFLICT )
  ZDNwkMgr_event_loop,
#endif
  SampleApp_ProcessEvent
};
/*****************************************************************
 * 函 数 名：SampleApp_MessageMSGCB
 * 功能描述：这个函数是调用各个任务的初始化函数注册
 * 参    数：Null
 * 返    回：NULL
*****************************************************************/
void osalInitTasks( void )
{
  uint8 taskID = 0;
  tasksEvents = (uint16 *)osal_mem_alloc( sizeof( uint16 ) * tasksCnt);  //内存分配
  osal_memset( tasksEvents, 0, (sizeof( uint16 ) * tasksCnt));            //内存设置

  macTaskInit( taskID++ );
  nwk_init( taskID++ );
```

```
  Hal_Init( taskID++ );
#if defined( MT_TASK )
  MT_TaskInit( taskID++ );
#endif
  APS_Init( taskID++ );
#if defined ( ZIGBEE_FRAGMENTATION )
  APSF_Init( taskID++ );
#endif
  ZDApp_Init( taskID++ );
#if defined ( ZIGBEE_FREQ_AGILITY ) || defined ( ZIGBEE_PANID_CONFLICT )
  ZDNwkMgr_Init( taskID++ );
#endif
  SampleApp_Init( taskID );
}
```


3. 任务处理函数

任务处理函数包括对按键事件的处理、对回收信号的处理和设备类型的处理等,如程序清单 6.3 所示。

程序清单 6.3

```
/*************************************************************
* 函 数 名:SampleApp_ProcessEvent
* 功能描述:应用任务处理。这个函数是处理任务中的所有时间。事件包括
*          时间片、信息和任意其他定义的时间
* 参    数:task_id——OS 分配的 ID
*          events——事件处理。这是一个位图,能包含更多的事件
* 返    回:MULL
*************************************************************/
uint16 SampleApp_ProcessEvent( uint8 task_id, uint16 events )
{
  afIncomingMSGPacket_t *MSGpkt;
  if ( events & SYS_EVENT_MSG )
  {
    MSGpkt = (afIncomingMSGPacket_t *)osal_msg_receive( SampleApp_TaskID );
    while ( MSGpkt )
    {
      switch ( MSGpkt->hdr.event )
      {
        //当一个按键触发时,返回按键事件
        case KEY_CHANGE:
```

```
        SampleApp_HandleKeys(((keyChange_t *)MSGpkt)->state,((keyChange_t *)MSGpkt)->
keys);
        break;

      //当收到信息后,返回接收信息事件
      case AF_INCOMING_MSG_CMD:
        SampleApp_MessageMSGCB( MSGpkt );
        break;

      //当网络状态发生变化时,返回状态事件
      case ZDO_STATE_CHANGE:
        SampleApp_NwkState = (devStates_t)(MSGpkt->hdr.status);
        if ( (SampleApp_NwkState == DEV_ZB_COORD)
            || (SampleApp_NwkState == DEV_ROUTER)
            || (SampleApp_NwkState == DEV_END_DEVICE) )
        {
          //开始周期发送数据,启动发送数据事件
          osal_start_timerEx( SampleApp_TaskID,
                              SAMPLEAPP_SEND_PERIODIC_MSG_EVT,
                              SAMPLEAPP_SEND_PERIODIC_MSG_TIMEOUT );
        }
        else
        {
          //驱动不在网络中
        }
        break;
      default:
        break;
    }
    //释放内存
    osal_msg_deallocate( (uint8 *)MSGpkt );
    //下一个任务
    MSGpkt = (afIncomingMSGPacket_t *)osal_msg_receive( SampleApp_TaskID );
  }
  //返回未处理事件
  return (events ^ SYS_EVENT_MSG);
}
//发送一个信息出去
if ( events & SAMPLEAPP_SEND_PERIODIC_MSG_EVT )
{
  //周期发送一个数据
  SampleApp_SendPeriodicMessage();
```

```
    //下一次发送数据的事件设置
    osal_start_timerEx( SampleApp_TaskID, SAMPLEAPP_SEND_PERIODIC_MSG_EVT,
        (SAMPLEAPP_SEND_PERIODIC_MSG_TIMEOUT + (osal_rand() & 0x00FF)) );
    //返回未加工事件
    return (events ^ SAMPLEAPP_SEND_PERIODIC_MSG_EVT);
  }
  //丢弃未加工事件
  return 0;
}
```


6.4.2　按键处理函数

按键处理事件中需要对按键进行功能实现，也就是说，每一个按键事件的功能不同，如程序清单 6.4 所示。在实验中一共使用了两个按键，分别是 key1 和 key2，key1 的功能是组发送信息，key2 是加入或退出小组。

程序清单 6.4

```
/*********************************************************************
 * 函 数 名：SampleApp_HandleKeys
 * 功能描述：按键事件处理函数.
 * 参    数：keys——有效按键.有效的按键值有：
 *                        HAL_KEY_SW_2
 *                        HAL_KEY_SW_1
 * 返    回：NULL
 *********************************************************************/
void SampleApp_HandleKeys( uint8 shift, uint8 keys )
{
  if ( keys & HAL_KEY_SW_1 )
  {
    /* 将数据发送给组 1 中的所有成员 */
    SampleApp_SendFlashMessage( SAMPLEAPP_FLASH_DURATION );
  }
  if ( keys & HAL_KEY_SW_2 )
  {
    /* 这个按键的功能是加入或退出组 */
    aps_Group_t *grp;
    grp = aps_FindGroup( SAMPLEAPP_ENDPOINT, SAMPLEAPP_FLASH_GROUP );
    if ( grp )
    {
```

```
      //移除组
      aps_RemoveGroup( SAMPLEAPP_ENDPOINT, SAMPLEAPP_FLASH_GROUP );
    }
    else
    {
      //添加组
      aps_AddGroup( SAMPLEAPP_ENDPOINT, &SampleApp_Group );
    }
  }
}
```

6.4.3　发送函数

在 SamlpApp 中提供了两个发送函数，这两个函数提供了组发送和广播发送两种发送方式，SampleApp_SendFlashMessage 和 SampleApp_SendPeriodicMessage 函数就是实现发送的这两个函数。

发送函数通过调用 AF_DataRequest 函数实现数据的发送，在 AF_DataRequest 函数中需要进行参数的设置。各参数如下：

* dstAddr：通信中的目的地址和发送模式设定选项。

* srcEP：End Point Descr。

cID：串 ID。

Len：数据长度。

* buf：发送的数据。

* transID：transID。

Options：发送数据的有效位。

Radius：AF_DEFAULT_RADIUS。

在初始化函数 SampleApp_Init 中，已经定义了 * dstAddr 和 * srcEP 的参数，所以在发送函数中不需要设置，直接调用就可以了。其他参数可以根据自己的实际情况设置。发送函数如程序清单 6.5 所示。

程序清单 6.5

```
/*****************************************************************
* 函 数 名：SampleApp_MessageMSGCB
* 功能描述：数据广播发送
* 参    数：Null
* 返    回：NULL
```

```
*************************************************************/
void SampleApp_SendPeriodicMessage( void )
{
  if ( AF_DataRequest( &SampleApp_Periodic_DstAddr, &SampleApp_epDesc,
                       SAMPLEAPP_PERIODIC_CLUSTERID,
                       1,
                       (uint8 * )&SampleAppPeriodicCounter,
                       &SampleApp_TransID,
                       AF_DISCV_ROUTE,
                       AF_DEFAULT_RADIUS ) == afStatus_SUCCESS )
  {
  }
  else
  {
    //发送失败
  }
}
/*************************************************************
 * 函 数 名：SampleApp_MessageMSGCB
 * 功能描述：数据组发送
 * 参    数：flashTime ——发送时间,以 ms 为单位
 * 返    回：NULL
*************************************************************/
void SampleApp_SendFlashMessage( uint16 flashTime )
{
  uint8 buffer[3];                                      //发送数据 buff
  buffer[0] = (uint8)(SampleAppFlashCounter++);         //发送的次数
  buffer[1] = LO_UINT16( flashTime );
  buffer[2] = HI_UINT16( flashTime );
  if ( AF_DataRequest( &SampleApp_Flash_DstAddr, &SampleApp_epDesc,
                       SAMPLEAPP_FLASH_CLUSTERID,
                       3,
                       buffer,
                       &SampleApp_TransID,
                       AF_DISCV_ROUTE,
                       AF_DEFAULT_RADIUS ) == afStatus_SUCCESS )
  {
  }
  else
```

```
    {
      //发送数据错误
    }
}
```

6.4.4　接收处理函数

接收处理函数的功能是将接收到的数据进行解析，并根据不同串 ID 实现不同的功能。其实现代码如程序清单 6.6 所示。

程序清单 6.6

```
/*************************************************************
* 函 数 名：SampleApp_MessageMSGCB
* 功能描述：数据回收处理
* 参    数：afIncomingMSGPacket_t
* 返    回：NULL
*************************************************************/
void SampleApp_MessageMSGCB( afIncomingMSGPacket_t *pkt )
{
  uint16 flashTime;
  switch ( pkt->clusterId )
  {
    case SAMPLEAPP_PERIODIC_CLUSTERID:
      break;
    case SAMPLEAPP_FLASH_CLUSTERID:
      flashTime = BUILD_UINT16(pkt->cmd.Data[1], pkt->cmd.Data[2] );
      HalLedBlink( HAL_LED_4, 4, 50, (flashTime / 4) );
      break;
  }
}
```

6.5　实验步骤和结果

6.5.1　建立网络

建立网络是通过协调器实现的，首先选择协调器设备（见图 6.5），然后重新编译（见

图 6.6)将代码直接下载到液晶扩展板的微控制器 MSP430 内,并将 ZigBee 模块 CC2520 插至液晶扩展板中。

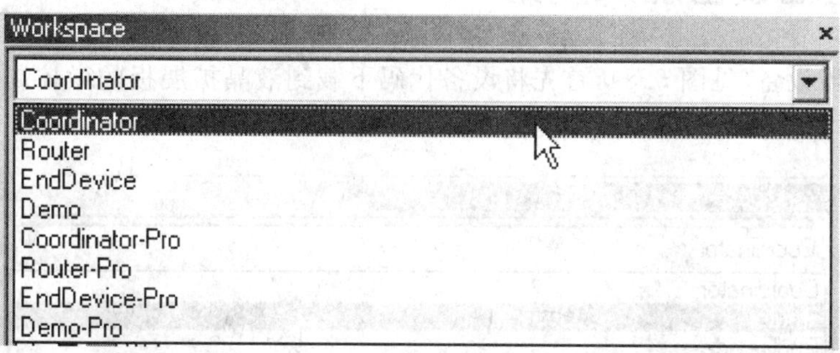

图 6.5　选择协调器工程文件

上电后,所有小灯点亮,设备将自己建立网络。当网络建立后,开发板中 LED1、LED2、LED4 点亮,LED3 熄灭,此时液晶显示字符为"IEEE Adree: xxxx"。3 s 后,显示"ZigBee Coord"和"Network ID: xxxx",其中 xxxx 为网络 ID,是随机分配的,如图 6.7 所示。

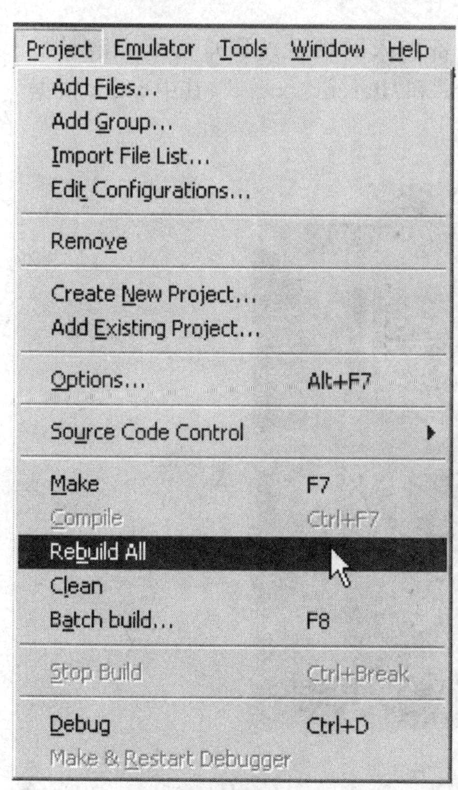

图 6.6　重新编译工程

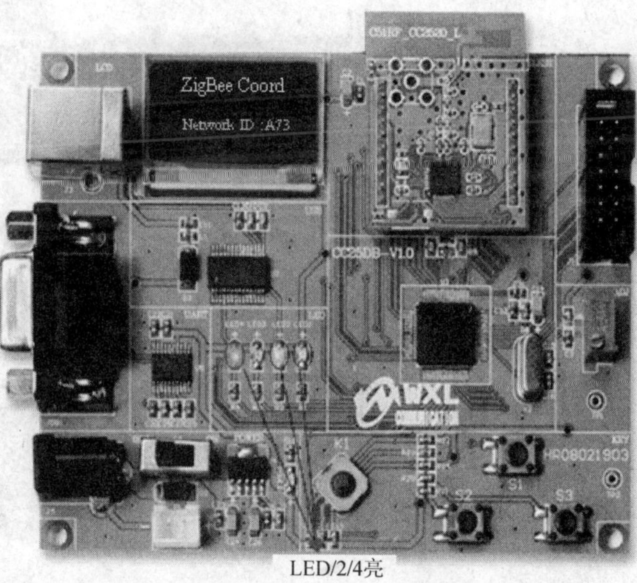

图 6.7　协调器液晶显示

6.5.2　路由设备加入网络

选择路由器设备(见图 6.8),首先将设备代码下载到液晶扩展板的微控制器 MSP430 内,然后将 ZigBee 模块 CC2520 插至扩展板中。

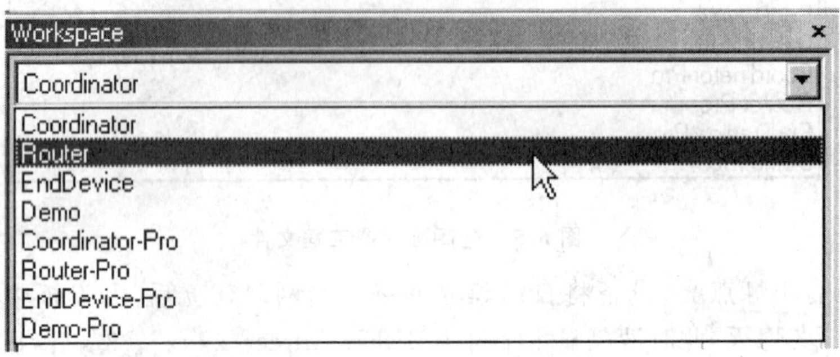

图 6.8　选择路由器工程文件

上电后,所有小灯点亮,设备将自己加入网络。当设备加入网络后,LED3 熄灭。液晶显示字符为“IEEE Adree:XXXX”3 s 后,显示“Router xxxx”和“Parent:xxxx”,其中 xxxx 根据实际情况的不同,显示不同的字符,如图 6.9 所示。

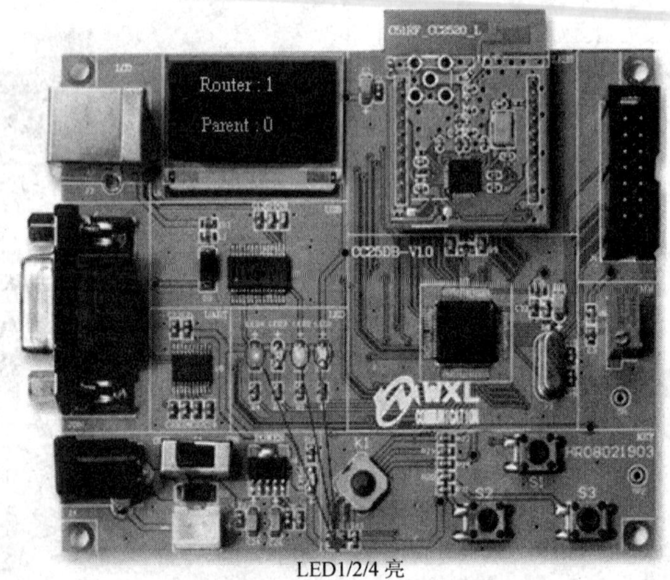

图 6.9　路由器液晶显示

6.5.3 发送数据

如图 6.10 所示，节点通过摇杆向上发送数据，任意一个节点通过摇杆向上都可以在组内广播一组数据，而且在组内的成员都能接收到该数据。接收到数据后，LED4 会闪烁 4 次。

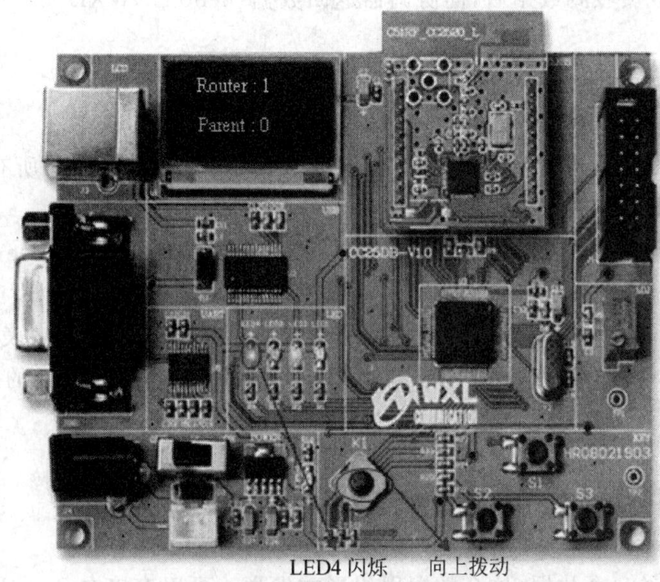

图 6.10 发送数据

6.5.4 退出小组

退出小组是通过函数 aps_RemoveGroup()实现的，在实验中通过摇杆向右来退出小组。这是因为在系统初始化时已经默认加入小组了。在退出网络后，小组成员只能给小组发送数据，小组中的成员也能接收，但是不能接收小组中其他成员发送的数据。

6.5.5 加入小组

加入小组是通过函数 aps_AddGroup()实现的，和退出网络相同，在实验中通过摇杆向右来加入小组，加入小组必须是在退出后才能加入。

6.6 实验拓展

下面通过一个例子来使用该协议栈，这个例子实现的功能是协调器通过组发送数据“hello world”，当组内成员收到数据后，向协调器返回数据“hello CDWXL”。

6.6.1 项目分析

该项目中的协调器需要向组中各个成员发送数据，并要求在组内的所有成员都能收到数据，所以这就要求用组广播的方式发送数据。

当数据发送后，需要通过短地址的形式发送数据给协调器。在 ZigBee 网络中，一个网络只能有一个协调器，协调器是网络中的第一个设备，其网络地址是 0x0000。

为了区分协调器发送的数据和路由器发送的数据，在这里用串 ID 来表示，协调器发送的数据串 ID 设置为 SAMPLEAPP_FLASH_CLUSTERID，而路由器发送的数据串 ID 设置为 SAMPLEAPP_PERIODIC_CLUSTERID。

6.6.2 协调器函数的设计

协调器需要发送一个数据，这个数据以组形式发送。可以直接在 SampleApp_Message 函数中修改，将该函数中的数据修改为“hello world”，并将发送数据的长度修改为 buffer 中数据的长度。在这个函数中，需要注意的是在协调器发送的函数中设置的串 ID 为 SAMPLEAPP_FLASH_CLUSTERID，如程序清单 6.7 所示。

程序清单 6.7

```
/*********************************************************
* 函 数 名：SampleApp_Message
* 功能描述：数据组发送
* 参    数：flashTime——发送时间，以 ms 计算
* 返    回：NULL
*********************************************************/
void SampleApp_SendFlashMessage( uint16 flashTime )
{
  uint8 buffer[] = "hello world";
  if ( AF_DataRequest( &SampleApp_Flash_DstAddr, &SampleApp_epDesc,
                       SAMPLEAPP_FLASH_CLUSTERID,
```

```
                    11,
                    buffer,
                    &SampleApp_TransID,
                    AF_DISCV_ROUTE,
                    AF_DEFAULT_RADIUS ) == afStatus_SUCCESS )
  {
  }
  else
  {
    //发送数据错误
  }
}
```

协调器接收的数据是路由器发送过来的回执数据，根据项目的规划，它的串 ID 为 SAMPLEAPP_PERIODIC_CLUSTERID，所以在接收处理函数中需要进行局部的修改。在例程中，小灯闪烁的时间是通过数据设置的，但是在本项目中的数据已经不能提供该时间了，因此在这里自己设置一个时间，修改的代码如下：

```
case SAMPLEAPP_PERIODIC_CLUSTERID:
HalLedBlink( HAL_LED_4, 4, 50, (1000 / 4) );          //设置的时间为 1 000 ms/4 = 250 ms
   break;
```

6.6.3 路由器设备函数设计

在路由器接收到数据后，首先的工作还是闪烁小灯 4 次。路由器接收数据的串 ID 是 SAMPLEAPP_FLASH_CLUSTERID。它的接收处理函数将直接在下面的函数中处理：

```
case SAMPLEAPP_FLASH_CLUSTERID:
   HalLedBlink( HAL_LED_4, 4, 50, (1000 / 4) );        //修改的代码
   WXL_SampleApp_SendData(buffer1,0x00,sizeof(buffer1));  //发送回执数据
   break;
```

在路由器接收到数据后，需要通过 WXL_SampleApp_SendData 函数发送一个回执数据，发送函数需要通过短地址的形式发送，发送的信息为“hello CDWXL”。在例程中没有介绍利用短地址的方式发送数据，所以在项目中需要编写一个通过短地址发送数据的函数。在函数中，设置了 3 个参数，发送的数据、目的地址和数据长度，代码如程序清单 6.8 所示。

程序清单 6.8

```
//*************************************************************
//以短地址方式发送数据
```

```
//buf：发送的数据
//addr：目的地址
//Leng：数据长度
//**************************************************************
void WXL_SampleApp_SendData(uint8 * buf, uint16 addr, uint8 Leng)
{
    SampleApp_DstAddr.addrMode = (afAddrMode_t)Addr16Bit;          //短地址方式
    SampleApp_DstAddr.endPoint = SAMPLEAPP_ENDPOINT;
    SampleApp_Flash_DstAddr.addr.shortAddr = addr;                 //短地址形式发送
        if ( AF_DataRequest( &SampleApp_Flash_DstAddr,             //发送的地址和模式
                            &SampleApp_epDesc,                      //终端(比如操作系统中任务 ID 等)
                            SAMPLEAPP_PERIODIC_CLUSTERID,           //发送串 ID
                            Leng,
                            buf,
                            &SampleApp_TransID,
                            AF_DISCV_ROUTE,
                            AF_DEFAULT_RADIUS ) == afStatus_SUCCESS )
    {
    }
    else
    {
    }
}
```

6.7　实验总结

本实验介绍了 ZigBee2007/PRO 入门，协议栈使用主要在应用层中，只需要调用协议栈提供的接口就可以使用协议栈了。

在本章中使用了协议栈中的基本功能，包括建立网络、加入网络、建立小组、加入小组、退出小组、发送数据、接收处理数据、协议栈任务时间处理等功能。细心的读者在实验中应该能体会到，协议栈的路由全是自动的，它们采用了 AODV 路由，当两个节点不能直接通信时，在它们之间添加一个路由器就可以自动地实现路由。

第 7 章

ZigBee2007/PRO 进阶

通过第 6 章的学习，读者已了解了 ZigBee2007 的基础，熟悉了 ZigBee2007 的相关概念，并初步了解了 ZigBee2007 与 ZigBee2006 的区别。本章将重点介绍 ZigBee2006 与 ZigBee2007/PRO 的区别。

7.1 实验目的

了解 ZigBee PRO 的使用方法，学习在 ZigBee PRO 中利用串口和 ZigBee 实现两台计算机之间的远程数据传输。

7.2 实验设备

本实验需要的设备包括硬件、软件集成开发平台。硬件使用的是成都无线龙通讯科技有限公司提供的 C51RF－CC2520－PK 系统，软件集成开发平台为 IAR For MSP430 4.10a。

为了方便数据查看，本实验还需要一个串口数据查看软件，这里选用的是串口调试助手。

7.2.1 硬件介绍

在本实验中，将通过第 6 章中使用的 Sample App 实验例程改写一个串口透明传输的例子。在这里选择成都无线龙通讯科技有限公司提供的 C51RF－CC2520－PK 系统，包括 1 台 C51RF－CC2520－PK 仿真器、3 个 ZigBee 模块 CC2520、3 块 C51RF－CC2520－PK 液晶扩展板、2 根 RS－232 串口连接线和 2 台计算机。

7.2.2 硬件组成

在本实验中，同样采用 ZigBee 模块 CC2520 和液晶扩展板组成一个设备，如图 7.1 所示。实验中需要的 3 个设备分别是 1 个网关、2 个路由器。串口的透明传输由网关和任意一个路由器完成，它们通过网络地址来分辨与其通信的设备，在通信前每个设备可以通过命令来选择网络中的任意一个设备与其实现透明传输。

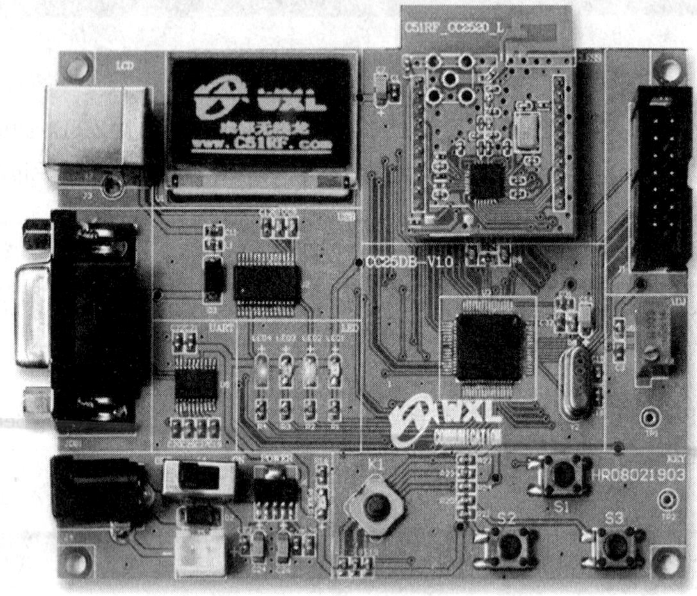

图 7.1 本章实验 ZigBee 网络节点

7.2.3 ZigBee2007 协议栈

本实验使用的 ZigBee2007 协议栈是由 C51RF－CC2520－PK 开发系统提供的，把协议栈复制到 IAR 安装盘根目录下，如本章实验所用的 C 盘。

在 C:\Texas Instruments\ZStack－2.0.0－1.2.0\Projects\zstack\Samples\SampleApp\CC2520DB 目录下使用 IAR 软件集成开发环境打开 SampleApp.eww 工程文件，如图 7.2 所示。

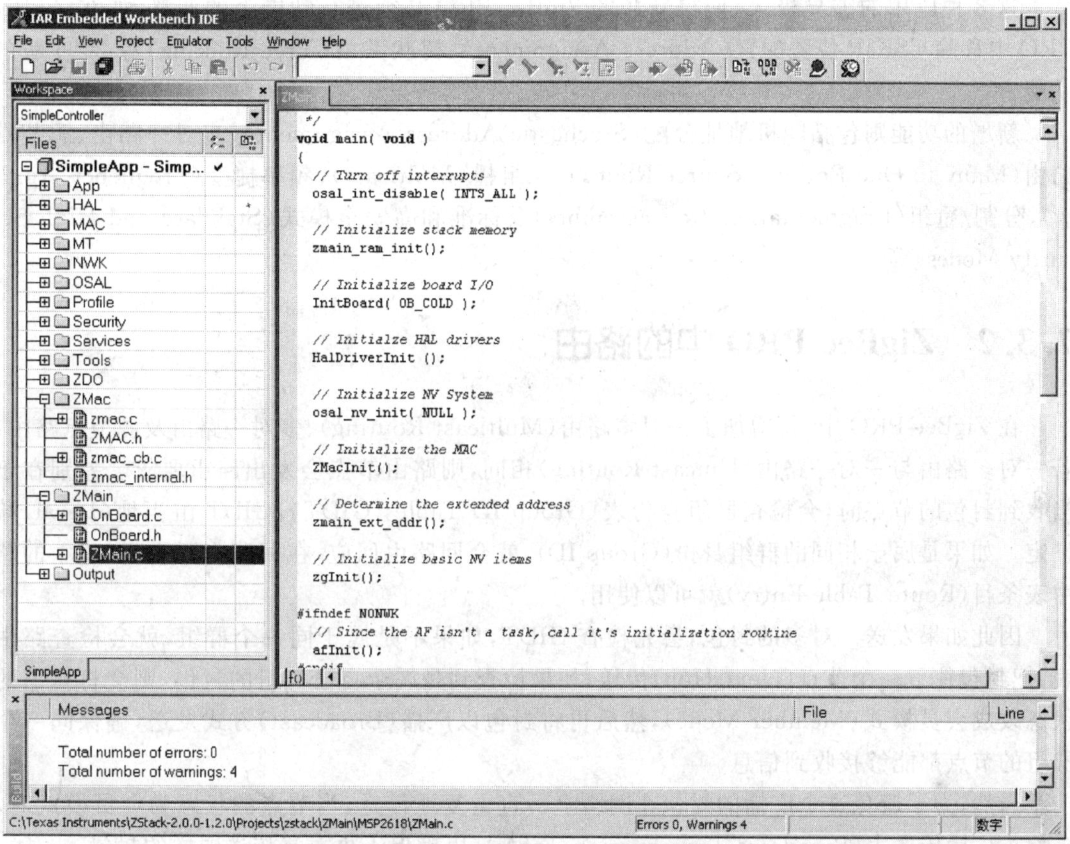

图 7.2 本章实验协议栈工程文件

7.3 实验基础知识

对于 ZigBee 规格的演进，从 ZigBee2004、ZigBee2006 到目前的 ZigBee2007/PRO，并非原本的规格设计有严重的漏洞，迫使 ZigBee 改良规格。相反，正是 ZigBee 应用越来越广泛，使原本的设计需要在不同的应用中进行调整。

7.3.1 ZigBee PRO 简介

ZigBee 联盟目前积极推广的市场包括家庭自动化（Home Automation）、商业大楼自动化（Building Automation）和自动读表系统（Automatic Meter Reading）。

这 3 种应用的差异极大，使得新版的 ZigBee PRO 必须进行功能上的调整，如在 ZigBee PRO 中移除 CSKIP 位置配置(Address Assignment)、树状路由(Tree Routing)等 2006 版的功能。

新增的功能则包括随机地址分配(Stochastic Address Assignment)、多对一路由、源节点路由(Many to One Routing/Source Routing)、组播(Multicast)、频率捷变(Frequency Agility)、分割/重组(Fragmentation/Re - assembly)及标准和高安全模式(Standard and High Security Modes)等。

7.3.2　ZigBee PRO 中的路由

在 ZigBee PRO 中，新增加了一对多路由(Multicast Routing)、多对一路由及源节点路由。若一对多路由与一对一路由(Unicast Routing)相同，则路由节点会发出路由要求。差别在于当收到封包的节点时，会检查群组身份表(Group ID Table，GIDT)，GIDT 由当地(Local)端设定。如果是属于相同的群组身份(Group ID)，就会回路由回应，在回路由回应后，建立的路由表条目(Route Table Entry)就可以使用。

因此如果发送一对多的封包，会先检查 GIDT，如果不是属于同一个群组，就会检查路由表，把封包往下一个节点(Next Hop)传送；如果检查到是属于自己群组的封包，则会将自己的状态改成会员模式(Member Mode)，然后再将封包以广播(Broadcast)方式发送，确保同一个群组的节点都能够接收到信息。

当然，为了避免这个广播的封包在网络上一直重复地传送，当节点的状态为会员模式时，会检查广播传送表(Broadcast Transmission Table)，以确保不再重复传送同样的封包。

就应用而言，很多情况会把信息集中收集，多数的节点都会把资料往同一个节点送，因此，整个网络拓扑就如同树状一样。

由于 ZigBee PRO 放弃树状路由的功能，此时为建立树状的路由路径，只有每个节点都做一对一路由，才能建立通往源节点(Originator/Source)的路径，这样会花较多的时间，效率低，所以必须提出一个新的路由方式，即所谓的多对一路由。由源节点发送多对一路由的路由要求，接收到这个信息包的节点就会直接建立一条通往源节点的路由路径，使所有节点很快就会建好路由条目。

基本上，反向还是得通过一对一路由的方式，建立起源节点对于其他节点的路由路径。不过，在 ZigBee PRO 增加源节点路由的方式，就是当路由路径有变化时节点会先发出一个路由记录命令(Route Record Command)，这个命令中会记录这条路径上经过的节点。因此当源节点接收该命令后，会把这条路径记录在源节点路由表(Source Route Table)；当源节点把资料传送到其他节点时，会先到源节点路由表找寻路由路径，以加快时间，并且减少建立路由路径或路径修复的次数。

7.3.3 ZigBee PRO 新功能

1. 应用层新功能

ZigBee PRO 在应用层新增了分割传输(Fragmented Transmission)功能,就是当超过有效载荷信息(Payload)长度的限制时,可以使用分割组装(Fragment & Assemble)的功能传送长度较长的资料。这里的分割处理方式类似传输控制协定(TCP)的分割方式,先设定区块(Block)数,接着系统便会按照 Blocks 数分段传送封装包,直到完整的封装包送完为止。

2. 安全层新功能

ZigBee PRO 安全层并没有太大的变化,因为 ZigBee1.0(ZigBee2004)所定的规格对应用来说已很完整,而且在低频宽与低运算能力的平台上使用很复杂的安全机制并非易事。ZigBee1.0(ZigBee2004)已经定义了所谓的住宅模式(Residential Mode)与商业模式(Commercial Mode),即 ZigBee PRO 中的标准模式(Standard Mode)与高安全模式(High Security Mode)。但在过去版本的认证中,并未有商业模式相关的测试案例,因此大部分堆叠并未支援,而在 ZigBee PRO 则要求一定要支援商业模式。

所谓的住宅安全模式 Key,就是当节点加入网络层时,信托中心(Trust Center, TC)会配一把网络 Key (NWK Key)放在应用层有效载荷中并传送给对方,传送过程不做任何的加密动作。即网络层节点通过此方法在网络层加密数据。在商业安全模式 Key 中,TC 会先配一把万能 Key (Master Key)给新加入的节点,然后新加入的节点再用这把 Key,通过 SKKE 的流程与网络层中的任何节点建立连接 Key (Link Key),最后再利用连接 Key 加密后产生一把网络共用的网络 Key,所以有较强的安全性。

接下来要从网络层与应用层的封包格式中了解 ZigBee2006 与 ZigBee PRO 两个版本的相容性问题。

7.3.4 信息包格式

1. 网络层封包格式

对于 ZigBee2006 与 ZigBee PRO 而言,网络层的信息格式都相同,所以两个版本在网络层中可互通。不过,在多对一路由功能中,须在广播位置(Broadcast Address)的栏位中定义信标,而在 ZigBee2006 中没有定义多对一路由功能的信标。假设有一个 ZigBee PRO 的网络已形成,然后有一个 ZigBee2006 的节点要加入,将无法辨识与执行多对一路由的功能。

另外一点比较重要的是网络位置分配方式，网络在形成过程中，父节点需要负责分配网络位置给子节点，在网络形成之后可用来作为信息包路由的依据。

在 ZigBee2006 中，是以 Cskip 为位置配置的唯一方法；但在 ZigBee PRO 中，却把 Cskip 当作一个选项，也就是不强迫一定要支援。如果在 ZigBee PRO 中一个使用 Cskip 的父节点采用随机的方式产生网络位置，然后分配给 ZigBee2006 的子节点，而此父节点因无法执行树状路由，因此对于网络的封包路由就会产生混乱。

2. 应用层封包格式

在应用层的封包格式中，ZigBee PRO 比 ZigBee 多了一个扩展标头(Extended Header)的栏位，当应用层信息需要使用分割组装传输时，则需要使用这个栏位来记录。

但是这个栏位并不是固定的，也就是说，当不使用分割功能时，这个栏位是不存在的。

3. 安全层封包格式

严格说来，安全层并非独立的协定，而是在网络层与应用层都设计了相同的安全机制。在 ZigBee PRO 中，要求各层协定使用 CCM 安全机制。CCM 即 CTR (Counter Mode)与 CBC - MAC(Cipher Block Chaining Mode)的缩写，CTR 是加解密的演算法，CBC - MAC 是检查资料有无被篡改的演算法，经过 CCM 加密之后，过程中会在每一层资料的前后增加额外的档头(Auxiliary Header)与 MIC 栏位。使用不同的安全模式，除 Key 配置的程序不同外，以封包的格式来看，也完全不同，因此不同的安全模式也会造成两个标准间不相容。

7.4 实验内容

实验工程是在由 C51RF - CC2520 - PK 系统提供的 ZigBee2007 协议栈内的 SampleApp 例子基础上修改而成的。

与之不同的是，在本试验中只使用了广播发送和短地址发送，取消了组发送；而且本实验还添加了串口部分的使用，通过串口的实现可以很方便地使用串口监控收发的数据，也可以轻松地实现单片机与计算机之间的通信。通过本试验可以使读者了解到通过 ZigBee 实现两台计算机之间的通信。

下面介绍实验流程：

1) 设置系统中的参数

系统使用串口 0 实现透明传输，串口 0 设置的参数为 38 400,8,n,1。

2) 选择与之通信的从设备

在本实验中，每一个设备的地位是平等的，每一个设备都可以是主设备，也可以被设置为

从设备，这个完全取决于使用者。

3）设置发送方式

设置发送方式有两种形式：一种是设置为广播方式，设置命令为 $set address=0xFFFF，这样就将发送的地址设置为 0xFFFF，这是因为在 ZigBee 规范中规定了广播发送时地址设置为 0xFFFF；另一种是设置为短地址单播的方式发送，设置命令与设置广播方式相同，只是将最后的地址设置为相应设备的网络地址。

4）查看网络中存在的设备

查看网络中设备的地址通过 $set find 命令实现，当设备串口接收到该数据时，就会将这个数据广播出去，所有的节点得到这个命令后，获取自己的网络地址，再立即发送给呼叫设备，并通过串口显示出来，这样就可以得到网络中设备的网络地址。

5）实现透明传输

当命令设置完成后，就可以实现透明传输了。除了命令以外的其他字符串均可实现透明传输。

实验系统流程图如图 7.3 所示。

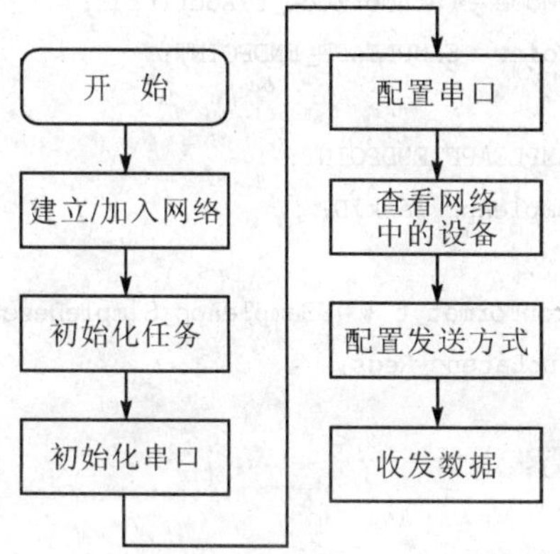

图 7.3 实验流程图

7.4.1 初始化任务

在初始化函数中配置了实验中需要用到的设备驱动，如串口驱动、通信方式的参数配置等，如程序清单 7.1 所示。在实验的初始化函数中，配置了网络发送数据的方式为广播和短地址发送两种方式，串口采用串口 0 作为通信接口，串口的参数为 38 400,8,n,1。

程序清单 7.1

```
/*********************************************************************
```

```
* 函 数 名：SampleApp_Init
* 功能描述：初始化应用任务的函数，它在任务初始化列表中被调用
* 参    数：task_id——OASL分配的任务ID。这个ID将用于发送信息和设定OS时间
* 返    回：无
*************************************************************************/
void SampleApp_Init( uint8 task_id )
{
  SampleApp_TaskID = task_id;                          //任务ID
  SampleApp_NwkState = DEV_INIT;                       //设备类型
  SampleApp_TransID = 0;
  halUARTCfg_t uartConfig;                             //串口配置
  //配置设备为广播的发送方式
  SampleApp_All_DstAddr.addrMode = (afAddrMode_t)AddrBroadcast;
  SampleApp_All_DstAddr.endPoint = SAMPLEAPP_ENDPOINT;
  SampleApp_All_DstAddr.addr.shortAddr = 0xFFFF;
  //配置为单播的发送方式
  SampleApp_Single_DstAddr.addrMode = (afAddrMode_t)Addr16Bit;
  SampleApp_Single_DstAddr.endPoint = SAMPLEAPP_ENDPOINT;
  //配置 endpoint
  SampleApp_epDesc.endPoint = SAMPLEAPP_ENDPOINT;
  SampleApp_epDesc.task_id = &SampleApp_TaskID;
  SampleApp_epDesc.simpleDesc
           = (SimpleDescriptionFormat_t *)&SampleApp_SimpleDesc;
  SampleApp_epDesc.latencyReq = noLatencyReqs;
  //注册 endpoint
  afRegister( &SampleApp_epDesc );
  //注册所有的按键事件
  RegisterForKeys( SampleApp_TaskID );
  //串口初始化
  uartConfig.configured           = TRUE;              //2430不处理
  uartConfig.baudRate             = HAL_UART_BR_38400; //配置波特率为38 400
  uartConfig.flowControl          = TRUE;              //打开流控制
  uartConfig.flowControlThreshold = 80;
  uartConfig.rx.maxBufSize        = 128;               //最大接收值
  uartConfig.tx.maxBufSize        = 64;                //最大发送值
  uartConfig.idleTimeout          = 6;
  uartConfig.intEnable            = TRUE;              //打开串口中断
#if SERIAL_APP_LOOPBACK
  uartConfig.callBackFunc         = rxCB_Loopback;
```

```
#else
  uartConfig.callBackFunc          = rxCB;                      //设置串口中断处理函数
#endif
  HalUARTOpen (SERIAL_APP_PORT, &uartConfig);

#if defined ( LCD_SUPPORTED )
  HalLcdWriteString( "SampleApp", HAL_LCD_LINE_1 );
#endif
}
```

串口的配置采用了 ZigBee 协议栈中的配置形式，使用也非常简单。从串口初始化函数可以看出，本实验中使用了流控制的方式，使用中断接收数据。

7.4.2　任务处理

任务处理函数中实现了整个任务的调度。SYS_EVENT_MSG 事件是系统中默认的事件之一，很多设备都通过该事件来通知任务事件的发生，这个事件所涉及的事件有按键、接收处理和网络状态。根据不同的需要，可以对事件进行添加和删除，如程序清单 7.2 所示。

程序清单 7.2

```
/*****************************************************************
 * 函 数 名：SampleApp_ProcessEvent
 * 功能描述：应用任务处理。这个函数用于处理任务中的所有事件。事件包括
 *           时间片、信息和任意其他定义的时间
 * 参    数：task_id——OS 分配的 ID
 *           events——事件处理。这是一个位图，能包含更多的事件
 * 返    回：MULL
*****************************************************************/
uint16 SampleApp_ProcessEvent( uint8 task_id, uint16 events )
{
  afIncomingMSGPacket_t *MSGpkt;
  if ( events & SYS_EVENT_MSG )
  {
    MSGpkt = (afIncomingMSGPacket_t *)osal_msg_receive( SampleApp_TaskID );
    while ( MSGpkt )
    {
      switch ( MSGpkt->hdr.event )
      {
        //按键触发一个事件
```

```
        case KEY_CHANGE:
          SampleApp_HandleKeys( ((keyChange_t *)MSGpkt)->state, ((keyChange_t *)MSGpkt)->keys );
          break;

        //接收处理函数
        case AF_INCOMING_MSG_CMD:
          SampleApp_MessageMSGCB( MSGpkt );
          break;
        //当网络发生状态变化时,触发事件
        case ZDO_STATE_CHANGE:
          SampleApp_NwkState = (devStates_t)(MSGpkt->hdr.status);
          if ( (SampleApp_NwkState == DEV_ZB_COORD)
              || (SampleApp_NwkState == DEV_ROUTER)
              || (SampleApp_NwkState == DEV_END_DEVICE) )
          {
            //开始 SAMPLEAPP_SEND_PERIODIC_MSG_EVT 事件
            osal_start_timerEx( SampleApp_TaskID,
                                SAMPLEAPP_SEND_PERIODIC_MSG_EVT,
                                SAMPLEAPP_SEND_PERIODIC_MSG_TIMEOUT );
          }
          else
          {
          }
          break;
        default:
          break;
      }
      //释放内存
      osal_msg_deallocate( (uint8 *)MSGpkt );
      MSGpkt = (afIncomingMSGPacket_t *)osal_msg_receive( SampleApp_TaskID );
    }
    //返回为处理事件
    return (events ^ SYS_EVENT_MSG);
  }
  if(events & UART_RX_CB_EVT)                                    //串口中断事件
  {
    if(! strncmp((char *)rxBuf,(char *)Find_Cmd,9))              //如果发现设备命令
    {
      //串口发送字符串
```

```
    HalUARTWrite ( 0, "NWK address list:\n", sizeof("NWK address list:\n") );
    //单播发送从串口收到的数据
    SampleApp_Send_Message( rxBuf , R_addr ,uart_Rx_count );
  }
  else if(! strncmp((char *)rxBuf,(char *)Set_Addr,12)) //选择设备
  {
    //处理地址
    for(int i = 0;i<4;i++)
    {
      Addr_temp[i] = rxBuf[15 + i];
      switch (Addr_temp[i])                                        //地址转换
        {
          case 'A':
            Addr_char[i] = 10;
            break;
          case 'B':
            Addr_char[i] = 11;
            break;
          case 'C':
            Addr_char[i] = 12;
            break;
          case 'D':
            Addr_char[i] = 13;
            break;
          case 'E':
            Addr_char[i] = 14;
            break;
          case 'F':
            Addr_char[i] = 15;
            break;
          case '0':
            Addr_char[i] = 0;
            break;
          case '1':
            Addr_char[i] = 1;
            break;
          case '2':
            Addr_char[i] = 2;
            break;
```

```
            case '3':
              Addr_char[i] = 3;
              break;
            case '4':
              Addr_char[i] = 4;
              break;
            case '5':
              Addr_char[i] = 5;
              break;
            case '6':
              Addr_char[i] = 6;
              break;
            case '7':
              Addr_char[i] = 7;
              break;
            case '8':
              Addr_char[i] = 8;
              break;
            case '9':
              Addr_char[i] = 9;
              break;
          }
      }
      //还原为可用的设备网络地址
      R_addr = ( Addr_char[0] * pow(16,3) + Addr_char[1] * pow(16,2) + Addr_char[2] * pow(16,1)
+ Addr_char[3] * pow(16,0));
      if(R_addr >= 0x004F)
      {
        R_addr = R_addr + 1;
      }
      //发送配置信息
      HalUARTWrite ( 0, "address config OK! \n", sizeof("address config OK! \n") );
      HalUARTWrite ( 0, "address:\n", sizeof("address:\n") );
      HalUARTWrite ( 0, Addr_temp, sizeof(Addr_temp) );
    }
    else
    {
      if(R_addr == 0xFFFF)                                    //如果不是命令,则实现透明传输
      {
```

```
        SampleApp_Send_All_Message(rxBuf,uart_Rx_count);    //广播发送
      }
      else
      {
        //单播发送
        SampleApp_Send_Message( rxBuf , R_addr ,uart_Rx_count );
      }
    }
  }
  //Send a message out - This event is generated by a timer
  //(setup in SampleApp_Init()).
  if ( events & SAMPLEAPP_SEND_PERIODIC_MSG_EVT )
  {
    //Send the periodic message
    //SampleApp_SendPeriodicMessage();

    //Setup to send message again in normal period ( + a little jitter)
    osal_start_timerEx( SampleApp_TaskID, SAMPLEAPP_SEND_PERIODIC_MSG_EVT,
        (SAMPLEAPP_SEND_PERIODIC_MSG_TIMEOUT + (osal_rand() & 0x00FF)) );

    //return unprocessed events
    return (events ^ SAMPLEAPP_SEND_PERIODIC_MSG_EVT);
  }
  //Discard unknown events
  return 0;
}
```

UART_RX_CB_EVT 事件为用户自定义事件。在本实验中,该事件为处理串口中断事件,由串口中断处理函数设置,当串口接收到数据后发送中断请求,中断处理函数就将设置一个事件,也就是 UART_RX_CB_EVT 事件。在该事件中,有很丰富的功能。

本实验的大多数功能都在该事件中实现。下面将着重介绍该事件中的代码。SAMPLEAPP_SEND_PERIODIC _MSG_EVT 事件是一个周期任务,也就是说系统在执行了事件以后会给自己设定下一次触发的时间,如果事件不变,则可以以这个时间为一个执行周期。

7.4.3 UART_RX_CB_EVT 事件

这个事件是本实验新增加的事件,增加一个事件的步骤有以下 3 步:

(1) 定义一个事件编号。这个事件的编号在一个任务中必须是唯一的,而且必须是通过

左移 1 位的方式来实现的，也就是以 0x0001、0x0002、0x0004、0x0008……这样的顺序递增：

```
#define UART_RX_CB_EVT                                    0x0002
```

(2) 设置启动事件。启动事件需要使用一个函数来实现，这个函数需要两个参数：一个就是在第(1)步创建的事件编号；另一个则是任务的 ID 号，设置函数为

```
osal_set_event( SampleApp_TaskID, UART_RX_CB_EVT );        //设置串口事件
```

(3) 构建事件处理函数。事件处理函数是任务处理函数的一个分支，在 7.4.2 小节中已经给出了该函数，下面来介绍这个处理函数的功能。

首先判断串口发送来的数据是命令还是数据，在本实验中共设计了两条命令：查看网络中节点命令和设置地址命令。下面的代码内容是判断是否查看网络节点命令，如果是，则广播该命令出去。

```
if(! strncmp((char *)rxBuf,(char *)Find_Cmd,9))              //如果是发现设备命令
{
    //串口发送字符串
    HalUARTWrite ( 0, "NWK address list:\n", sizeof("NWK address list:\n") );
    //广播发送从串口收到的数据
    SampleApp_Send_Message( rxBuf , R_addr ,uart_Rx_count );
}
```

如果判断是设置设备地址的命令，则首先处理地址。这是因为从串口发送的数据是以字符的形式出现的，不能直接做地址使用，必须要转换为可用的地址。地址转换是首先将字符转换为整型数，然后通过十六进制的换算方法将数据转换为一个可用的地址。配置完成后，向串口发送配置成功的信息，并将数据设置为地址，将数据放置到 R_addr 中，如程序清单 7.3 所示。

程序清单 7.3

```
else if(! strncmp((char *)rxBuf,(char *)Set_Addr,12))                 //选择设备
{
  //处理地址
  for(int i = 0;i<4;i++)
  {
    Addr_temp[i] = rxBuf[15 + i];
    switch (Addr_temp[i])                                              //地址转换
      {
        case 'A':
          Addr_char[i] = 10;
          break;
```

```
case 'B':
  Addr_char[i] = 11;
  break;
case 'C':
  Addr_char[i] = 12;
  break;
case 'D':
  Addr_char[i] = 13;
  break;
case 'E':
  Addr_char[i] = 14;
  break;
case 'F':
  Addr_char[i] = 15;
  break;
case '0':
  Addr_char[i] = 0;
  break;
case '1':
  Addr_char[i] = 1;
  break;
case '2':
  Addr_char[i] = 2;
  break;
case '3':
  Addr_char[i] = 3;
  break;
case '4':
  Addr_char[i] = 4;
  break;
case '5':
  Addr_char[i] = 5;
  break;
case '6':
  Addr_char[i] = 6;
  break;
case '7':
  Addr_char[i] = 7;
  break;
```

```
            case '8':
              Addr_char[i] = 8;
              break;
            case '9':
              Addr_char[i] = 9;
              break;
          }
      }
    //还原为可用的设备网络地址
    R_addr = ( Addr_char[0] * pow(16,3) + Addr_char[1] * pow(16,2) + Addr_char[2] * pow(16,1) + Addr_char[3] * pow(16,0));
    if(R_addr >= 0x004F)
    {
      R_addr = R_addr + 1;
    }
    //发送配置信息
    HalUARTWrite ( 0, "address config OK! \n", sizeof("address config OK! \n") );
    HalUARTWrite ( 0, "address:\n", sizeof("address:\n") );
    HalUARTWrite ( 0, Addr_temp, sizeof(Addr_temp) );
}
```

其次，如果发送的是数据，则首先判断前面的步骤中设置的地址是广播还是单播（如果是 0xFFFF 表示为广播，其他为单播，本实验中没有考虑组发送、路由广播的形式）。单播的地址可以通过查看网络节点得到。

```
else
{
  if(R_addr == 0xFFFF)                               //如果不是命令，则实现透明传输
  {
    SampleApp_Send_All_Message(rxBuf,uart_Rx_count);  //广播发送
  }
  else
  {
    //单播发送
    SampleApp_Send_Message( rxBuf , R_addr ,uart_Rx_count );
  }
}
```

7.4.4 串口发送函数

串口发送函数很简单，本实验中的串口发送函数为一个自定义的函数，这个函数的功能实

现了发送 1 个字符串的功能，其代码一共 3 句话，很简单，可以通过代码中的注释理解，如程序清单 7.4 所示。

程序清单 7.4

```
/*****************************************************
* 函数功能：串口发送字符串函数
* 入口参数：data——数据
*         len——数据长度
* 返 回 值：无
* 说    明：
*****************************************************/
void UartTX_Send_String(char *Data,int len)
{
  int j;
  for(j=0;j<len;j++)
  {
    while (!(IFG2&UCA0TXIFG));                //清除中断标志
    UCA0TXBUF   = *Data++;                     //发送数据
  }
}
```

7.4.5 串口接收中断函数

串口接收中断函数主要实现两个功能：一是读取串口接收到的数据；二是设置启动串口事件，将串口发生中的信息告诉操作系统，如程序清单 7.5 所示。

程序清单 7.5

```
/*****************************************************
* 函数功能：串口接收中断处理函数
* 入口参数：port——端口
*         event——事件
* 返 回 值：无
* 说    明：
/*****************************************************
static void rxCB( uint8 port, uint8 event )
{
  uart_Rx_count = HalUARTRead( 0, rxBuf, uart_Rx_count);       //读串口的数据
  osal_set_event( SampleApp_TaskID, UART_RX_CB_EVT );         //设置串口事件
}
```

7.4.6　串口读取函数

串口读取函数在这里直接采用了 Z-stack 的函数库提供的串口读取函数，这个函数的原型在 hal_uart.c 中，但是在使用中对其进行了局部的修改，修改如下：

修改前：

```
if (length > bufLength)
  length = bufLength;
```

修改后：

```
//if (length > bufLength)
  length = bufLength;
```

读取串口接收到的数据的函数如程序清单 7.6 所示。

程序清单 7.6

```
/*****************************************************************
*函数功能：串口接收函数
*入口参数：port——端口
          pBuffer——接收的数据
*         length——长度
*返 回 值：接收到的数据长度
*说    明：
*****************************************************************/
uint16 HalUARTRead ( uint8 port, uint8 *pBuffer, uint16 length )
{
  uint16 bufLength = Hal_UART_RxBufLen(0);                    //读取串口数据长度
  uint16 x = 0 ;
  /* 如果串口没有配置则读取 */
  if (uartRecord.configured)
  {
    //if (length > bufLength)
      length = bufLength;                                      //将接收到的数据长度赋值为 length
    if (pBuffer)                                               //如果有数据
    {
      for (x = 0; x<length; x++ )
      {
        pBuffer[x] = uartRecord.rx.pBuffer[uartRecord.rx.bufferHead++];  //读取数据
        if ((uartRecord.rx.bufferHead) == uartRecord.rx.maxBufSize)
```

```
            uartRecord.rx.bufferHead = 0;
        }
    return length;                                          //返回长度
    }
  }
  return 0;                                                 //返回 0
}
```

7.4.7　ZigBee 发送函数

本实验中设计了广播和单播两种发送方式。值得注意的是,在本实验中设计的两个发送函数都拥有自己的传递参数,如程序清单 7.7 所示。

程序清单 7.7

```
/****************************************************************
 * 函 数 名：SampleApp_Send_All_Message
 * 功能描述：数据广播发送
 * 参    数：buff——发送的数据
            Length——数据长度
 * 返    回：NULL
****************************************************************/
void SampleApp_Send_All_Message( uint8 *buff , int length )
{
  if ( AF_DataRequest( &SampleApp_All_DstAddr, &SampleApp_epDesc,
                       SAMPLEAPP_FLASH_CLUSTERID,
                       length,
                       buff,
                       &SampleApp_TransID,
                       AF_DISCV_ROUTE,
                       AF_DEFAULT_RADIUS ) == afStatus_SUCCESS )
  {
  }
  else
  {
  }
}
/****************************************************************
 * 函 数 名：SampleApp_Send_All_Message
 * 功能描述：数据广播发送
```

```
* 参     数：buff——发送的数据
             Addr——接收设备的短地址
             Length——数据长度
* 返     回：NULL
*************************************************************/
void SampleApp_Send_Message( uint8 *buff , uint16 Addr ,int length )
{

    SampleApp_Single_DstAddr.addr.shortAddr = Addr;
    if ( AF_DataRequest( &SampleApp_Single_DstAddr, &SampleApp_epDesc,
                         SAMPLEAPP_FLASH_CLUSTERID,
                         length,
                         buff,
                         &SampleApp_TransID,
                         AF_DISCV_ROUTE,
                         AF_DEFAULT_RADIUS ) == afStatus_SUCCESS )
    {
    }
    else
    {
    }
}
```

7.4.8 ZigBee 接收处理函数

接收处理函数的作用在本实验中很重要，设备在接收到数据后，就会通过事件调用该函数，如程序清单 7.8 所示。下面来分解这个函数的功能。

首先，无论接收到什么数据，小灯均会闪烁 4 次，表示通信正常接收到了数据。然后将数据复制到一个数组中，方便处理。接下来就是处理这些数据，如果判断是查看节点命令，则首先读取本机的网络地址，然后将本机的网络地址转换为可见字符，发送给发送命令的设备；如果不是命令，则直接将接收到的数据发送给串口，接收处理的流程就完成了。

程序清单 7.8

```
/*************************************************************
* 函 数 名：SampleApp_MessageMSGCB
* 功能描述：数据回收处理
* 参     数：afIncomingMSGPacket_t
* 返     回：NULL
*************************************************************/
```

```
void SampleApp_MessageMSGCB( afIncomingMSGPacket_t * pkt )
{
  uint8 Rx_Buf[50];
  uint8 temp;
  switch ( pkt->clusterId )
  {
    case SAMPLEAPP_PERIODIC_CLUSTERID:
      break;
    case SAMPLEAPP_FLASH_CLUSTERID:
      HalLedBlink( HAL_LED_4, 4, 50, (1000 / 4) );                //小灯闪烁
      memcpy(Rx_Buf,pkt->cmd.Data,pkt->cmd.DataLength);            //将数据复制到数组
      if(! strncmp((char *)Rx_Buf,(char *)Find_Cmd,9))             //判断命令
      {
        RfTx.ADDRDATA.Saddr = NLME_GetShortAddr();                //读取本机网络地址
        temp = RfTx.addr_temp[0];                                 //交换位置
        RfTx.addr_temp[0] = RfTx.addr_temp[1];
        RfTx.addr_temp[1] = temp;
        RfTx.TXDATA.addr[0] = RfTx.addr_temp[0] / 16;             //数据位处理
        RfTx.TXDATA.addr[1] = RfTx.addr_temp[0] % 16;
        RfTx.TXDATA.addr[2] = RfTx.addr_temp[1] / 16;
        RfTx.TXDATA.addr[3] = RfTx.addr_temp[1] % 16;
        for(int i = 0;i<4;i++)                                    //转换位可见字符
        {
          if((RfTx.TXDATA.addr[i] >= 0) && (RfTx.TXDATA.addr[i] <= 9))
          {
            RfTx.TXDATA.addr[i] += 48;
          }
          else
          {
            switch (RfTx.TXDATA.addr[i])
            {
            case 10:
               RfTx.TXDATA.addr[i] = 'A';
               break;
            case 11:
               RfTx.TXDATA.addr[i] = 'B';
               break;
            case 12:
               RfTx.TXDATA.addr[i] = 'C';
```

```
            break;
        case 13:
            RfTx.TXDATA.addr[i] = 'D';
            break;
        case 14:
            RfTx.TXDATA.addr[i] = 'E';
            break;
        case 15:
            RfTx.TXDATA.addr[i] = 'F';
            break;
        }
      }
    }
    RfTx.TXDATA.hex[0] = '0';                              //补充为十六进制表示方法
    RfTx.TXDATA.hex[1] = 'x';
    //发送短地址
    SampleApp_Send_Message(RfTx.short_address,pkt->srcAddr.addr.shortAddr,6);
  }
  else                                                     //如果不是命令,则发送到串口
  UartTX_Send_String((char *)Rx_Buf, pkt->cmd.DataLength);
  UartTX_Send_String("\n", sizeof("\n"));                  //换行方便查看
  break;
 }
}
```

7.5　实验步骤和现象

7.5.1　建立网络

建立网络是通过协调器实现的,首先选择协调器设备(见图 7.4),重新编译(见图 7.5),然后将代码直接下载到液晶扩展板的微控制器 MSP430 内,并将 ZigBee 模块 CC2520 插至液晶扩展板中。

上电后,所有小灯点亮,设备将自己建立网络。当网络建立完成后,开发板中的 LED1、LED2、LED4 点亮,LED3 熄灭。液晶显示字符为"ZigBee Coord"和"Network ID: xxxx"。其中 xxxx 是网络 ID,是随机分配的。

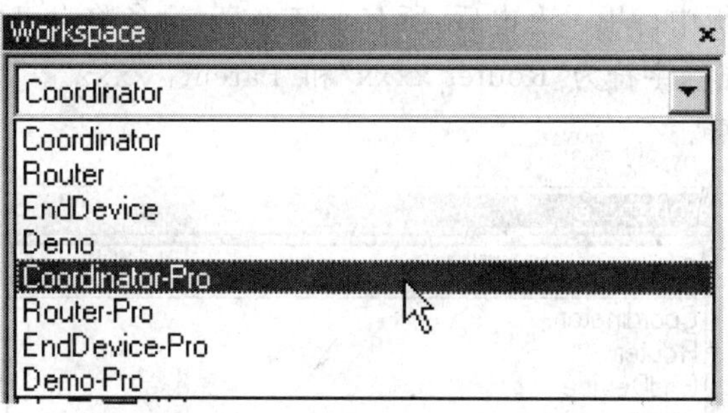

图 7.4　选择协调器设备工程文件

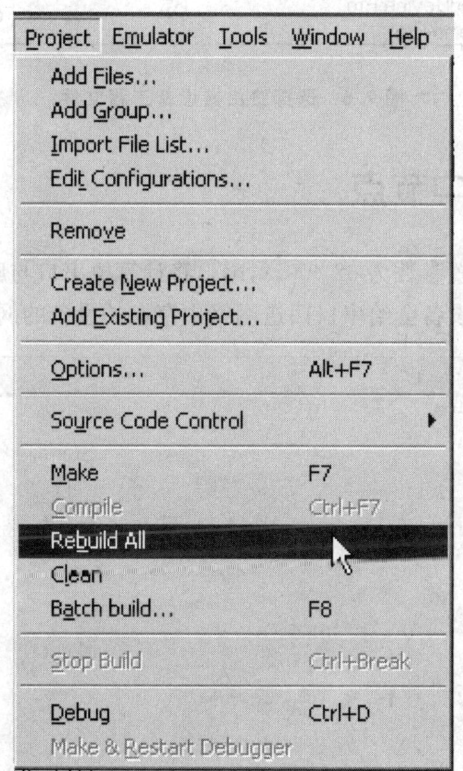

图 7.5　重新编译工程文件

7.5.2　路由设备加入网络

选择路由器设备(见图 7.6),首先将设备代码下载到液晶扩展板的 MSP430 中,然后将

CC2520 模块接到开发板中待用。上电后，所有小灯点亮，设备将自己加入网络。当加入网络后，LED3 熄灭。液晶显示字符为“Router xxxx”和“Parent: xxxx”。其中 xxxx 根据实际情况的不同，显示不同的字符。

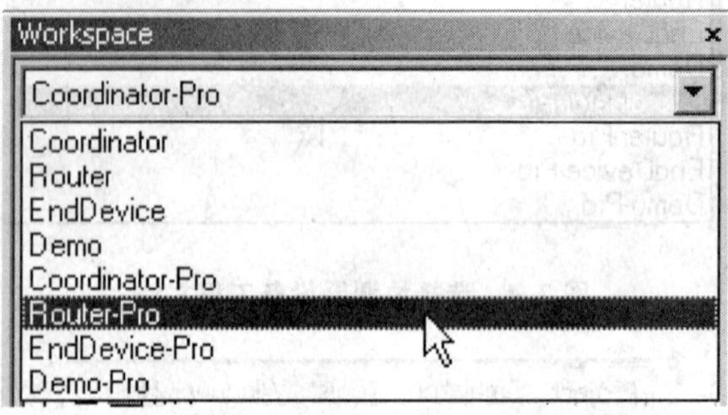

图 7.6　选择路由器设备工程文件

7.5.3　查看网络中节点

打开串口调试助手，设置参数为 38 400,8,n,1，将计算机串口与底板（液晶扩展板）的串口连接。在发送“$set find”后，设备会给串口回送网络中存在的设备的网络地址，如图 7.7 所示。

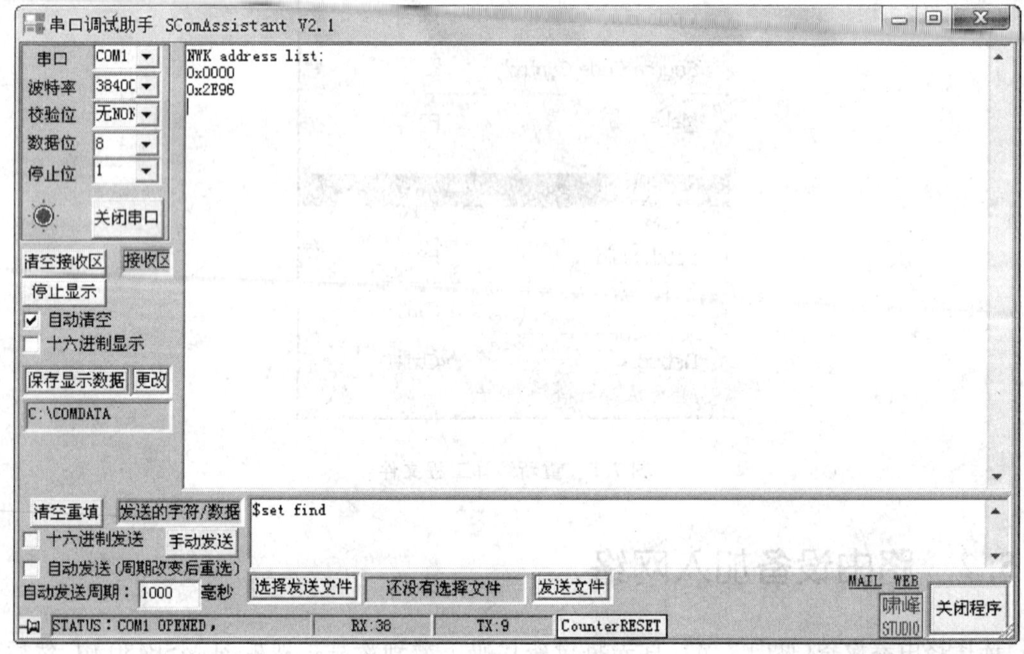

图 7.7　查看网络节点数据

返回的数据为

```
NWK address list:
0x0000
0x2E96
```

7.5.4　配置地址

配置地址的命令是 $set address=0xFFFF，其中 0xFFFF 是设置的地址，这个地址根据需求不可以改变，例如，向网络中的 0x0000 发送数据，就将命令修改为 $set address=0x0000，配置后就会返回，配置信息如图 7.8 所示。

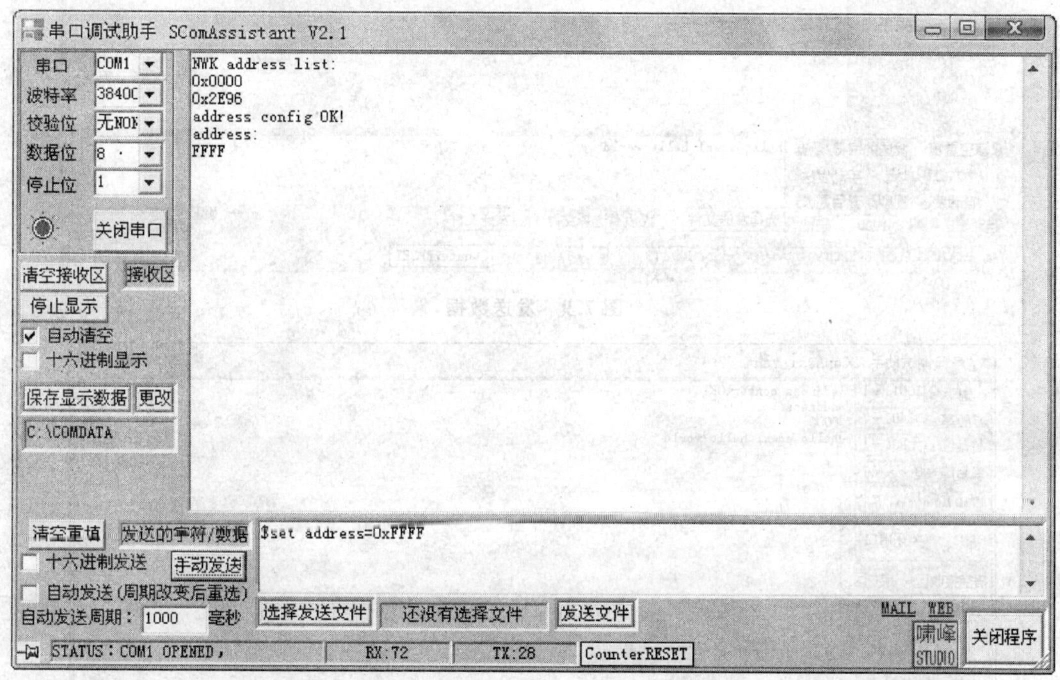

图 7.8　两台计算机之间的通信截图

7.5.5　收发数据

当配置完成后，就可以实现透明传输了。将另一台要与之通信的设备也连接到另一台计算机串口，设置同样的参数，如果需要发送数据，则在另外一台计算机重复操作前面的步骤。

配置连接完成后,如果在任意一台计算机的串口发送一串数据,则在另外一台计算机上能显示出发送的数据,如图 7.9 和图 7.10 所示。

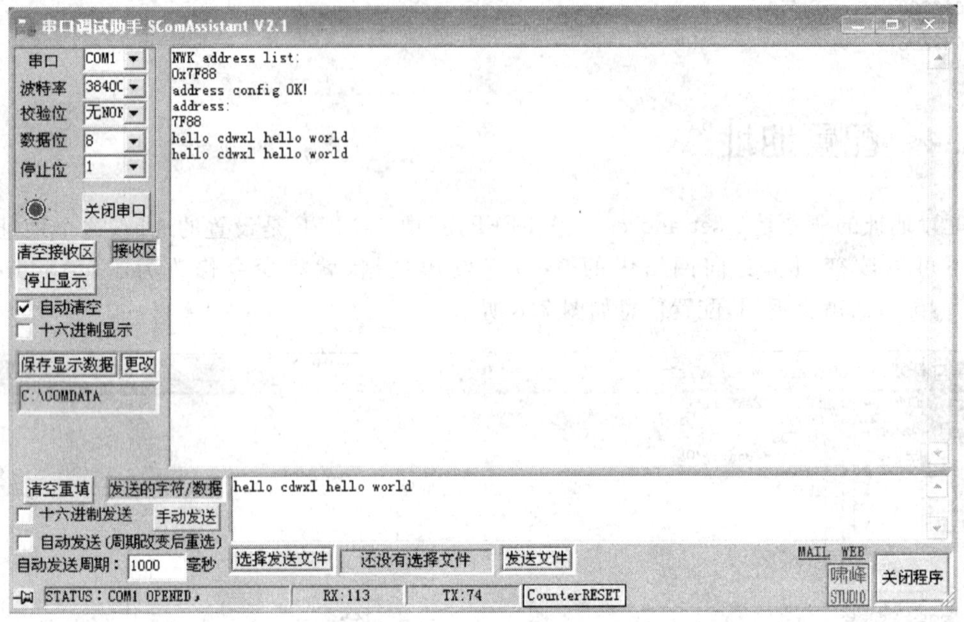

图 7.9 发送数据

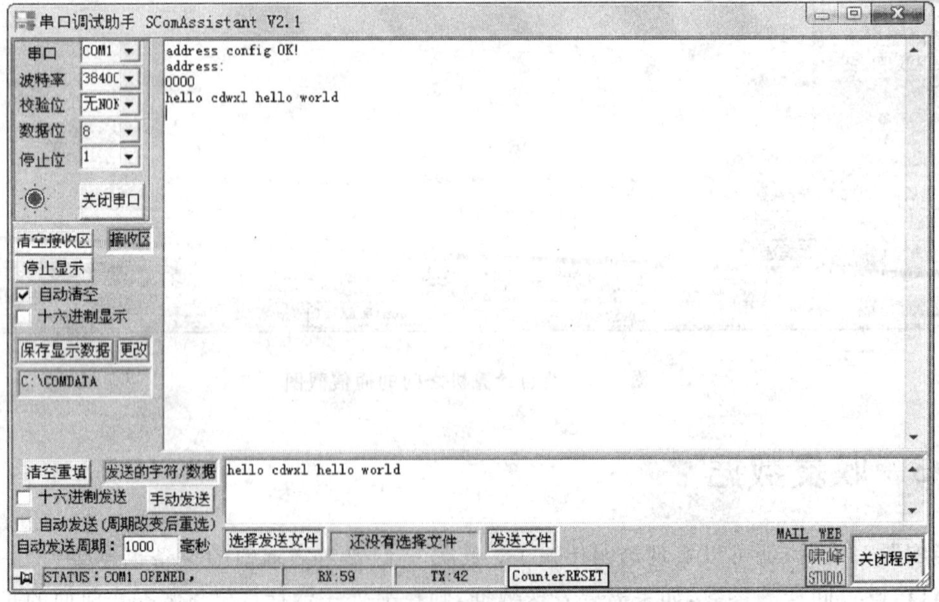

图 7.10 接收数据

7.6 实验总结

本章实验通过对 ZigBee PRO 的应用实现了串口之间的透明传输，这样，通过 ZigBee 为载体可以实现点对点、点对多点和多点对多点的实时通信。在实验中，使用了建立网络、加入网络、配置节点、短地址发送数据、广播发送数据等功能。

同时，也了解了在 Z－Stack 协议栈中底层驱动的使用方法。希望通过此章的学习，能够合理地利用低功耗微控制器的底层硬件，提高协议栈的性能。

第 8 章 ZigBee2007/PRO 高级应用——家庭自动化

中国数字家庭产业联盟于 2008 年 5 月 21 日在中国数字家庭产业峰会上正式宣告成立。该联盟是由国内外从事网络、产品、技术、内容、服务和运营等数字家庭相关产业企事业单位和机构等按照自愿、公平、合作的原则自发组织的互利共同体，是围绕数字家庭产业链相关技术、产品、系统、解决方案、营运和服务开展研发、应用、标准化、产业化等工作的行业性、非盈利性企业联盟。

数字家庭产业涉及的领域非常广泛，对于家庭内部，数字家庭的第一步是要实现资源互联，但家庭内部的资源毕竟比较少，需要把外部更多的资源整合起来，这样就涉及上游相关产业链发展。数字家庭的发展实际上应该是整个产业链的发展。它可能涉及内部运营商，像ICP、ISP；电信运营商，像广电。另外，像各种 3C 设备的提供商，以及芯片提供商和相关的标准组织。只有各个产业的模块相互协调起来，形成比较好的、共赢的商业模式，才能把产业做起来。

在未来的几年，具备家庭联网功能的电子信息产品出货量将迅速提高，到 2010 年，PC 机、多媒体家电、通信设备和数码产品中，预计将有 30%左右具备互连互通的功能，整个数字家庭产品的规模也将达到千亿元。

泛数字时代的 3C 融合是数字家庭的发展方向：数字家庭作为融合家庭控制网络和多媒体信息网络为一体的信息化平台，必定要实现 PC 机、消费电子和通信设备的互联和管理，以达到在任何时间、任何地点都能获取信息的无所不在境界。

8.1 家庭自动化概念

家庭自动化系指利用微处理电子技术来集成或控制家中的电子、电器产品或系统。例如：

照明灯、咖啡炉、电脑设备、保安系统、暖气及冷气系统、视讯及音响系统等。

家庭自动化系统主要是以一个中央微处理机(Central Processor Unit,CPU)接收来自相关电子电器产品的信息(外界环境因素的变化,如太阳初升或西落等所造成的光线变化等)后,再以既定的程序发送适当的信息给其他电子电器产品。中央微处理机必须透过许多界面来控制家中的电器产品,这些界面可以是键盘,也可以是触摸式屏幕、按钮、计算机、电话机、遥控器等;消费者可发送信号至中央微处理机,或接收来自中央微处理机的信号。

家庭自动化的用途极广,例如当一个人在冬天从外面归来时,只要靠近房子,感应器因为侦测到人体移动而发出的信号,会自动打开门前的照明灯,并启动家中的暖气系统;再例如早上 7 点起床,家中的电子时钟发出信号,让咖啡炉自动煮咖啡,卧室的窗帘自动打开,镭射音响自动演奏优美的旋律等。这一切生活中的方便在美国已经成为现实,并随着 Internet 网的普及已逐渐渗入到了我国百姓的生活,上网已开始成为多数人一项不可缺少的需求。

家庭自动化的市场已被多数家电厂商所看好。据了解,目前全国家电市场的规模约在 2 000亿左右,并以每年 5%～10%的速度增长。这其中除少数小家电产品不能作为网络终端外,其他多数大家电产品如冰箱、洗衣机、微波炉、联网电视、影碟机等都能实现上网。而据有关机构预测,在未来 5～10 年内,信息家电产品市场规模将达到 1 万亿美元以上。

不管想要完成什么样的自动化,都需要一个公共网络,以把各种各样的设备连接于系统之中。网络可采用硬线连接、软线连接、无线连接或这些连接方式的组合。目前,大多数的家庭控制网络采用的都是硬线连接,有专用电缆与 CPU 相连。一般都认为这是最为可靠的方法,但它需要在房间里进行大量的电缆布线工作,因此硬线连接法往往只是在新建房屋或进行大规模房屋整修时被选用。

对于那些难以在墙内埋设专用电缆的多数家庭而言,可采用 ZigBee 无线网络技术。ZigBee 联盟目前积极推广的市场包括家庭自动化、商业大楼自动化与自动读表系统。

无线连接的优势是多方面的:

① 无线家庭网络连接不需要在墙上穿洞,也不需要敷设昂贵的光缆,用户很快就能够使用;

② 使便携式设备能够保持其便携性,不必固定在墙上,且仍可与网络中的其他设备进行通信;

③ 大多数无线网络都采用了某种形式的加密,为用户提供了保密性;

④ 在大多数情况下,无线设备的室内通信距离可达 1～100 m(室外可达 1 000 m 以上)。

通过一个简单网关系统即可实现家庭网络与 Internet 网络连接,以实现远程监控,从而在办公室、机场、车站、酒店等地随时随地监控家庭状况。

8.2　ZigBee2007/PRO 的家庭自动化

在本章中，通过 ZigBee2007/PRO 协议栈的家庭自动化高级应用，为读者展示的各种电子设备就能够在几乎无需过问的情况下进行操作。例如，自动化的照明灯和 CD 播放机能够在预先设定的时刻（如主人回家的时间）开启；而自动化的供暖/冷却系统则能够在有人进出时对房间的温度进行调节。事实上，任何的电气/电子设备和个人的日常安排都可实现自动化，这样人们就可以少花一些时间去处理家中的琐事，而把更多的时间放在重要的事情上，提高了生活质量。

学习本章的主要目的是在 ZigBee 协议栈基础上深入了解 ZigBee2007/PRO 在实际生产、生活中的应用领域及应用方式、方法，深入了解 ZigBee 协议栈的结构。其应用灵活多变，可靠而且实用。

8.3　家庭自动化实验目的

本章实验以 ZigBee2007/PRO 家庭自动化功能实验为依托，介绍家庭中灯光系统的控制。其中涉及绑定、分组、控制信号传送以及协议栈各层接口的操作。目的是学习 ZigBee2007/PRO 其中的一个 Profile 家庭自动化，熟悉和了解协议栈在该 Profile 中起的作用以及工作流程。

8.4　家庭自动化体系

家庭自动化系统的核心理所当然的应是在系统上与各种设备进行信息交流的中央处理单元（CPU），它从外部设备或监视的各种状态接收提示信号，并通过发送适当的控制信号作为响应。例如，如果一个与 CPU 相连接的“占有传感器”（Occupancy Sensor）检测到门厅里有人活动，那么 CPU 就可以发出指令去打开门厅里的照明灯或给房间加热。

图 8.1 为 ZigBee 家庭自动化示意图，图中的协调器为 ZigBee 无线网络内协调器，负责整个家庭自动化内 ZigBee 网络管理及与 Internet 网络通信，起到一个网关作用；控制器为 ZigBee 无线网络内路由器；灯、电视机、空调、传感器、洗衣机等为 ZigBee 无线网络内终端节点或路由器。

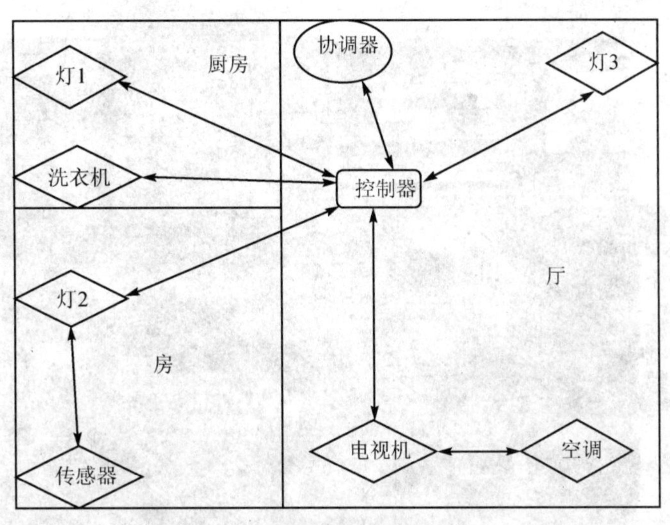

图8.1　家庭自动化控制示意图

本章实验为了说明方便，选用一对来讲解，即选取控制器与灯。其中控制器选取 ZigBee 无线网络内路由器功能节点，灯选取 ZigBee 无线网络内终端功能节点。

8.5　实验设备

本实验需要设备包括硬件、软件集成开发平台。硬件使用的是成都无线龙通讯科技有限公司提供的 C51RF－CC2520－PK 系统，软件集成开发平台为 IAR For MSP430 4.10a。

1. 硬件介绍

根据实验所要体现的功能，对实验所需要的器材进行选择，包括 1 台 C51RF－CC2520－PK 仿真器、3 块 ZigBee 模块 CC2520 和 3 个 C51RF－CC2520－PK 液晶扩展板。

2. 硬件组成

在本实验中，将选择 3 块液晶扩展板及 3 个 ZigBee 模块 CC2520(见图 8.2)，分别扮演 1 个协调器、1 个路由器(控制器)和 1 个终端节点(灯)3 种角色。

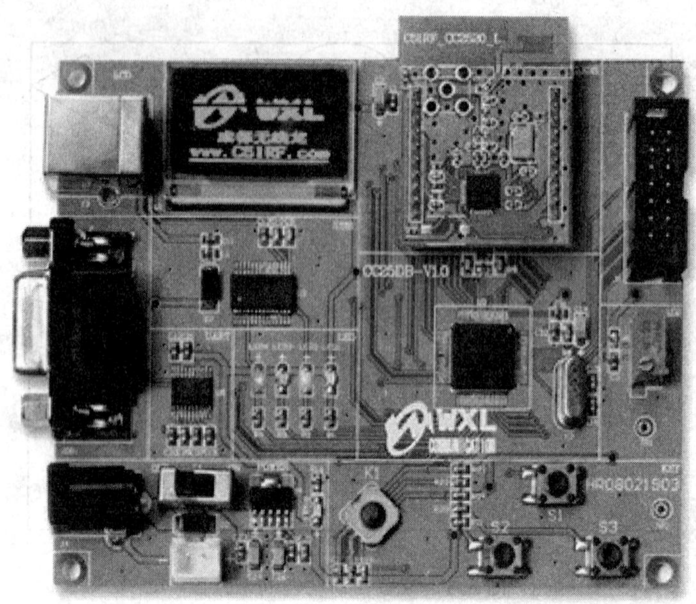

图 8.2 ZigBee 无线网络节点

8.6 家庭自动化实验工程

在 C51RF－CC2520－PK 开发系统中例子程序文件夹\ZigBee2007 无线传感器网络 C51RF－WSN－CC2520 开发系统 V1.00\开发例子源代码程序\Texas Instruments\ \ZStack－2.0.0－1.2.0\Projects\zstack\HomeAutomation 内打开协议栈实验工程。这个实验工程包括两个小工程包，分别是 SampleLight 和 SampleSwitch。其中 SampleLight 为灯工程包，SampleSwitch为控制器工程包。

在本实验中，通过 IAR 软件集成开发环境打开 SampleLight 和 SampleSwitch 两个工程文件，并在 SampleLight 内选择 EndDevice－Pro 下载至 ZigBee 模块 1 液晶扩展板担当灯，在 SampleLight 内选择 Coordinator－Pro 下载至 ZigBee 模块 2 液晶扩展板担当协调器，在 SampleSwitch 内选择 Router－Pro 下载至 ZigBee 模块 3 液晶扩展板担当控制器。

说明：协调器可以随便下载 SampleLight 和 SampleSwitch 中的任意一个 Coordinator－Pro；灯可以下载 SampleLight 中 Router－Pro 和 EndDevice－Pro 的任意一个；控制器可以下载 SampleSwitch 中 Router－Pro 和 EndDevice－Pro 的任意一个。

在工程文件的左边 Workspace 中，可以看到整个协议栈的构架，如图 8.3 所示。

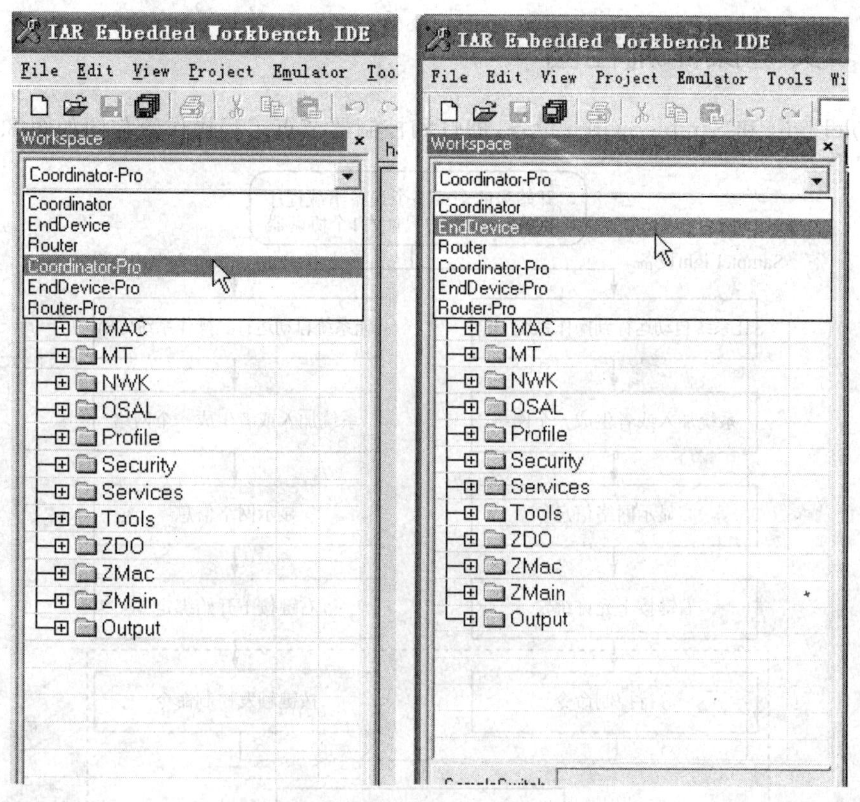

图 8.3　家庭自动化实验工程

8.7　家庭自动化工程剖析

首先启动网络协调器，如果协调器建立网络成功，则会在液晶扩展板的 LCD 上显示该节点为协调者，同时显示网络 ID 号。

然后打开终端节点（灯）和路由器（控制器）的电源，此时节点会自动加入网络。加入网络成功后，节点会显示自己的节点类型、网络地址和父节点的网络地址。

最后要把控制器模块和所要控制灯模块绑定（ZigBee 无线网络协议中的绑定功能）起来。具体操作如下：首先要把灯模块的液晶扩展板上摇杆向右拔一下，然后再把控制器模块的液晶扩展板摇杆向右拔一下，如果控制器模块的 LED4 熄灭或是点亮之后马上熄灭，则表示两个模块绑定成功。此时把控制器模块的摇杆往上拔就可以控制灯模块的 LED4 的亮和灭了。解除绑定的方法与绑定过程相同。解除绑定之后，控制器模块就不能控制灯模块的 LED 了。这个过程可以重复使用，可以一个控制器绑定多个灯，也可一个灯绑定多个控制器。

8.7.1　实验操作流程图

SampleLight 和 SampleSwitch 设备，即灯和控制器节点工程操作流程图如图 8.4 所示。

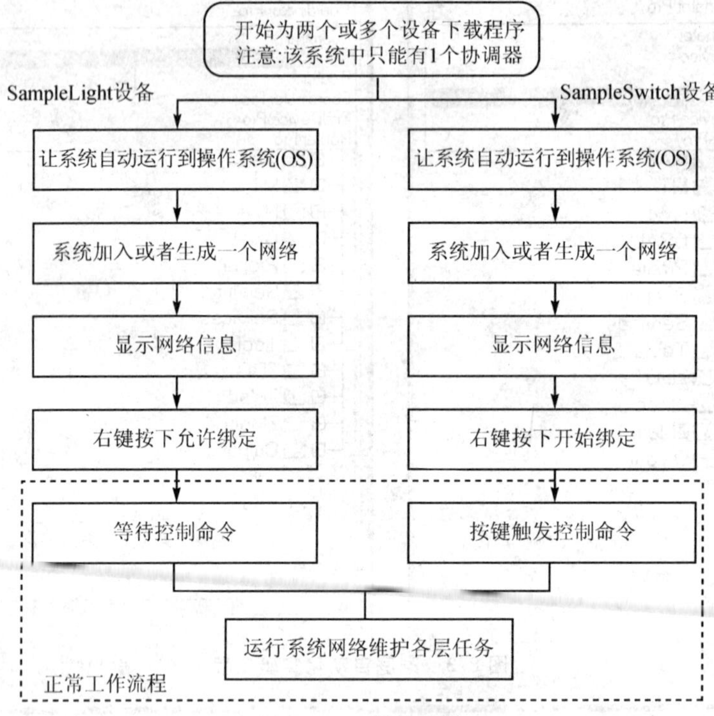

图 8.4　工程流程图

8.7.2　灯和控制器主函数程序流程图

SampleLight 和 SampleSwitch 设备主函数程序流程图如图 8.5 所示。在主函数内预置

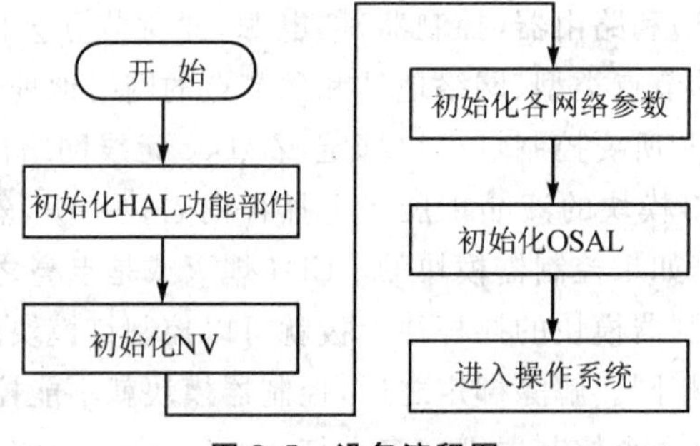

图 8.5　设备流程图

协议栈全局参数，如果 Flash 存储器中有参数项，则读出这些参数项；如果没有；则采用系统缺省值，如程序清单 8.1 所示。

程序清单 8.1

```
void main( void )
{
  //关总中断
  osal_int_disable( INTS_ALL );
  //预置堆栈空间
  zmain_ram_init();
  //预置实验板 I/O 和 OS 时钟源
  InitBoard( OB_COLD );
  //预置板载 HAL 驱动
  HalDriverInit ();
  //预置 NV 系统
  osal_nv_init( NULL );
  //预置 the MAC
  ZMacInit();
  //检查地址
  zmain_ext_addr();
  //初始化基本 NV 列表
  zgInit();
#ifndef NONWK
  //AF 不是一个任务，初始化例程
  afInit();
#endif
  //预置操作系统
  osal_init_system();
  //开启系统总中断
  osal_int_enable( INTS_ALL );
  //初始化按键系统
  InitBoard( OB_READY );
  //在 LCD 显示设备信息
  zmain_dev_info();
  /* 在 LCD 显示设备信息 */
#ifdef LCD_SUPPORTED
  zmain_lcd_init();
#endif
  osal_start_system();                    //不从这里返回
} //main()
```

8.7.3　其他初始化关键函数

zgInit 函数是设备主函数中一个重要的初始化关键函数，其流程图如图 8.6 所示，详细函数说明如程序清单 8.2 所示。

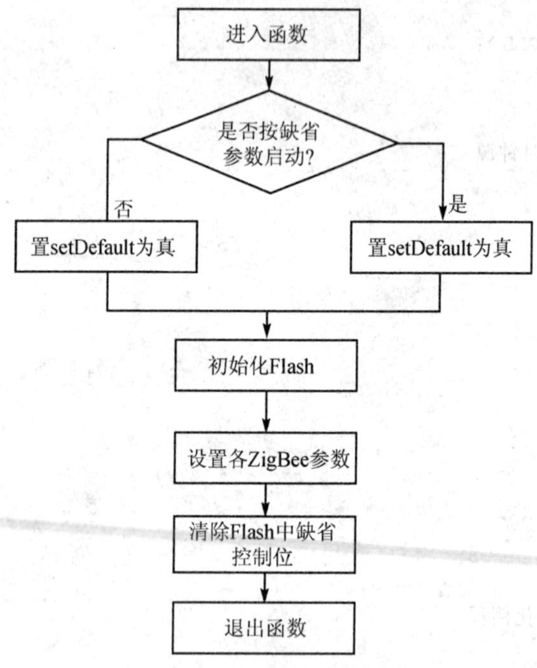

图 8.6　ZgInit 流程图

zgInit 函数主要设置各 ZigBee 无线网络参数及清除 Flash 存储器内缺省控制位。

程序清单 8.2

```
uint8 zgInit( void )
{
  uint8   setDefault = FALSE;
  //是否用缺省值启动网络，是，按缺省值启动；否，读出参数
  if ( zgReadStartupOptions() & ZCD_STARTOPT_DEFAULT_CONFIG_STATE )
  {
    setDefault = TRUE;
  }
#if 0
  //开启以下功能可以跟踪复位次数
```

```
  uint16 bootCnt = 0;
 //初始化 Flash
 if ( osal_nv_item_init( ZCD_NV_BOOTCOUNTER, sizeof(bootCnt), &bootCnt ) == ZSUCCESS )
 {
   //读出 Flash 中已经存在的值
   osal_nv_read( ZCD_NV_BOOTCOUNTER, 0, sizeof(bootCnt), &bootCnt );
 }
 //如果是第一次启动,则复位该单元
 if ( setDefault )
   bootCnt = 0;
 else
   bootCnt++;
   //将参数写进 Flash
 osal_nv_write( ZCD_NV_BOOTCOUNTER, 0, sizeof(bootCnt), &bootCnt );
#endif
 //预置外部 PAN ID 为网络 MAC 地址
 ZMacGetReq( ZMacExtAddr, zgExtendedPANID );
#ifndef NONWK
 //预置个人密钥为缺省密钥
 osal_memcpy( zgPreConfigKey, defaultKey, SEC_KEY_LEN );
 //预置个人密钥为缺省连接密钥
 osal_memcpy( zgPreConfigTCLinkKey, defaultTCLinkKey, SEC_KEY_LEN );
#endif //NONWK
 //各 ZigBee 参数恢复到缺省值
 zgInitItems( setDefault );
 //清 0 缺省控制位
 if ( setDefault )
 {
   zgWriteStartupOptions(ZG_STARTUP_CLEAR, CD_STARTOPT_DEFAULT_CONFIG_STATE);
 }
 return ( ZSUCCESS );
}
```

8.7.4 网络状态变化函数

函数原型：void nwk_Status(uint16 statusCode, uint16 statusValue)

网络状态变化函数的流程图如图 8.7 所示，函数内容如程序清单 8.3 所示。该函数被 IEEE 802.15.4 调用，向上层申请网络状态发生了变化，以得到上层的响应。在本实验中，该函数体一旦被下层调用得到申请后，用户应用层会提取设备的种类和 IEEE 地址，并且设备随机产生 PANID 和网络地址并显示到该设备(灯、控制器、协调器)液晶扩展板的液晶上。

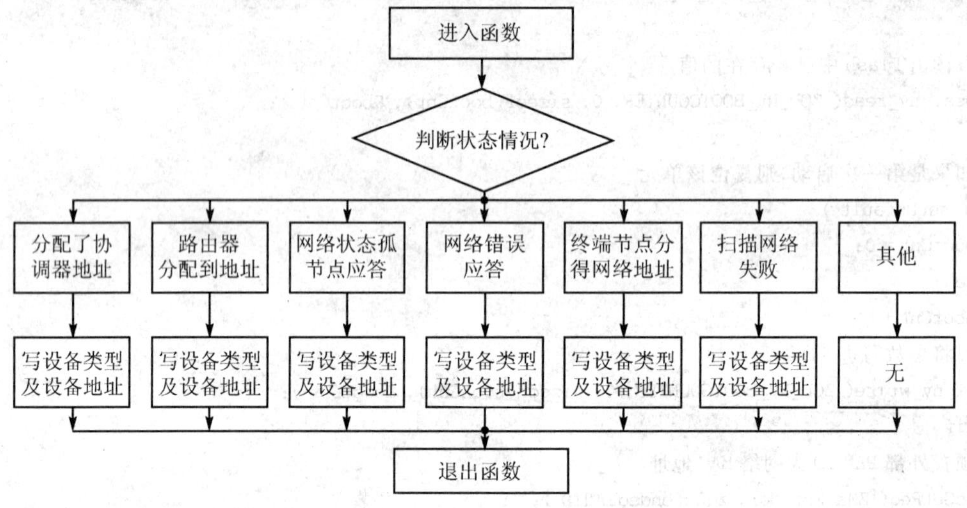

图 8.7　网络状态变化函数

程序清单 8.3

```
void nwk_Status( uint16 statusCode, uint16 statusValue )
{ #if defined ( LCD_SUPPORTED )
  switch ( statusCode )
  {
    case NWK_STATUS_COORD_ADDR:
      if ( ZSTACK_ROUTER_BUILD )
      {
        HalLcdWriteString( (char * )ZigbeeCoordStr, HAL_LCD_LINE_1 );
        HalLcdWriteStringValue( (char * )NetworkIDStr, statusValue, 16, HAL_LCD_LINE_2 );
        BuzzerControl( BUZZER_BLIP );
      }
      break;
    case NWK_STATUS_ROUTER_ADDR:
      if ( ZSTACK_ROUTER_BUILD )
      {
        HalLcdWriteStringValue( (char * )RouterStr, statusValue, 16, HAL_LCD_LINE_1 );
      }
      break;
    case NWK_STATUS_ORPHAN_RSP:
```

```
      if ( ZSTACK_ROUTER_BUILD )
      {
        if ( statusValue == ZSuccess )
          HalLcdWriteScreen( (char * )OrphanRspStr, (char * )SentStr );
        else
          HalLcdWriteScreen( (char * )OrphanRspStr, (char * )FailedStr );
      }
      break;
    case NWK_ERROR_ASSOC_RSP:
      if ( ZSTACK_ROUTER_BUILD )
      {
        HalLcdWriteString( (char * )AssocRspFailStr, HAL_LCD_LINE_1 );
        HalLcdWriteValue( (uint32)(statusValue), 16, HAL_LCD_LINE_2 );
      }
      break;
    case NWK_STATUS_ED_ADDR:
      if ( ZSTACK_END_DEVICE_BUILD )
      {
        HalLcdWriteStringValue( (char * )EndDeviceStr, statusValue, 16, HAL_LCD_LINE_1 );
      }
      break;
    case NWK_STATUS_PARENT_ADDR:
            HalLcdWriteStringValue( (char * )ParentStr, statusValue, 16, HAL_LCD_LINE_2 );
      break;
    case NWK_STATUS_ASSOC_CNF:
      HalLcdWriteScreen( (char * )AssocCnfStr, (char * )SuccessStr );
      break;
    case NWK_ERROR_ASSOC_CNF_DENIED:
      HalLcdWriteString((char * )AssocCnfFailStr, HAL_LCD_LINE_1 );
      HalLcdWriteValue( (uint32)(statusValue), 16, HAL_LCD_LINE_2 );
      break;
    case NWK_ERROR_ENERGY_SCAN_FAILED:
      HalLcdWriteScreen( (char * )EnergyLevelStr, (char * )ScanFailedStr );
      break;
  }
#endif
}
```

8.7.5 绑定相关函数

下面介绍本章操作中的一个关键过程——绑定中涉及的函数。表 8.1 所列为绑定函数列表。

表 8.1 绑定函数列表

ZDO Binding API	ZDP Binding Service Command
ZDP_EndDeviceBindReq()	End_Device_Bind_req
ZDP_EndDeviceBindRsq()	End_Device_Bind_rsq
ZDP_BindReq()	Bind_req
ZDP_BindRsq()	Bind_rsq
ZDP_UnbindReq()	Unbind_req
ZDP_UnbindRsq()	Unbind_rsq

ZDO 绑定 API 发送 ZDO 绑定请求和应答一个绑定请求,所有绑定信息列表都将存放在 ZIGBEE 协调器上,因此只有 ZigBee 协调器能接收这些绑定请求。

1. 终端节点绑定请求函数

函数名:ZDP_EndDeviceBindReq()

描　述:调用这个函数将发送一个绑定请求,试图手动绑定该设备。用户一旦绑定了设备,就可以发送一个没有地址的信息到协调器,协调器会发送一个信息到想要绑定到的设备,或者可能会接收到一个来自绑定设备的信息。

函数原型:

```
afStatus_t ZDP_EndDeviceBindReq(      zAddrType_t * dstAddr,
                                      uint16 LocalCoordinator,
                                      byte epIntf,
                                      uint16 ProfileID,
                                      byte NumInClusters,
                                      byte * InClusterList,
                                      byte NumOutClusters,
                                      byte * OutClusterList,
                                      byte SecuritySuite );
```

参数描述:

dstAddr——目的地址。

LocalCoordinator——设备父节点或者协调器网络地址。

epIntf——应用层终端节点模式。

ProfileID——用户 Profile ID 用串 ID 作参考。

NumInClusters——输入串 ID 清单的数量。

InClusterList——输入串 ID 列表。

NumOutClusters——输出串库清单的数量。

OutClusterList—输出串 ID 列表。

SecuritySuite——加密等级。

返 回：系统发送接收数据的返回状态。

2. 终端节点绑定应答函数

函数名：ZDP_EndDeviceBindRsp()

描 述：这个函数是 ZDP_SendData()能直接调用的程序模块。调用这个函数对终端节点的绑定请求给出一个应答。

函数原型：

```
afStatus_t ZDP_EndDeviceBindRsp(    byte TranSeq,
                                    zAddrType_t * dstAddr,
                                    byte Status,
                                    byte SecurityEnable );
```

参数描述：

TranSeq——传送请求编号。

dstAddr——目的地址。

Status——绑定结果。表 8.2 描述了绑定结果状态。

表 8.2 绑定结果状态列表

Status	
Meaning	Value
SUCCESS	0
NOT_SUPPORTED	1
TIMEOUT	2
NO_MATCH	3

SecurityEnable——信息加密等级位。

返 回：ZigBee 网络发送接收数据的返回状态。

3. 绑定请求

函数名：ZDP_BindReq()

描　述：这个程序模块常被 ZDP_BindUnbindReq ()函数调用。这个函数将建立和发送一个绑定请求。用这个函数请求协调器通过串 ID 绑定应用层。

函数原型：

```
afStatus_t ZDP_BindReq( zAddrType_t * dstAddr,
                        byte * SourceAddr,
                        byte SrcEPIntf,
                        byte ClusterID,
                        byte * DestinationAddr,
                        byte DstEPIntf,
                        byte SecuritySuite );
```

参数描述：

dstAddr——绑定目的地址。

SourceAddr——申请绑定原地址。

SrcEPIntf——申请绑定节点的应用层终端信息。

ClusterID——信息绑定到哪一个串 ID 上。

DestinationAddr——接收信息的目的地址，64 位 MAC 地址。

DstEPIntf——接收信息的目的地址终端描述。

SecuritySuite——信息加密位。

返　回：ZigBee 网络发送接收数据的返回状态。

4. 绑定请求应答

函数名：ZDP_BindRsp()

描　述：该函数模块直接被 ZDP_SendData ()函数调用。调用这个函数以应答一个绑定请求。

函数原型：

```
afStatus_t ZDP_BindRsp(    byte TranSeq,
                           zAddrType_t * dstAddr,
                           byte Status,
                           byte SecurityEnable );
```

参数描述：

TranSeq——请求传送编号。

dstAddr——目的地址。

Status——绑定请求状态位。表8.3描述了该状态位作用。

SecurityEnable——加密位。

返　回：ZigBee网络发送接收数据的返回状态。

表8.3　绑定请求状态位

Status	
Meaning	Value
SUCCESS	0
NOT_SUPPORTED	1
TABLE_FULL	2

5. 取消绑定请求

函数名：ZDP_UnbindReq ()

描　述：这个函数模块被ZDP_BindUnbindReq ()直接调用。调用这个函数可以直接生成并发送一个取消绑定的请求。用这个函数去申请协调器移除一个绑定。

函数原型：

```
afStatus_t ZDP_UnbindReq(      zAddrType_t * dstAddr,
                               byte * SourceAddr,
                               byte SrcEPIntf,
                               byte ClusterID,
                               byte * DestinationAddr,
                               byte DstEPIntf,
                               byte SecuritySuite );
```

参数描述：

dstAddr——目的地址。

SourceAddr——源MAC地址，信息产生的源地址。

SrcEPIntf——信息产生的源地址的描述。

ClusterID——绑定到的串ID。

DestinationAddr——接收信息的目的地址。

DstEPIntf——接收信息的目的地址描述。

SecuritySuite——加密位。

返　回：ZigBee网络发送接收数据的返回状态。

6. 取消绑定请求应答

函数名：ZDP_UnbindRsp()

描　述：该函数模块直接被 ZDP_UnbindRsp()调用。调用这个函数去应答请求绑定。

函数原型：

```
afStatus_t ZDP_UnbindRsp(      byte TranSeq,
                               zAddrType_t * dstAddr,
                               byte Status,
                               byte SecurityEnable );
```

参数描述；

TranSeq —— 传送请求编号。

dstAddr ——目的地址。

Status ——取消绑定应答状态位，如表 8.4 所描述。

表 8.4　取消绑定应答状态位

Status	
Meaning	Value
SUCCESS	0
NOT_SUPPORTED	1
NO_ENTRY	2

SecurityEnable ——加密位。

返　回：ZigBee 网络发送接收数据的返回状态。

8.8 操作系统

在主程序执行到启动操作系统(OS)后，系统的指挥权就交给了操作系统(OS)，由操作系统控制各个任务的调度切换及数据传送等功能。

因此要关心的是操作系统(OS)中各程序完成了什么任务？任务之间是怎样联系的？怎样才能控制各功能部件完成自己设计的功能？在拥有操作系统(OS)的系统中，用户不能按照前后台系统的理解方式去理解程序流程。

在前后台系统中，往往只会有一个死循环在不断往返地运行，而在拥有操作系统(OS)的程序中拥有很多的死循环，几乎每一个任务都会通过任务调度形成一个死循环。其中操作系统是程序运行的心脏，这是其中最大的一个死循环。每一个任务中的死循环就是完成整个系

统部分功能的一个模块。

8.8.1 操作系统关键参数

系统任务的指针函数

函数原型：typedef unsigned short (* pTaskEventHandlerFn)(unsigned char task_id, unsigned short event);

系统任务的指针函数,如程序清单 8.4 所示。操作系统通过对该指针函数的不同赋值调用不同的任务进程,以完成不同的任务。

操作系统关键参数如下：

macEventLoop——MAC 层事件处理进程。

nwk_event_loop——网络层事件处理进程。

Hal_ProcessEvent——物理层事件处理进程。

MT_ProcessEvent——系统管理任务事件处理进程。

APS_event_loop——APS 层事件处理进程。

APSF_ProcessEvent——APS 层事件处理进程。

ZDApp_event_loop——ZDOApp 层事件处理进程。

ZDNwkMgr_event_loop——ZDO 网络管理层处理进程。

zcl_event_loop——ZCL 处理进程。

zclSampleSw_event_loop——用户应用层接口处理进程。

程序清单 8.4

```
const pTaskEventHandlerFn tasksArr[] = {
  macEventLoop,
  nwk_event_loop,
  Hal_ProcessEvent,
#if defined( MT_TASK )
  MT_ProcessEvent,
#endif
  APS_event_loop,
#if defined ( ZIGBEE_FRAGMENTATION )
  APSF_ProcessEvent,
#endif
  ZDApp_event_loop,
#if defined ( ZIGBEE_FREQ_AGILITY ) || defined ( ZIGBEE_PANID_CONFLICT )
```

```
  ZDNwkMgr_event_loop,
#endif
  zcl_event_loop,
  zclSampleSw_event_loop
};
```

程序清单8.4是一个指针数组，该数组里列出了所有的任务进程函数，操作系统就通过该指针数组操作不同的任务进程。用户需要增加任务时，也必须到这个数组里作一个指针函数的登记；否则操作系统不会调用该任务。

"uint16 * tasksEvents;"——定义任务指针，在操作系统中存放所有任务事件列表。

"uint8 tasksCnt;"——任务计数器，记录系统内任务数量，用作操作系统循环界定值。

8.8.2 操作系统关键函数

1. 操作系统任务初始化函数

函数原型：void osalInitTasks(void)

操作系统任务初始化函数，如程序清单8.5所示。在该函数中，有一个统一全局的变量taskID，千万不要搞错，这是给每一个任务分配一个ID号，不能重复，也不能给无关的函数分配ID号。因此在每个函数中，它们不断地赋值并加1，直到最后一个任务赋值才结束。

程序清单8.5

```
void osalInitTasks( void )
{
  uint8 taskID = 0;
  tasksEvents = (uint16 *)osal_mem_alloc( sizeof( uint16 ) * tasksCnt);
  osal_memset( tasksEvents, 0, (sizeof( uint16 ) * tasksCnt));
  macTaskInit( taskID++ );
  nwk_init( taskID++ );
  Hal_Init( taskID++ );
#if defined( MT_TASK )
  MT_TaskInit( taskID++ );
#endif
  APS_Init( taskID++ );
#if defined ( ZIGBEE_FRAGMENTATION )
  APSF_Init( taskID++ );
#endif
  ZDApp_Init( taskID++ );
```

```
#if defined ( ZIGBEE_FREQ_AGILITY ) || defined ( ZIGBEE_PANID_CONFLICT )
  ZDNwkMgr_Init( taskID++ );
#endif
  zcl_Init( taskID++ );
  zclSampleSw_Init( taskID );
}
byte osal_set_event( byte task_id, UINT16 event_flag )
```

2. 设置事件函数 osal_set_event

函数原型：byte osal_set_event(byte task_id, UINT16 event_flag)

参数描述：

task_id——任务 ID。在 tasksArr[]函数指针数组中已经登记和 osalInitTasks()中初始化完成的任务 ID。

event_flag——事件标志位。该标志每一位表示一个事件，用户对事件的分配需要按位进行。

设置事件函数 osal_set_event，如程序清单 8.6 所示。用户在各任务层之间切换时如果遇到立即需要处理的事件或者需要在其他任务中运行的事件，用户可以调用这个函数实现任务切换。

程序清单 8.6

```
byte osal_set_event( byte task_id, UINT16 event_flag )
{
  if ( task_id < tasksCnt )
  {
    halIntState_t    intState;
    HAL_ENTER_CRITICAL_SECTION(intState);        //关掉中断
    tasksEvents[task_id] |= event_flag;          //打开事件位
    HAL_EXIT_CRITICAL_SECTION(intState);         //释放中断
  }
   else
    return ( INVALID_TASK );
  return ( ZSUCCESS );
}
```

3. 操作系统主循环函数 osal_start_system

函数原型：void osal_start_system(void)

操作系统主循环函数 osal_start_system，如程序清单 8.7 所示。其操作流程如图 8.8 所示。该函数完成操作系统任务调度和切换。

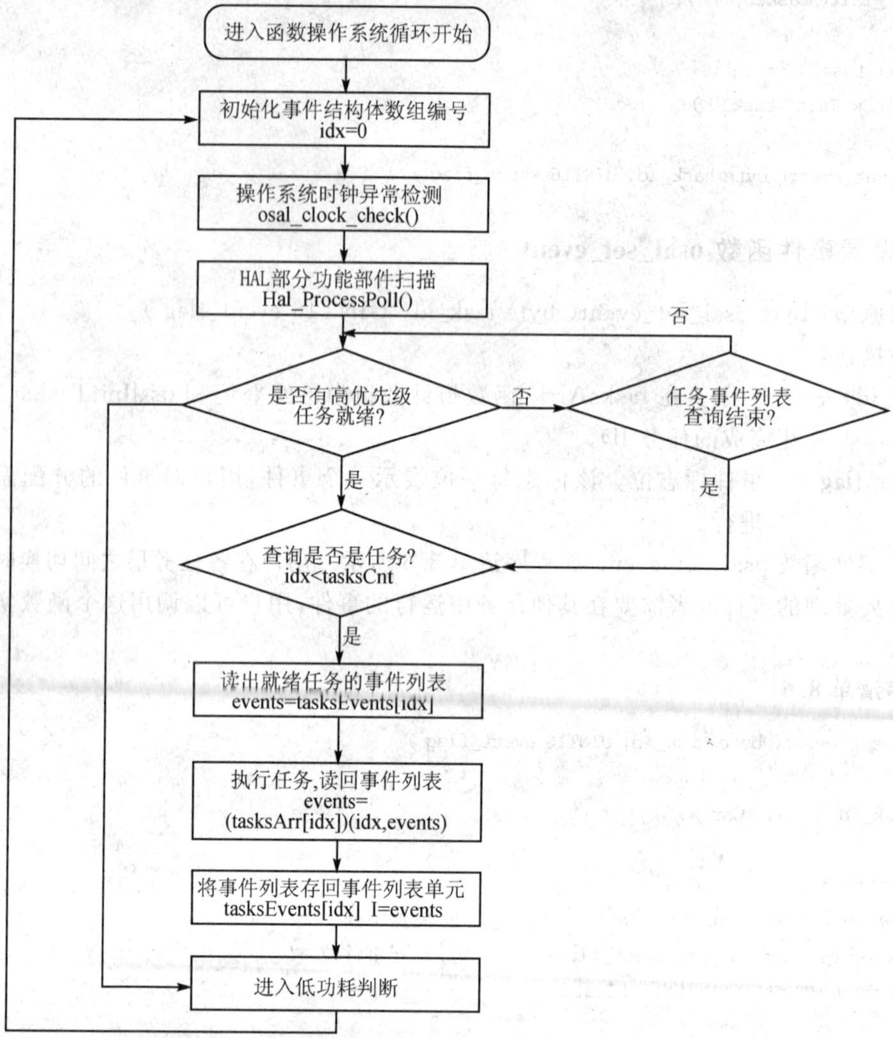

图 8.8 osal_start_system 函数流程图

程序清单 8.7

```
void osal_start_system( void )
{
#if ! defined ( ZBIT )
  for(;;)                                    //操作系统主循环
#endif
```

```
  {
    uint8 idx = 0;                         //初始化事件结构体初值
#if defined ( OSAL_CLOCK )
    osal_clock_check();
#endif
    Hal_ProcessPoll();                     //This replaces MT_SerialPoll() and osal_check_timer()
    do {
      //读出就绪的高优先级任务
      if (tasksEvents[idx])
      {
        break;
      }
    } while ( ++idx < tasksCnt);
    if (idx < tasksCnt)
    {
      uint16 events;
      halIntState_t intState;
      HAL_ENTER_CRITICAL_SECTION(intState);
      //读出就绪任务的事件列表
      events = tasksEvents[idx];
      //清 0 任务列表
      tasksEvents[idx] = 0;
      HAL_EXIT_CRITICAL_SECTION(intState);
      //执行任务,读回事件列表
      events = (tasksArr[idx])( idx, events );
      HAL_ENTER_CRITICAL_SECTION(intState);
      //将事件列表存回到事件列表单元
      tasksEvents[idx] |= events;
      HAL_EXIT_CRITICAL_SECTION(intState);
    }
#if defined( POWER_SAVING )
    else                                   //Complete pass through all task events with no activity?
    {
      osal_pwrmgr_powerconserve();         //Put the processor/system into sleep
    }
#endif
  }
}
```

8.9 灯设备关键任务

灯设备关键任务函数，如程序清单 8.8 所示。该函数处理系统应用层的主要任务事件。

程序清单 8.8

```
uint16 zclSampleLight_event_loop( uint8 task_id, uint16 events )
{
  afIncomingMSGPacket_t * MSGpkt;
  if ( events & SYS_EVENT_MSG )
  {
    while((MSGpkt = (afIncomingMSGPacket_t * )osal_msg_receive( zclSampleLight_TaskID )) )
    {
      switch ( MSGpkt->hdr.event )
      {
        case ZCL_INCOMING_MSG:
          zclSampleLight_ProcessIncomingMsg( (zclIncomingMsg_t * )MSGpkt );
          break;
        case KEY_CHANGE:
          zclSampleLight_HandleKeys( ((keyChange_t * )MSGpkt)->state,
                                     ((keyChange_t * )MSGpkt)->keys );
          break;
        default:
          break;
      }
      //释放存储空间
      osal_msg_deallocate( (uint8 * )MSGpkt );
    }
    //返回并清 0,任务事件标志位
    return (events ^ SYS_EVENT_MSG);
  }
  if ( events & SAMPLELIGHT_IDENTIFY_TIMEOUT_EVT )
  {
    if ( zclSampleLight_IdentifyTime > 0 )
      zclSampleLight_IdentifyTime -;
    zclSampleLight_ProcessIdentifyTimeChange();
    return ( events ^ SAMPLELIGHT_IDENTIFY_TIMEOUT_EVT );
  }
  //任务中出现了未知事件,返回 0
```

```
  return 0;
}
```

灯设备关键事件函数 ZCL 信息处理事件 ZCL_INCOMING_MSG 如程序清单 8.9 所示。

程序清单 8.9

```
static void zclSampleLight_ProcessIncomingMsg( zclIncomingMsg_t * pInMsg)
{
  switch ( pInMsg->zclHdr.commandID )
  {
#ifdef ZCL_READ
    case ZCL_CMD_READ_RSP:
      zclSampleLight_ProcessInReadRspCmd( pInMsg );
      break;
#endif
#ifdef ZCL_WRITE
    case ZCL_CMD_WRITE_RSP:
      zclSampleLight_ProcessInWriteRspCmd( pInMsg );
      break;
#endif
#ifdef ZCL_REPORT
    //See ZCL Test Applicaiton (zcl_testapp.c) for sample code on Attribute Reporting
    case ZCL_CMD_CONFIG_REPORT:
      //zclSampleLight_ProcessInConfigReportCmd( pInMsg );
      break;
    case ZCL_CMD_CONFIG_REPORT_RSP:
      //zclSampleLight_ProcessInConfigReportRspCmd( pInMsg );
      break;
    case ZCL_CMD_READ_REPORT_CFG:
      //zclSampleLight_ProcessInReadReportCfgCmd( pInMsg );
      break;
    case ZCL_CMD_READ_REPORT_CFG_RSP:
      //zclSampleLight_ProcessInReadReportCfgRspCmd( pInMsg );
      break;
    case ZCL_CMD_REPORT:
      //zclSampleLight_ProcessInReportCmd( pInMsg );
      break;
#endif
    case ZCL_CMD_DEFAULT_RSP:
      zclSampleLight_ProcessInDefaultRspCmd( pInMsg );
```

```
        break;
#ifdef ZCL_DISCOVER
      case ZCL_CMD_DISCOVER_RSP:
        zclSampleLight_ProcessInDiscRspCmd( pInMsg );
        break;
#endif
      default:
        break;
  }
  if ( pInMsg->attrCmd )
    osal_mem_free( pInMsg->attrCmd );
}
```

按键改变事件KEY_CHANGE函数处理各按键按下的事件，如程序清单8.10所示。其流程图如图8.9所示。这里的按键分配了两个功能右键允许绑定功能，在系统设备都加入网络之后，用户可以按下此键开始绑定。

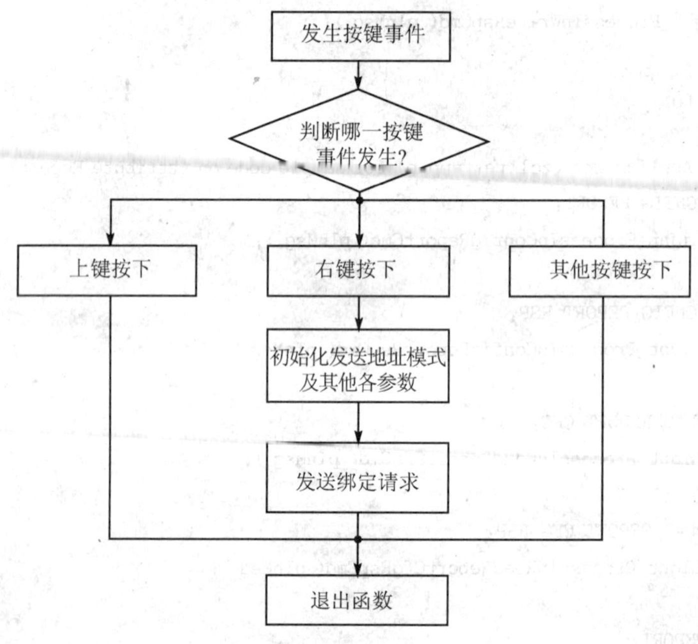

图8.9 按键函数操作流程图

程序清单8.10

```
static void zclSampleLight_HandleKeys( byte shift, byte keys )
{
```

```
zAddrType_t dstAddr;
if ( keys & HAL_KEY_SW_2 )
{
  dstAddr.addrMode = afAddr16Bit;
  dstAddr.addr.shortAddr = 0;                //Coordinator makes the match
  ZDP_EndDeviceBindReq( &dstAddr, NLME_GetShortAddr(),
                        SAMPLELIGHT_ENDPOINT,
                        ZCL_HA_PROFILE_ID,
                        ZCLSAMPLELIGHT_BINDINGLIST,
                        bindingInClusters,
                        0,
                        NULL,          //No Outgoing clusters to bind
                        TRUE );
}
if ( keys & HAL_KEY_SW_3 )
{
}
if ( keys & HAL_KEY_SW_4 )
{
}
```

在 KEY_CHANGE 函数中，ZDP_EndDeviceBindReq()函数在 8.7.5 小节已经介绍过了，下面分析这个绑定函数在这里的应用。

dstAddr——地址模式为 16 位网络地址，地址为 0x0000。

NLME_GetShortAddr()——取自身网络地址。

SAMPLELIGHT_ENDPOINT —— 终端节点描述。

ZCL_HA_PROFILE_ID——应用串 ID 0x0104。

ZCLSAMPLELIGHT_BINDINGLIST ——输入列表功能。

bindingInClusters——输出列表指针。

输出列表数量为 0。

输出列表数指针为空。

加密位为真。

Light 控制进程函数如程序清单 8.11 所示。其中包含对各个绑定灯的检测及收到控制命令的处理。

程序清单 8.11

```
static void zclSampleLight_ProcessIdentifyTimeChange(void)
{
```

```
if ( zclSampleLight_IdentifyTime > 0 )
{
  osal_start_timerEx(zclSampleLight_TaskID, SAMPLELIGHT_IDENTIFY_TIMEOUT_EVT, 1000 );
    HalLedBlink ( HAL_LED_4, 0xFF,
                  HAL_LED_DEFAULT_DUTY_CYCLE,
                  HAL_LED_DEFAULT_FLASH_TIME );
}
else
{
  if ( zclSampleLight_OnOff )
    HalLedSet ( HAL_LED_4, HAL_LED_MODE_ON );
  else
    HalLedSet ( HAL_LED_4, HAL_LED_MODE_OFF );
  osal_stop_timerEx(zclSampleLight_TaskID, SAMPLELIGHT_IDENTIFY_TIMEOUT_EVT );
}
}
```

8.10　控制器关键任务

关键任务处理进程，如程序清单 8.12 所示。

程序清单 8.12

```
uint16 zclSampleSw_event_loop( uint8 task_id, uint16 events )
{
  afIncomingMSGPacket_t *MSGpkt;
  if ( events & SYS_EVENT_MSG )
  {
    while( (MSGpkt = (afIncomingMSGPacket_t *)osal_msg_receive( zclSampleSw_TaskID )) )
    {
      switch ( MSGpkt->hdr.event )
      {
        case ZCL_INCOMING_MSG:
          //ZCL 命令和请处理事件
          zclSampleSw_ProcessIncomingMsg( (zclIncomingMsg_t *)MSGpkt );
          break;
        case ZDO_CB_MSG:
          zclSampleSw_ProcessZDOMsgs( (zdoIncomingMsg_t *)MSGpkt );
          break;
```

```
        case KEY_CHANGE:
          zclSampleSw_HandleKeys(((keyChange_t *)MSGpkt)->state,
                                 ((keyChange_t *)MSGpkt)->keys );
          break;
        default:
          break;
      }
      //释放存储空间,用户必须注意当分配的存储空间不是全局单元时,用完必须
      //释放这些空间,以增加内存的使用
      osal_msg_deallocate( (uint8 *)MSGpkt );
    }
                                        //清除事件标志位
    return (events ^ SYS_EVENT_MSG);
  }
  if ( events & SAMPLESW_IDENTIFY_TIMEOUT_EVT )
  {
    zclSampleSw_IdentifyTime = 10;
    zclSampleSw_ProcessIdentifyTimeChange();
    return ( events ^ SAMPLESW_IDENTIFY_TIMEOUT_EVT );
  }
  //未知事件,不处理,返回 0
  return 0;
}
```

关键事件 ZCL 信息事件,如程序清单 8.13 所示。

程序清单 8.13

```
static void zclSampleSw_ProcessIncomingMsg( zclIncomingMsg_t * pInMsg )
{
  switch ( pInMsg->zclHdr.commandID )
  {
#ifdef ZCL_READ
    case ZCL_CMD_READ_RSP:
      zclSampleSw_ProcessInReadRspCmd( pInMsg );
      break;
#endif
#ifdef ZCL_WRITE
    case ZCL_CMD_WRITE_RSP:
      zclSampleSw_ProcessInWriteRspCmd( pInMsg );
      break;
#endif
```

```
#ifdef ZCL_REPORT
    //See ZCL Test Applicaiton (zcl_testapp.c) for sample code on Attribute Reporting
    case ZCL_CMD_CONFIG_REPORT:
      //zclSampleSw_ProcessInConfigReportCmd( pInMsg );
      break;
    case ZCL_CMD_CONFIG_REPORT_RSP:
      //zclSampleSw_ProcessInConfigReportRspCmd( pInMsg );
      break;
    case ZCL_CMD_READ_REPORT_CFG:
      //zclSampleSw_ProcessInReadReportCfgCmd( pInMsg );
      break;
    case ZCL_CMD_READ_REPORT_CFG_RSP:
      //zclSampleSw_ProcessInReadReportCfgRspCmd( pInMsg );
      break;
    case ZCL_CMD_REPORT:
      //zclSampleSw_ProcessInReportCmd( pInMsg );
      break;
#endif
    case ZCL_CMD_DEFAULT_RSP:
      zclSampleSw_ProcessInDefaultRspCmd( pInMsg );
      break;
#ifdef ZCL_DISCOVER
    case ZCL_CMD_DISCOVER_RSP:
      zclSampleSw_ProcessInDiscRspCmd( pInMsg );
      break;
#endif
    default:
      break;
  }
  if ( pInMsg->attrCmd )
    osal_mem_free( pInMsg->attrCmd );
}
```

关键事件 ZDO 信息事件，如程序清单 8.14 所示。

程序清单 8.14

```
void zclSampleSw_ProcessZDOMsgs( zdoIncomingMsg_t * inMsg )
{
  switch ( inMsg->clusterID )
  {
    case End_Device_Bind_rsp:
      if ( ZDO_ParseBindRsp( inMsg ) == ZSuccess )
      {
```

```
        //点亮 LED
        HalLedSet( HAL_LED_4, HAL_LED_MODE_ON );
      }
#if defined(BLINK_LEDS)
      else
      {
        //闪烁 LED 表示绑定失败
        HalLedSet ( HAL_LED_4, HAL_LED_MODE_FLASH );
      }
#endif
      break;
    case Match_Desc_rsp:
      {
        ZDO_ActiveEndpointRsp_t *pRsp = ZDO_ParseEPListRsp( inMsg );
        if ( pRsp )
        {
          if ( pRsp->status == ZSuccess && pRsp->cnt )
          {
            zclSampleSw_DstAddr.addrMode = (afAddrMode_t)Addr16Bit;
            zclSampleSw_DstAddr.addr.shortAddr = pRsp->nwkAddr;
            //Take the first endpoint, Can be changed to search through endpoints
            zclSampleSw_DstAddr.endPoint = pRsp->epList[0];
            //Light LED
            HalLedSet( HAL_LED_4, HAL_LED_MODE_ON );
          }
          osal_mem_free( pRsp );
        }
      }
      break;
  }
}
```

控制器按键事件处理各按键按下的事件,如程序清单 8.15 所示。其操作流程如图 8.10 所示。这里的按键分配了两个功能右键允许绑定功能,在系统设备都加入网络之后,用户可以按下此键允许绑定。上键控制已经与自身设备绑定好的设备。

程序清单 8.15

```
static void zclSampleSw_HandleKeys( byte shift, byte keys )
{
  zAddrType_t dstAddr;
  if ( keys & HAL_KEY_SW_1 )                    //上键
  {
```

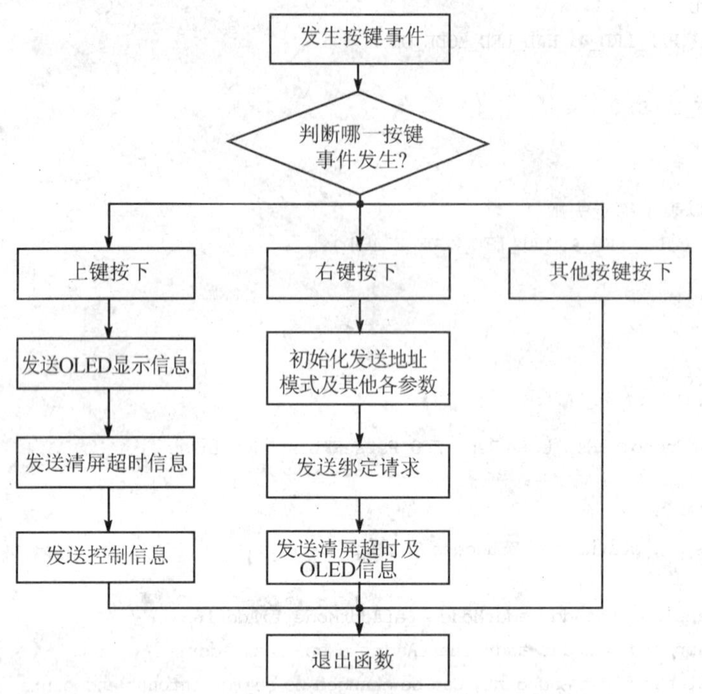

图 8.10 控制器按键事件

```
                                        //该处理系统事件中，light 控制事件，受理控制命令并发送控制请求
#ifdef ZCL_ON_OFF
    HalLcdWriteString("Send control", HAL_LCD_LINE_4);
    osal_start_timerEx( zclSampleSw_TaskID, SAMPLECL_LCD, 1000 );
    zclGeneral_SendOnOff_CmdToggle( SAMPLESW_ENDPOINT, &zclSampleSw_DstAddr, false, 0 );
#endif
  }
  if ( keys & HAL_KEY_SW_2 )                       //右键执行绑定请求
  {
    HalLedSet ( HAL_LED_4, HAL_LED_MODE_OFF );
    //准备申请绑定请求
    dstAddr.addrMode = afAddr16Bit;
    dstAddr.addr.shortAddr = 0;                   //Coordinator makes the match
    ZDP_EndDeviceBindReq( &dstAddr, NLME_GetShortAddr(),
                          SAMPLESW_ENDPOINT,
                          ZCL_HA_PROFILE_ID,
                          0, NULL,    //No incoming clusters to bind
                          ZCLSAMPLESW_BINDINGLIST, bindingOutClusters,
                          TRUE );
```

```
    HalLcdWriteString("Allow  bind", HAL_LCD_LINE_4);
    osal_start_timerEx( zclSampleSw_TaskID, SAMPLECL_LCD, 1000 );
  }
  if ( keys & HAL_KEY_SW_3 )
  {
  }
  if ( keys & HAL_KEY_SW_4 )                        //左键
  {
    HalLedSet ( HAL_LED_4, HAL_LED_MODE_OFF );
    //Initiate a Match Description Request (Service Discovery)
    dstAddr.addrMode = AddrBroadcast;
    dstAddr.addr.shortAddr = NWK_BROADCAST_SHORTADDR;
    ZDP_MatchDescReq( &dstAddr, NWK_BROADCAST_SHORTADDR,
                      ZCL_HA_PROFILE_ID,
                      ZCLSAMPLESW_BINDINGLIST, bindingOutClusters,
                      0, NULL,              //No incoming clusters to bind
                      FALSE );
  }
}
```

8.11 实验操作步骤

(1) 在 SampleLight(灯)和 SampleSwitch(控制器)两个工程中按照表 8.5 任选一个组合下载至 ZigBee 模块 CCC2520 液晶扩展板。

表 8.5 程序下载组合列表

组合情况	SampleLight(灯)	SampleSwitch(控制器)	协调器
1	Router - Pro	EndDevice - Pro	Coordinator - Pro
2	Router - Pro	Router - Pro	Coordinator - Pro
3	EndDevice - Pro	EndDevice - Pro	Coordinator - Pro
4	EndDevice - Pro	Router - Pro	Coordinator - Pro

协调器下载的 Coordinator - Pro 程序既可以是 SampleLight(灯),也可以是 SampleSwitch(控制器)工程文件。

(2) 给协调器设备上电。协调器设备上电之后会自动格式化生成一个网络,并将设备的 PANID 显示在扩展板的液晶上,如图 8.11 所示。用户右键上允许绑定。

(3) 将终端设备加入网络,设备会显示该设备的 IEEE 地址,此时设备正在搜索并试图加

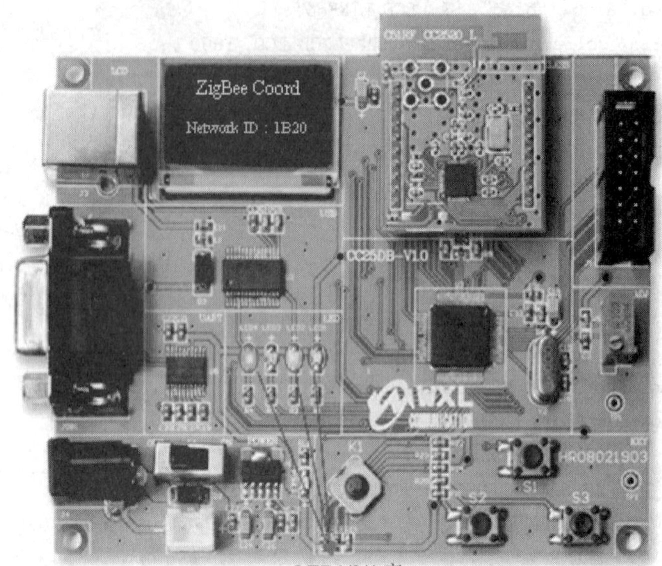

LED1/2/4 亮

图 8.11 协调器(控制器)

入一个网络,一旦网络加入成功,实验底板上会显示设备加入到网络的 PANID,同时显示设备父节点的网络地址,如图 8.12 所示。

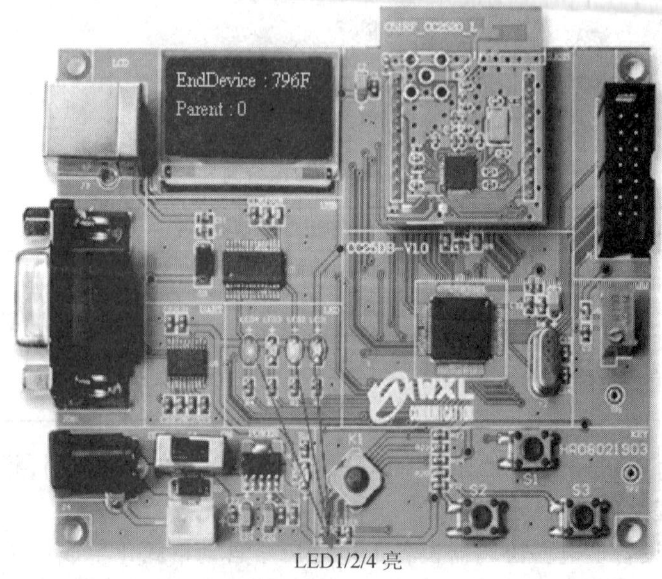

LED1/2/4 亮

图 8.12 终端节点(灯)

(4) 按下协调器设备的摇杆向左，设备会生成并发送一个允许绑定请求，这时 LED4 会被取反；之后再按下终端设备的摇杆向左，生成并发送一个绑定请求信息，这时请注意观察协调器设备 LED4，一旦绑定成功就会被取反，如图 8.13 和图 8.14 所示。

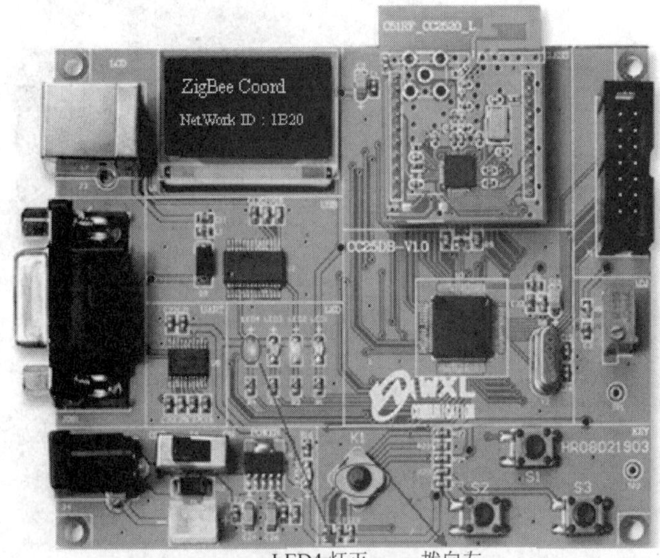

图 8.13　控制器操作

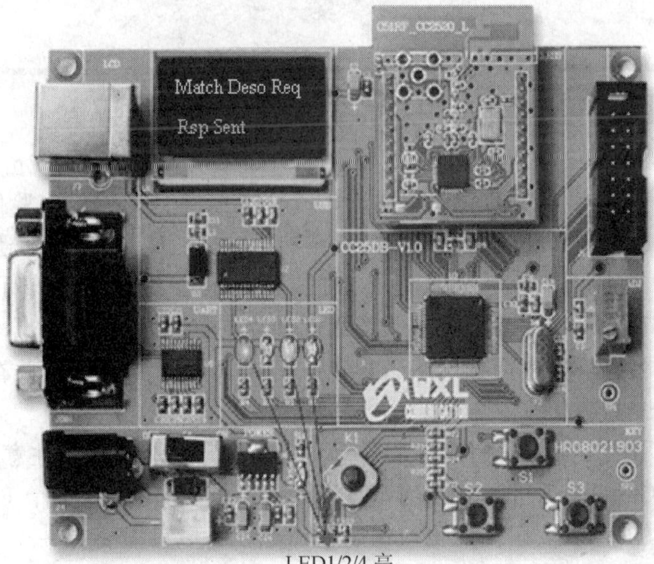

图 8.14　灯绑定反应

(5) 如图8.15所示，绑定一旦生成，用户就可以直接使用SampleSwitch(灯设备)上按键对SampleLight(控制设备LED4)进行控制了。当然，该控制信息是没有返回的，只有通过观察灯设备的状态来了解当前LED4的状态。

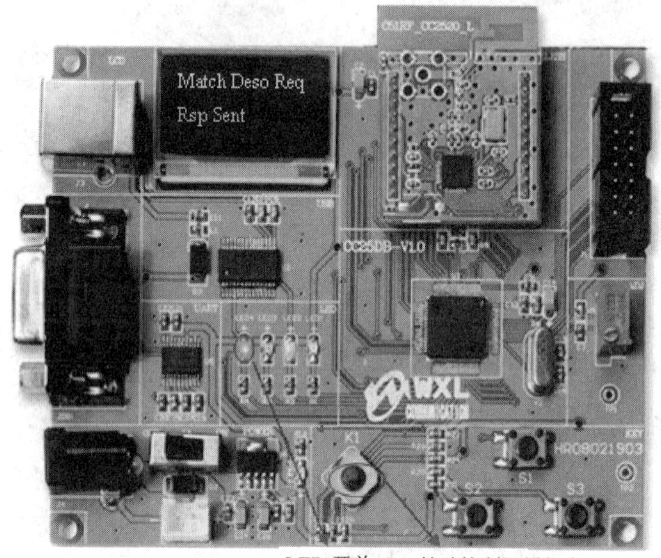

图8.15　控制器控制灯开关

8.12　家庭自动化例程总结

本章介绍了用ZigBee协议的一个应用——Profile家庭自动化的实验例程。家庭自动化涉及的家电设备相当多，例如灯、电视机、冰箱、洗衣机、电脑、空调等，可能还有烟雾感应、报警器和摄像头等设备。其中灯是每个家庭必备的，也是最容易控制和演示的。本章就是以LED4表示受控电灯，演示了一个自动化无线组网和控制过程。

ZigBee无线网络协议支持网状网络，以可靠、稳定、低功耗著称，因此在无线家庭自动化应用方向上如今是一个热点。

读者可以试着用同一个设备制造多个KEY事件，绑定多个电灯。注意，一个KEY(按键)可以绑定多个电灯(终端设备)，同样，一个电灯(终端设备)也可以和多个KEY(按键)进行绑定。根据这个原理，在一个家庭自动化控制Profile中，用户只需要有一个CONTROL_KEY(按键控制终端)就可以控制家里所有已经安装ZigBee设备的家电，并且该控制终端几乎是万能的，用户可以自己分配按键的对应功能。

第 9 章

ZigBee2007 无线传感器网络

通过前面几章的学习,已经了解了 ZigBee2006 相关概念,ZigBee2007/PRO 的组网过程及怎样在网络中实现数据库的收发,并学习了 ZigBee2007 高级应用,对 ZigBee 无线网络有了比较深刻的了解。

本章主要介绍怎样用 ZigBee2007/PRO 协议栈实现无线传感器网络功能。

9.1 无线传感器网络概述

在介绍利用 ZigBee2007 协议栈组建无线传感器网络之前,首先介绍基本无线传感器网络概念。

9.1.1 什么是无线传感器网络

无线传感器网络(Wireless Sensor Network, WSN)就是由部署在监测区域内大量的廉价微型传感器节点组成,并通过无线通信方式形成的一个多跳的、自组织的网络系统,其目的是协作地感知、采集和处理网络覆盖区域中被感知对象的信息,并发送给观察者。传感器、感知对象和观察者构成了无线传感器网络的 3 个要素。

通俗地讲,无线传感器网络是一种由大量小型传感器组成的网络。这些小型传感器一般称作传感器节点(Sensor Node)或者灰尘(Mote)。此种网络中一般也有一个或几个基站(称作 sink)用来集中从小型传感器收集的数据。

传感器节点是一种非常小型的计算机,一般由以下几部分组成:

(1) 处理器和内存(一般能力都比较有限);

(2) 各类传感器(温度、湿度、声音、加速度、全球定位等);

(3) 通信设备(一般是无线电收发器或光学通信设备);

(4) 电池(一般是干电池,也有使用太阳能电池的);

(5) 其他设备,包括各种特定用途的芯片及串行、并行接口(USB、RS-232)等。

无线传感器网络中基站的作用是从各个传感器节点收集数据,集中处理并提交给用户。因此,基站一般有更强的数据处理和通信能力以及更持久的电力。

9.1.2 无线传感器网络现状

虽然无线传感器网络的大规模商业应用由于技术、成本等方面的制约还有待时日,但最近几年,随着计算机成本的下降以及微处理器体积越来越小,已经有为数不少的无线传感器网络开始投入使用。目前,无线传感器网络的应用主要集中在以下领域:

1. 环境的监测和保护

随着人们对于环境问题的关注程度越来越高,需要采集的环境数据也越来越多,无线传感器网络的出现为随机性的研究数据获取提供了便利,并且还可以避免传统数据收集方式给环境带来的侵入式破坏。例如,英特尔公司的研究实验室研究人员曾经将32个小型传感器连进互联网,以读出缅因州大鸭岛上的气候,用来评价一种海燕巢的条件。无线传感器网络还可以跟踪候鸟和昆虫的迁徙,研究环境变化对农作物的影响,监测海洋、大气和土壤的成分等。此外,它也可以应用在精细农业中,用来监测农作物中的虫害、土壤的酸碱度和施肥状况等。

2. 医疗护理

无线传感器网络在医疗研究、护理领域也可以大展身手。罗彻斯特大学的科学家使用无线传感器创建了一个智能医疗房间,使用微尘来测量居住者的重要征兆(血压、脉搏和呼吸)、睡觉姿势以及每天24小时的活动状况。英特尔公司也推出了无线传感器网络的家庭护理技术。该技术是作为探讨应对老龄化社会的技术项目 Center for Aging Services Technologies (CAST)的一个环节开发的。该系统通过在鞋、家具以家用电器等家中道具和设备中的嵌入半导体传感器,帮助老龄人士、阿尔茨海默氏病患者以及残障人士的家庭生活。利用无线通信将各传感器联网可高效传递必要的信息,从而方便接受护理,而且还可以减轻护理人员的负担。英特尔公司主管预防性健康保险研究的董事 Eric Dishman 称:“在开发家庭用护理技术方面,无线传感器网络是非常有前途的领域。”

3. 军事领域

由于无线传感器网络具有密集型、随机分布的特点,因此使其非常适合应用于恶劣的战场环境中,包括侦察敌情、监控兵力、装备和物资,以及判断生物化学攻击等多方面用途。美国国防部远景计划研究局已投资几千万美元,帮助大学进行“智能尘埃”传感器技术的研发。哈伯

研究公司总裁阿尔门丁格预测：智能尘埃式传感器及有关的技术销售将从 2004 年的 1 000 万美元增加到 2010 年的几十亿美元。

4. 其他用途

无线传感器网络还被应用于其他一些领域，例如一些危险的工业环境，如矿井、核电厂等，工作人员可以通过它来实施安全监测；也可以用在交通领域作为车辆监控的有力工具；还可以应用在工业自动化生产线等诸多领域。英特尔公司正在对工厂中的一个无线网络进行测试，该网络由 40 台机器上的 210 个传感器组成，这样组成的监控系统可以大大改善工厂的运作条件，大幅度降低检查设备的成本，同时由于可以提前发现问题，因此能够缩短停机时间，提高效率，并延长设备的使用时间。尽管无线传感器技术目前仍处于初步应用阶段，但已经展示出了非凡的应用价值，相信随着相关技术的发展和推进，一定会得到更广泛的应用。

但是，就目前的技术水平而言，让无线传感器网络正常运行并大量投入使用还面临着以下一些问题：

(1) 网络内通信问题。在无线传感器网络的正常通信联系中，信号可能被一些障碍物或其他电子信号干扰而受到影响，怎样安全有效地进行通信是个有待研究的问题。

(2) 成本问题。在一个无线传感器网络中，需要使用数量庞大的微型传感器，这样的成本会制约其发展。

(3) 系统能量供应问题。目前主要的解决方案有：使用高能电池；降低传感器功率；传感器网络的自我能量收集技术；电池无线充电技术。其中后两者备受关注。

(4) 高效的无线传感器网络结构问题。无线传感器网络结构是组织无线传感器的成网技术，有多种形态和方式，合理的无线传感器网络可以最大限度地利用资源。在这里还包括网络安全协议问题和大规模传感器网络中的节点移动性管理等诸多问题有待解决。

随着 ZigBee 无线传感器网络的发展，以上问题正在逐步得到解决，相信 ZigBee 无线传感器网络技术在不远的将来会应用到生活的方方面面。

无线传感器网络有着十分广泛的应用前景，它不仅在工业、农业、军事、环境、医疗等传统领域具有巨大的应用价值，未来还将在许多新兴领域体现其优越性，如家用、保健、交通等领域。

可以大胆地预见，未来无线传感器网络将无处不在，完全融入到人们的生活中。例如微型传感器网最终可能将家用电器、PC 机和其他日常用品与互联网相连，实现远距离跟踪；家庭采用无线传感器网络负责安全调控、节电等。

无线传感器网络将是未来一个无孔不入、十分庞大的网络，其应用可以涉及人类日常生活和社会生产活动的所有领域。

9.1.3 ZigBee 在无线传感器网络上的应用

ZigBee 无线传感器网络是基于 IEEE 802.15.4 技术标准和 ZigBee 网络协议而设计的无线数据传输网络。

它适用于工业控制、现代化农业监控、数字家庭、智能楼宇监控、煤气水电抄表等领域。ZigBee 无线传感器网络为中短距离、低速率无线传感器网络；射频传输成本低，各节点只需要很少的能量；功耗低，适于电池长期供电；可实现一点对多点、两点间对等通信；具有快速组网自动配置、自动恢复和高级电源管理功能；任意个传感器之间可相互协调实现数据通信。

该网络主要用于中短距离无线系统连接，提供传感器或二次仪表无线双功网络接入，能够满足对各种传感器的数据输出、输入控制命令和信息的需求，并且使现有系统网络化、无线化。系统设计可允许使用第三方的传感器、执行器件或低带宽数据源。

该网络主要应用于温湿度监控、压力过程控制数据采集、流量过程控制数据采集、工业监控、楼宇自动化、数据中心、制冷监控、设备监控、社区安防、环境数据检测、仓库货物监控、钢铁炼钢温度监控，以及蔬菜大棚温度、湿度和土壤酸碱度监控等。

9.1.4 ZigBee 无线传感器网络系统特点

1. 支持 ZigBee 网络协议

ZigBee 无线传感器网络支持 ZigBee 网络协议，数据传输中采用多层次握手方式，以保证数据传输的准确可靠。它采用 2.4 GHz 频率，功率小、灵活度高，符合环保要求及国际通用无须批准的规范。

2. 组网灵活，配置快捷

ZigBee 无线传感器网络系统非常容易快捷配置，组网接入灵活、方便，几台、几十台或几百台均可，最多可达 6 万台。可以在需要安放传感器的地方任意布置，无需电源和数据线，增加和减少数据点非常容易。由于没有数据线，省去了综合布线的成本，使得传感器无线网络更容易应用，安装成本非常低。

3. 节点耗电低

该系统节点耗电低，电池使用时间长，支持各种类型传感器和执行器件。

4. 双向传送数据和控制命令

该系统不但可以从网络节点传出数据，而且其双向通信功能可以将控制命令传到无线终端相连的传感器、无线路由器，也可将数据送入到网络显示或控制远程设备。

5. 迅速、简单的自动配置

该系统具有无线传感器网络终端自动配置，当终端设备上的 LED 颜色变化时，说明该终端在网络系统中。

6. 全系统可靠性自动恢复功能

该系统的内置冗余可以保证万一一个节点不在网络系统中，节点数据将自动路由到一个替换节点，以保证系统的可靠、稳定。

7. 系统产品服务

为了用户实际构建无线数据网络系统的需要，该系统可以提供完整的解决方案，包括现有数据系统的接口转换和数据集中管理平台。其不断的技术支持包括新增的传感器，4～20 mA 输入和 RS-232 等。

9.2　ZigBee2007 无线传感器网络实验概述

ZigBee2007 无线传感器网络由 PC 机、网关、路由节点和传感器节点 4 部分组成，如图 9.1 所示。用户可以很方便地实现传感器网络的无线化和网络化。

(1) PC 机：接收网关数据和发送指令，实现可视化、形象化人机界面，方便用户操作、观察。

(2) 网关：通过计算机发送的指令发送/接收路由节点或传感器节点数据，并将接收到的数据发送给计算机。

(3) 路由节点：在网关不能与所有的传感器节点通信时，它作为一种中介使网关和传感器节点通信，实现路由通信功能，而且还具有普通传感器节点的数据采集功能。

(4) 传感器节点：完成对设备的控制和数据的采集，包括灯的控制温度、光照度数据等。

基于 ZigBee2007 协议栈的无线网络，在网络设备安装、架设过程中自动完成。完成网络的架设后，用户便可以由 PC 机发出命令读取网络中任何设备上挂接的传感器的数据，并测试其电压。简单的工作流程描述如图 9.2 所示。

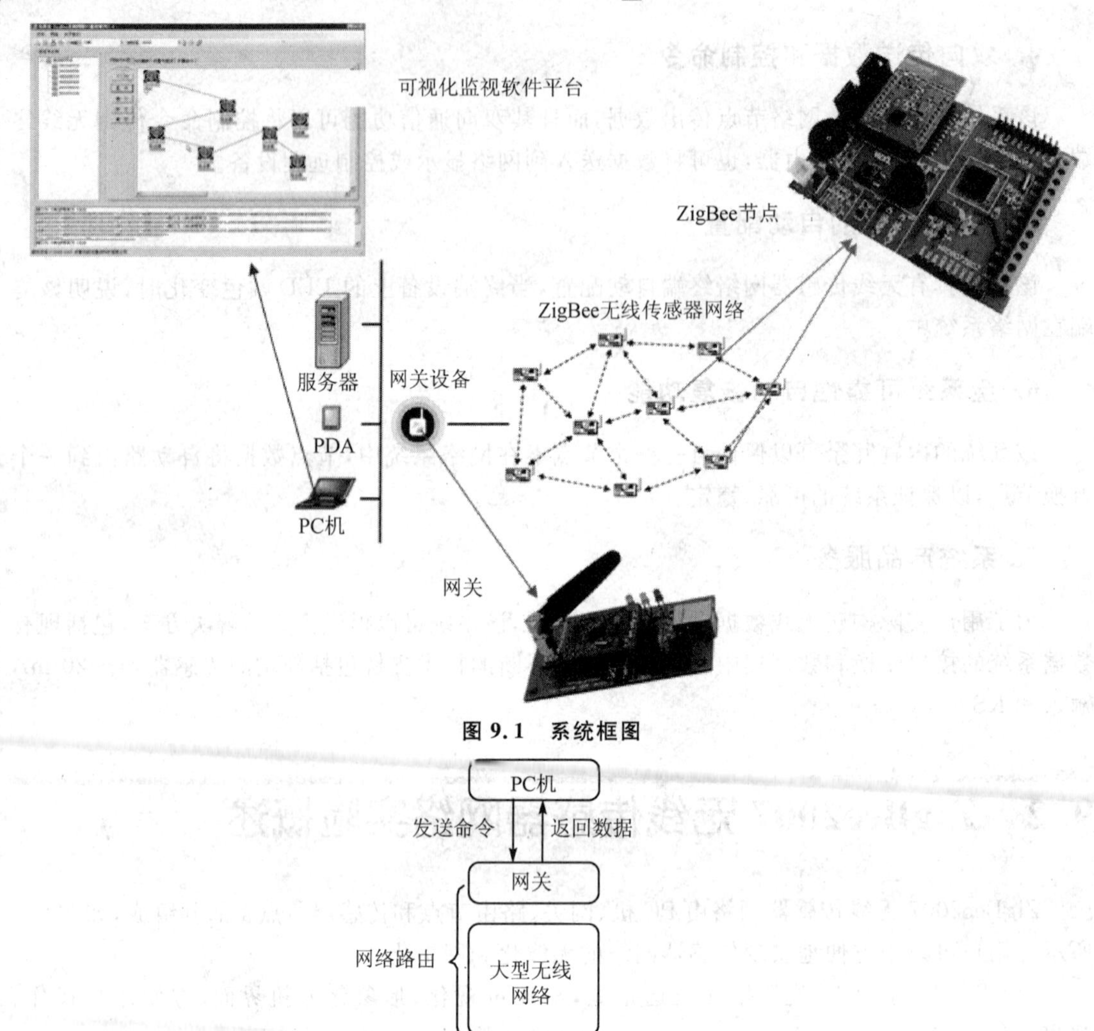

图 9.1　系统框图

图 9.2　无线传感器网络工作流程

9.3　ZigBee2007 无线传感器网络硬件设计

本节将介绍 ZigBee2007 无线传感器网络中各节点的硬件设计，使读者了解整个 ZigBee

无线传感器网络是如何实现的。

在本章实验中，使用成都无线龙提供的 ZigBee2007/PRO 开发系统内 ZigBee 模块 CC2520 及液晶扩展板作为路由器，新设计一个网关底板加上 ZigBee 模块作为网关，新设计一个传感器底板加上 ZigBee 模块作为传感器节点。

传感器主要用于传感器数据的采集，无线传感器网络的无线射频数据传输由 ZigBee 模块 CC2520 来担当。

下面重点介绍网关底板设计及传感器底板设计。

9.3.1 网关底板设计

无线传感器网关硬件设计相对简单，因为网关没有接传感器，只需要组织管理网络和收集下面节点的传感器信息并转发给 PC 机，或是接收 PC 机的命令进行无线数据采集。

1. 串口部分设计

现在许多电路，特别是笔记本计算机都没有串口的 COM 接口，取代它的是 USB 接口。因此为能在这些计算机中运行无线传感器网络，电路采用 USB 转串口芯片。这样只要装上驱动程序，就可以把 USB 口当作串口使用。其设计电路如图 9.3 所示。

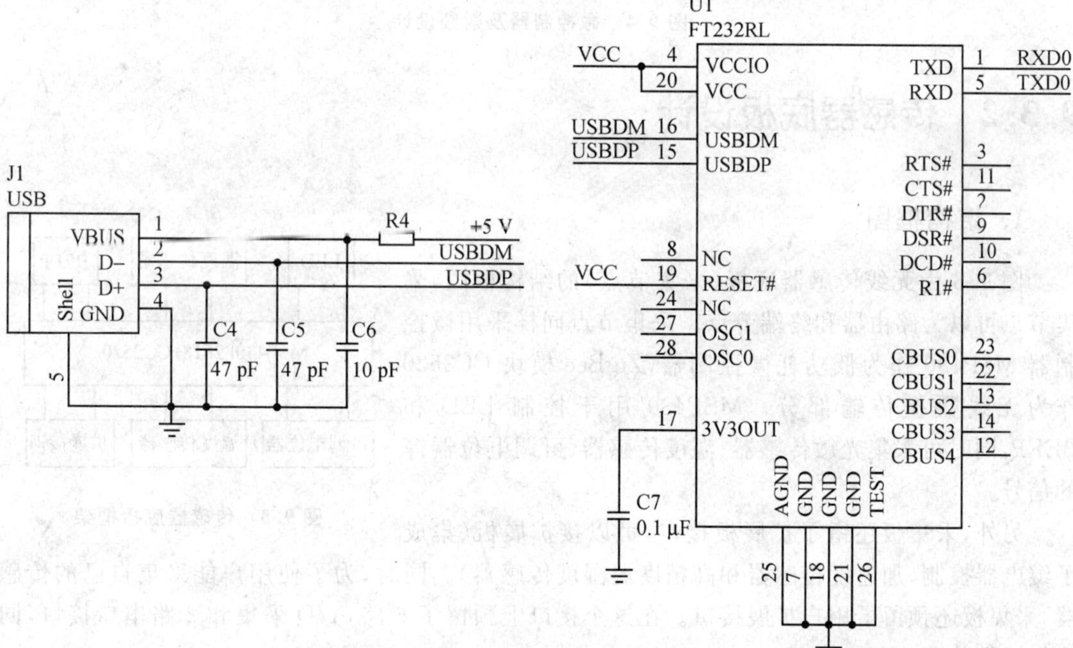

图 9.3 串口部分设计

2. 无线射频与低功耗微控制器

系统低功耗微控制器采用 MSP430F2618，无线部分采用 ZigBee 芯片 CC2520，两者采用 SPI 串行接口与几根控制线相连，然后通过两根串口线连接到 USB 芯片，并且加了两个 LED，用来指示网络状态，如图 9.4 所示。

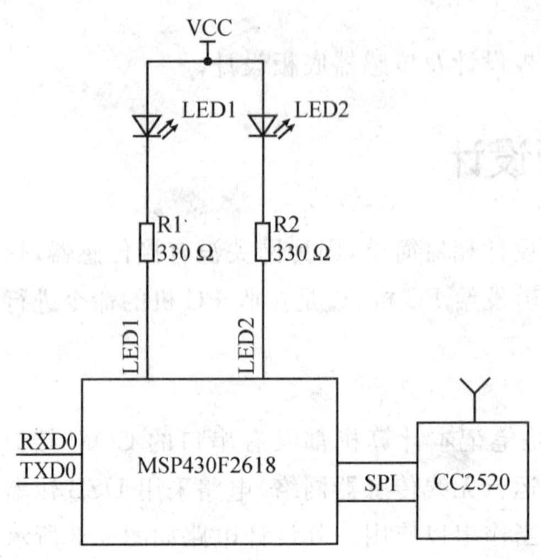

图 9.4 微控制器及射频设计

9.3.2 传感器底板设计

1. 结构框图

图 9.5 为无线传感器底板(采集节点)的结构框图，采集节点可以为路由器和终端节点。采集节点同样采用微控制器 MSP430 作为低功耗微控制器，ZigBee 模块 CC2520 作为无线数据传输部分。MSP430 用于控制 LED 和 BEEP，同时可采集光敏传感器、温度传感器、可调电位器等的信号。

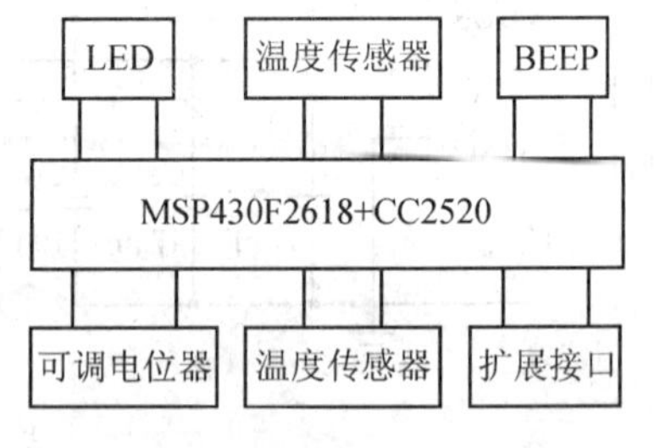

图 9.5 传感器底板框架

另外，采集板还留了扩展板接口，可以接扩展板(集成了继电器控制、加速度传感器和高精度温湿度传感器)。同时，为了使用户能采集自己的传感器，采集板还预留了用户扩展接口。在这个接口上预留了 6 路 A/D 采集和 2 路串口接口，同时也可作普通 I/O 口用。

2. 温度传感器

这个系统的温度传感器为 TC77，电路图如图 9.6 所示。它是 SPI 串行接口的温度传感器，特别适合于低成本、小尺寸应用。其温度数据由内部温度敏感元件转换得到，随时都可以转化成 13 位的二进制补码数字。与 TC77 之间的通信通过 SPI 完成。TC77 有一个 ±12 位的 ADC，温度分辨率为 0.062 5 ℃。TC77 可以精确到 ±1 ℃，工作电流仅为 250 μA。由于尺寸小、成本低，使用方便，TC77 是多种系统中温度管理的理想选择。

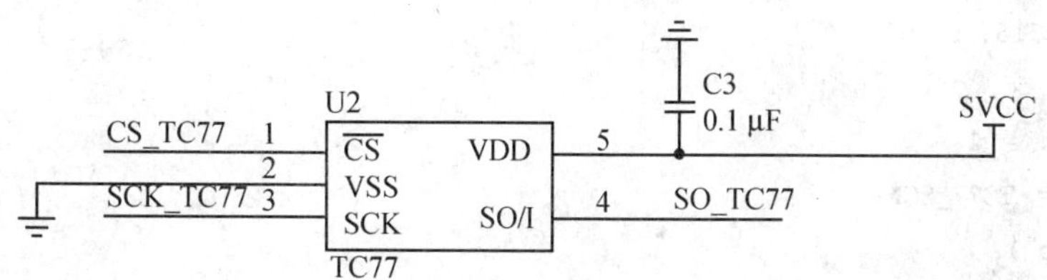

图 9.6　温度传感器

温度传感器可以通过 SPI 口和低功耗微控制器相连接，如图 9.7 所示。

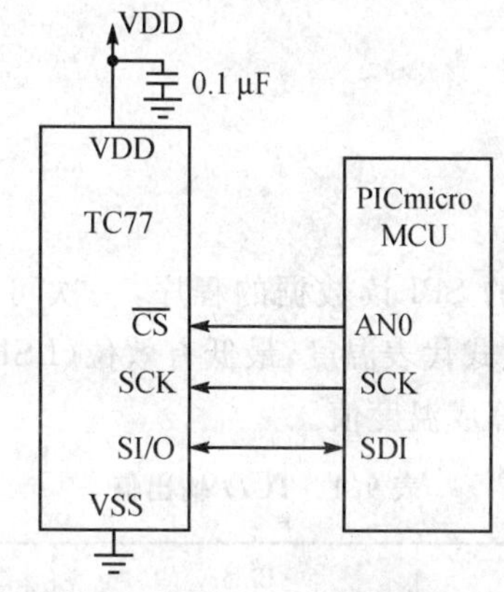

图 9.7　SPI 口与微控制器相连

读取 TC77 的程序如程序清单 9.1 所示。

程序清单 9.1

```
#define        TC77_DIR        P4DIR
#define        TC77_CS         0x40
#define        TC77_SO         0x20
#define        TC77_SCK        0x10
uint8 ReadTc77(void)
{
```

```
    uint16 temp = 0;
    uint8 i;
    TC77_DIR | = TC77_CS;      //CS ->OUT
    TC77_DIR | = TC77_SCK;
    TC77_DIR & = ~TC77_SO;  //SO ->IN

    P4OUT & = ~TC77_SCK;
    P4OUT & = ~TC77_CS;
    for(i = 0; i<16; i++)
    {
        temp <<= 1;
        P4OUT | = TC77_SCK;
        asm("nop");
        if((P4IN&TC77_SO) == TC77_SO)temp++;
        P4OUT & = ~TC77_SCK;
        asm("nop");
    }
    P4OUT | = TC77_CS;
        i = temp >> 7;
    return i;
}
```

程序很简单,就是一个普通的 SPI 读数据的程序,一次可直接把 TC77 的数据全部读出来。TC77 用 13 位二进制补码形式代表温度,最低有效位(LSB)等于 0.062 5 ℃。TC77 输出如表 9.1 所列,可以通过该表换算成温度值。

表 9.1 TC77 输出值

温度/℃	Binary MSB/LSB	Hex
+125	0011 1110 1000 0111	3E 87H
+25	0000 1100 1000 0111	0B 87H
+0.062 5	0000 0000 0000 1111	00 0FH
0	0000 0000 0000 0111	00 07H
−0.062 5	1111 1111 1111 1111	FF FFH
−25	1111 0011 1000 0111	F3 87H
−55	1110 0100 1000 0111	E4 87H

3. 光敏传感器

光敏传感器电路设计如图 9.8 所示，可以直接用 ADC 采集，此系统接的是 ADC1。光敏传感器采集程序如程序清单 9.2 所示。

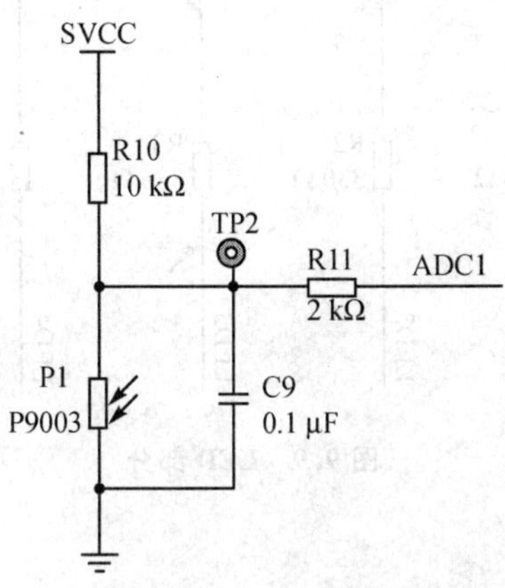

图 9.8　光敏传感器

程序清单 9.2

```
uint16 GetPhoto(void)                                    //读光敏传感器
{
    uint16 value;

    ADC12CTL0 = ADC12ON + SHT0_2 + REFON + REF2_5V;      //Turn on and set up ADC12
    ADC12CTL1 = SHP;                                     //Use sampling timer
    ADC12MCTL0 = SREF_1 + INCH_1;                        //Vr + - Vrcf +
    ADC12CTL0 | =  ENC | ADC12SC;                        //Start conversion
    while ((ADC12IFG & BIT0) = = 0);
    value = ADC12MEM0;
    return value;
}
```

4. LED 部分

LED 采用 I/O 口直接控制，如图 9.9 所示。要想使 LED 亮，只需把相应的 I/O 置低就行了。

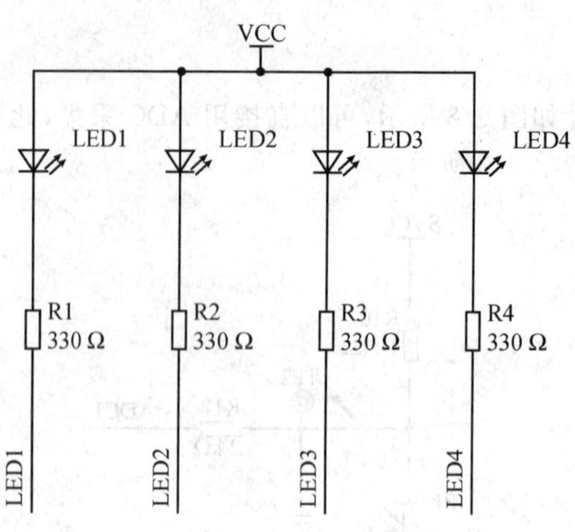

图 9.9 LED 部分

5. 可调电位器

可调电位器电路设计如图 9.10 所示，同样采用 ADC 直接采集，本实验接的是 ADC0。采集可调电位器的程序如程序清单 9.3 所示。

程序清单 9.3

```
uint16 GetADJ(void)                                    //读可调电位器
{
    uint16 value;
    ADC12CTL0 = ADC12ON + SHT0_2 + REFON + REF2_5V;    //Turn on and set up ADC12
    ADC12CTL1 = SHP;                                   //Use sampling timer
    ADC12MCTL0 = SREF_1 + INCH_0;                      //Vr + = Vref +
    ADC12CTL0 |= ENC | ADC12SC;                        //Start conversion
    while ((ADC12IFG & DIT0) == 0);
    value = ADC12MEM0;
    return value;
}
```

6. BEEP 电路

BEEP 电路采用 I/O 口驱动三极管进行控制，要想使 BUZZER 发声，只需把控制 BUZZER 的 I/O 置高就行了，如图 9.11 所示。

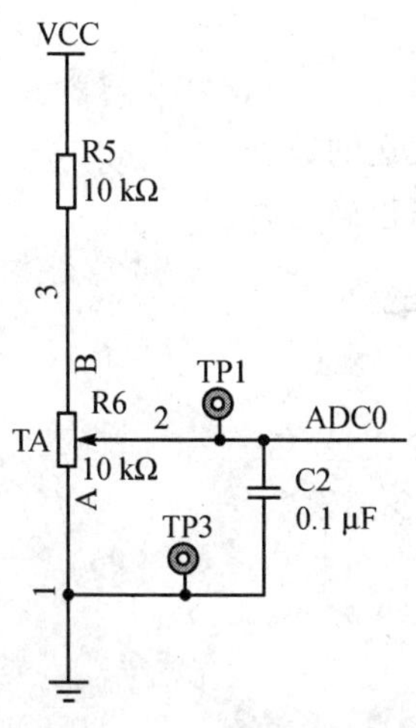

图 9.10 可调电阻

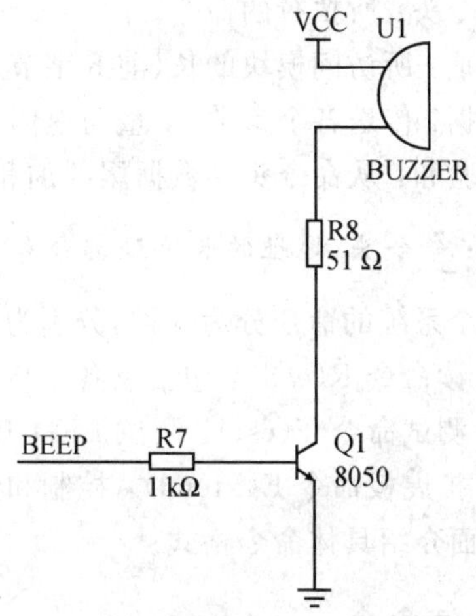

图 9.11 BEEP 电路设计

7. 扩展接口

扩展接口可以把多余的 I/O 口，如串口、ADC、DAC、普通 I/O 口等引脚留给用户自定义处理。例如，在一个扩展板上，利用以上引脚扩展了三维加速度传感器、高精密温湿度传感器、两个两路单刀双掷的继电器。当然，用户也可自己用接线口接入自己的传感器或可控制板。

9.4 网关与 PC 机的数据连接

由 9.3 节介绍可知，网关是通过串口与 PC 机相连的。PC 机可以通过串口发送采集命令和收集采集数据，为了能有效管理这些数据，需要执行统一的数据通信格式。

下面介绍该系统中所使用的通用数据格式。

每一帧数据都采用相同的帧长度，且都带有帧头、数据和帧尾。具体格式如下：

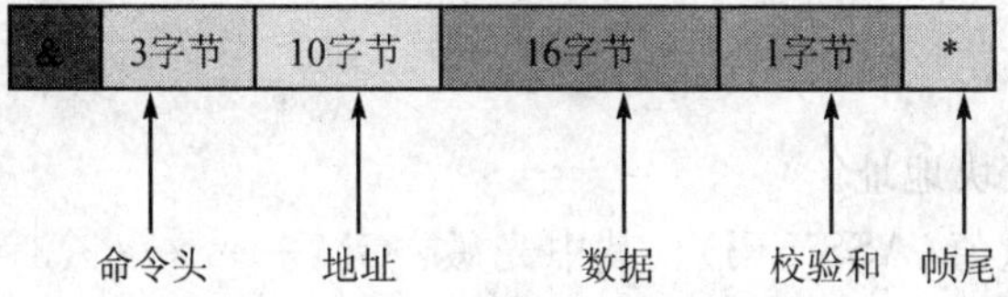

如上所示，每一帧数据的长度都是 32 字节。除帧头和帧尾，每一帧数据都由命令头、发送地址、有效数据和校验和组成。

命令头：所执行的命令。

地址：所访问模块的长(前 8 字节)/短地址(后 2 字节)。

数据：传送各个参数、变量与返回值及各种需要突发发送的数据。

校验和：从命令头到数据尾的加和校验，用于确定数据正确与否。

注：命令头、地址的长地址部分和数据都采用 ASCII 码。

这个系统的命令分为 3 种，分别为

- 读命令 R(ead)：包括读各个传感器或网络状态命令。
- 测试命令 T(est)：测试 LED、BEEP 或电池寿命命令。
- 扩展板命令 E(xtend)：控制和读扩展板命令。

下面介绍具体命令格式。

1. 读命令

1) RAS

RAS(Read all Sensor)：读传感器。

RAS 具体格式如下：

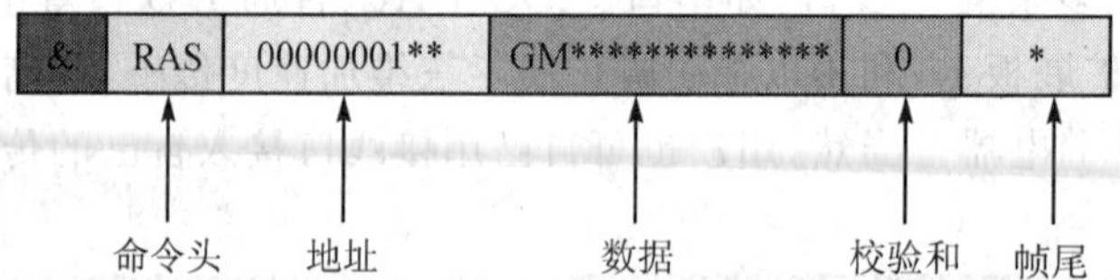

需要加入地址和数据——地址：传感器模块地址；数据：GM＊＊＊/WD＊＊＊。

传感器种类包括光敏：GM；温度：WD；可调电位器：AD。

(1) 读取成功返回格式如下：

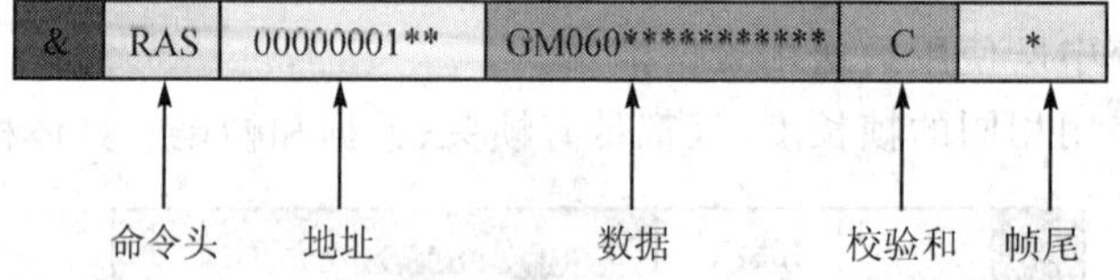

地址：加入传感器模块地址。

数据：传感器＋测量值(ASSII 码)。其中光敏：GM＋＊＊＊(3 字节 ASII 码)；温度：WD ＋＊＊＊(3 字节 ASII 码)；可调电位器：AD＋＊＊＊(3 字节 ASII 码)。

(2) 读取失败返回格式如下：

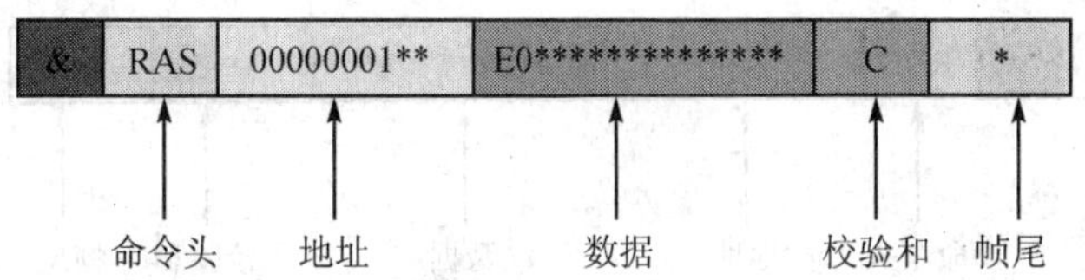

2）RNS

RNS：读网络链接质量和网络拓扑。

RNS 具体格式如下：

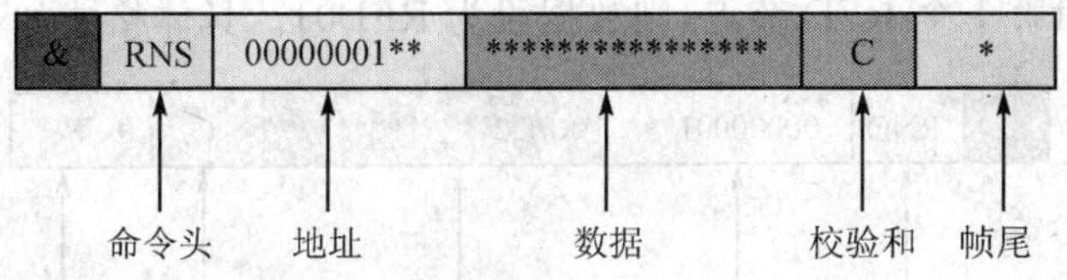

需要加入地址和数据——地址：加入传感器模块地址；数据：无。

(1) 读取成功返回格式如下：

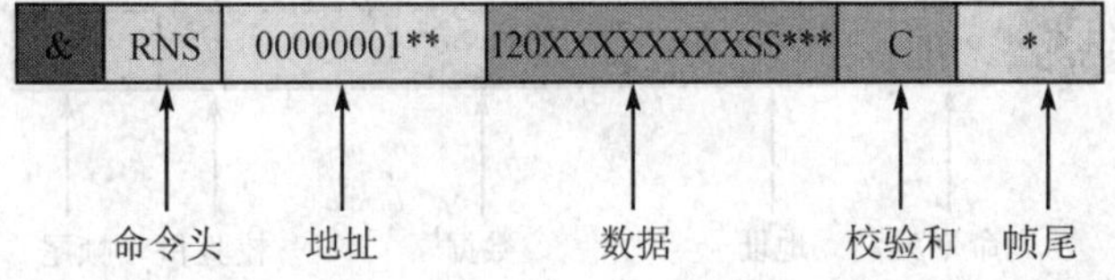

地址：传感器模块地址。

数据：LQI＋父节点的物理地址＋父节点的网络地址。其中 LQI：3 字节 ASII 码数据；父节点的物理地址：8 字节十六进制数据；父节点的网络地址：2 字节十六进制数据。

(2) 读取失败返回格式如下：

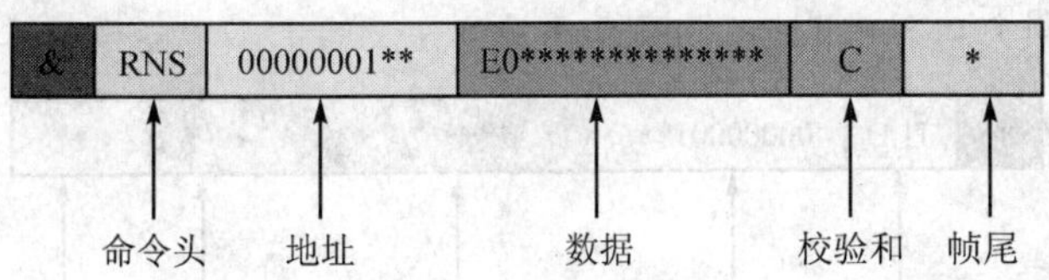

3）RND

RND：无线网络发现。

RND 具体格式如下：

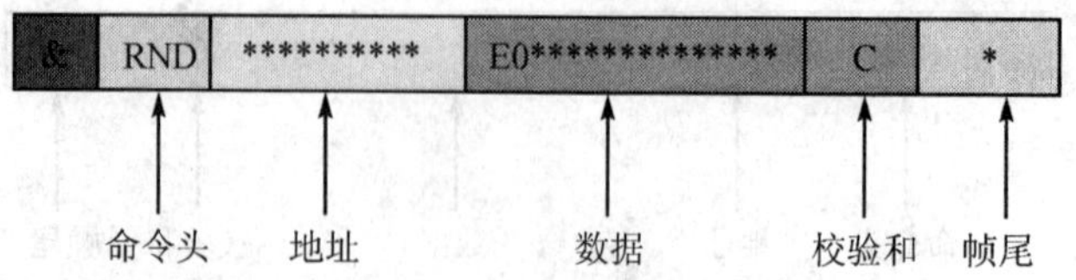

需要加入地址和数据——地址：无；数据：无，只需要命令头。

(1) 读取成功返回格式如下：

返回网络中节点的性质：RFD(终端节点)/ROU(路由器)＋地址＋第几个。

例如：如果返回第 1 个 RFD 节点，则数据段为 RFD01。具体格式如下：

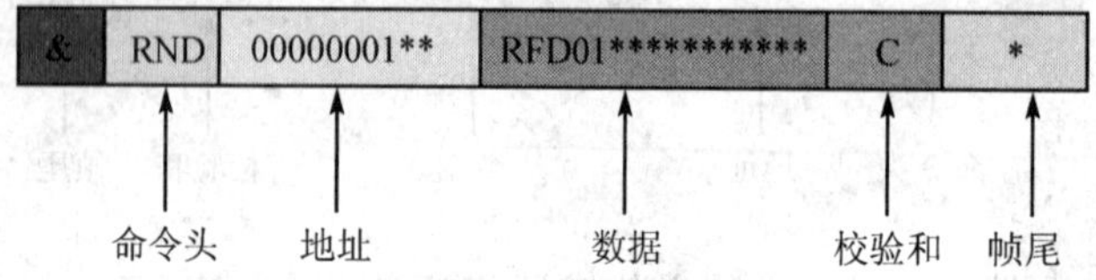

(2) 读取成功结束格式如下：

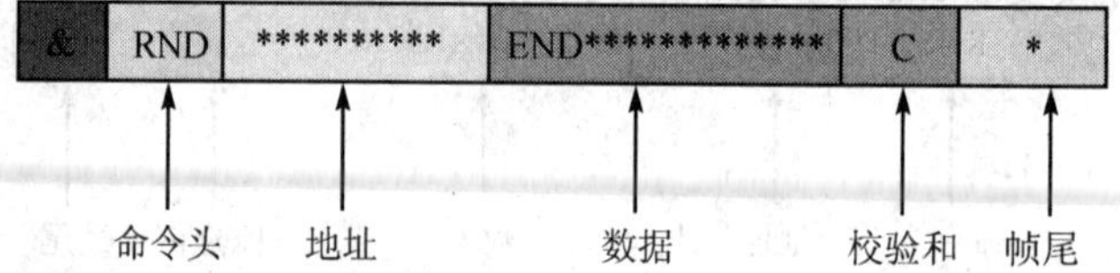

2. 测试命令

1) TLD

TLD：测试传感器 LED 灯。

TLD 具体格式如下：

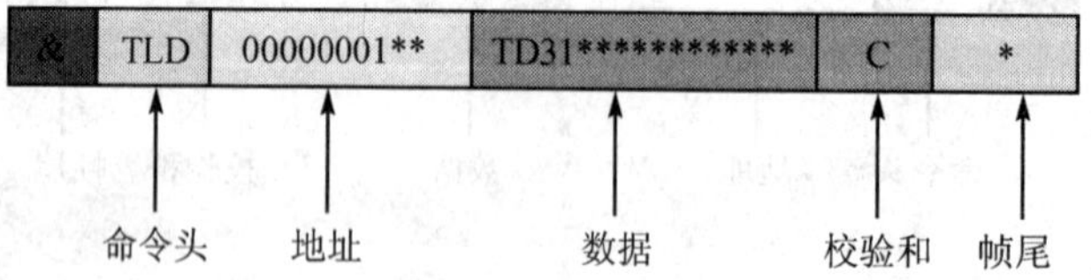

需要加入的地址和数据——地址：传感器节点地址；数据：控制数据。

数据：C(控制亮灭)＋D＋LED 号(3/4)＋X(X＝0 灭，X＝1 亮)；T(LED 闪烁)＋D＋LED 号(3/4)＋X(X＝0 灭，X＝1 闪烁)。

返回格式：返回格式与发送格式相同，只是数据有变化。

(1) 测试成功：返回数据为 OK。具体格式如下：

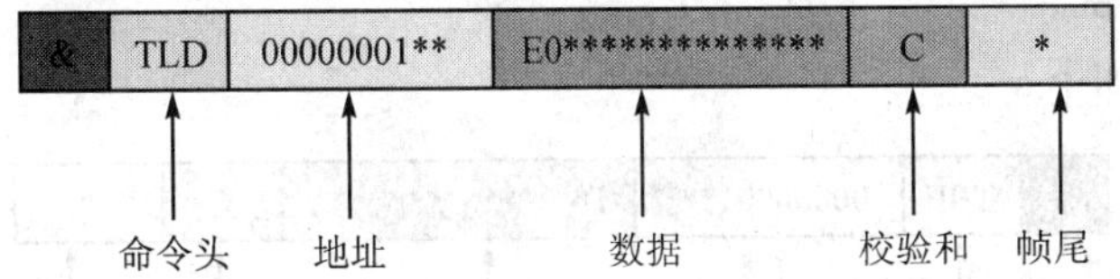

(2) 测试失败：返回数据为 E0。具体格式如下：

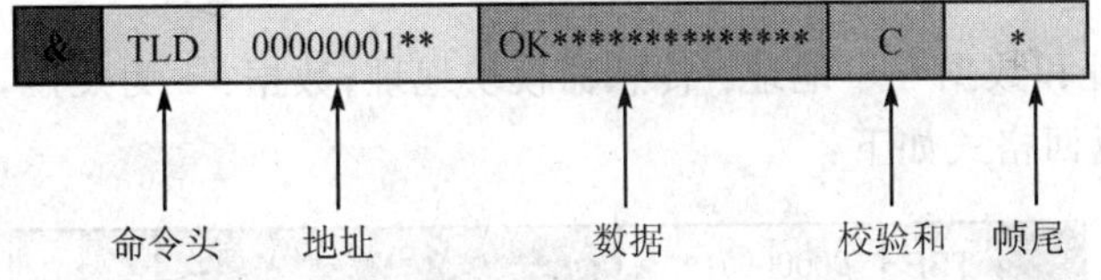

2) TBL

TBL：传感器电池寿命。

TBL 具体格式如下：

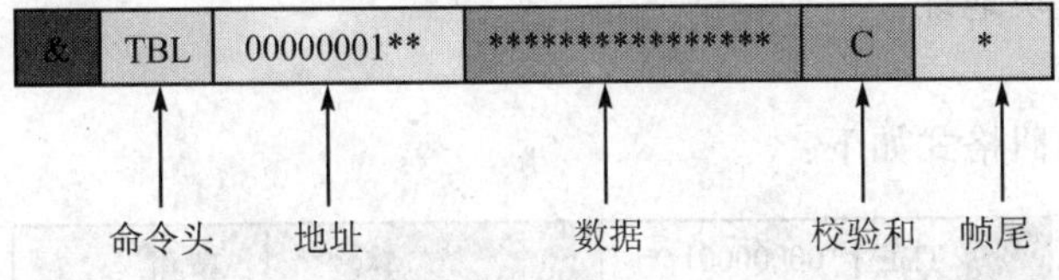

需要加入的地址和数据——地址：传感器模块编号；数据：无。

(1) 读取成功返回格式如下：

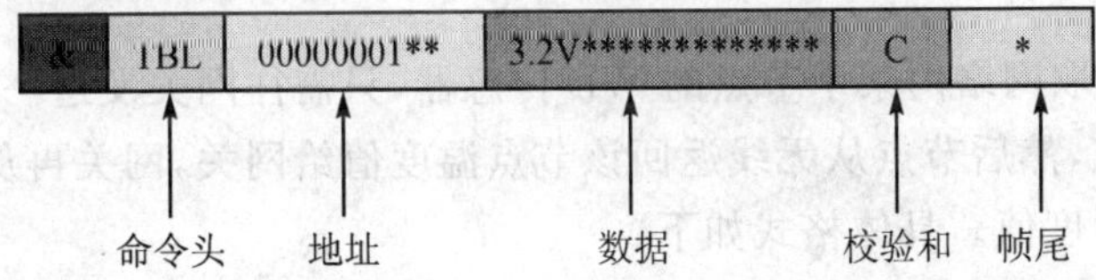

地址：被测传感器模块的地址。

数据：电压(3 字节 ASII 码，精确到 0.1 V，例如 3.2 V)。

(2) 读取失败返回格式如下：

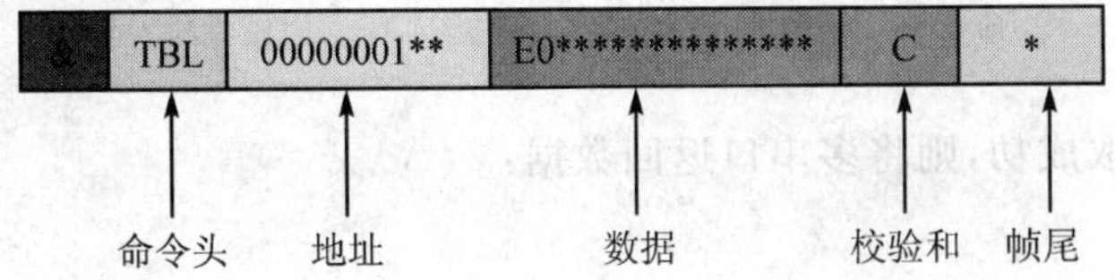

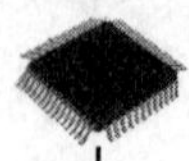

3）TBE

TBE：BEEP 测试。

TBE 具体格式如下：

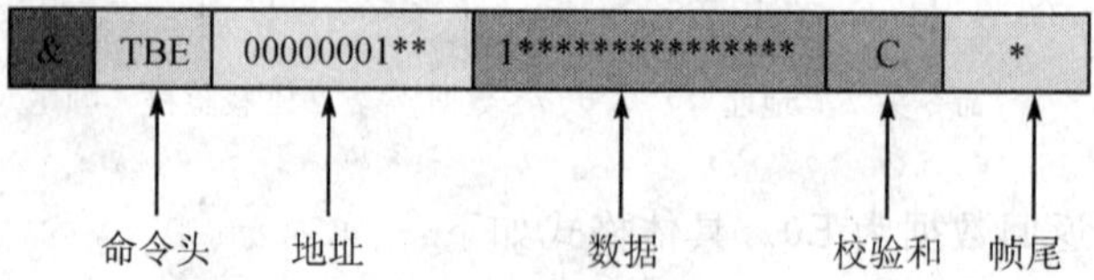

需要加入的地址和数据——地址：传感器模块地址；数据：1 为发声，0 为不发声。

（1）测试成功返回格式如下：

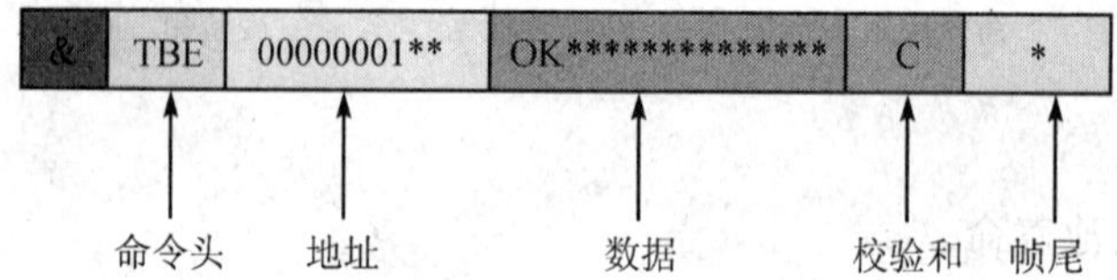

地址：传感器模块地址。

数据：OK。

（2）测试失败返回格式如下：

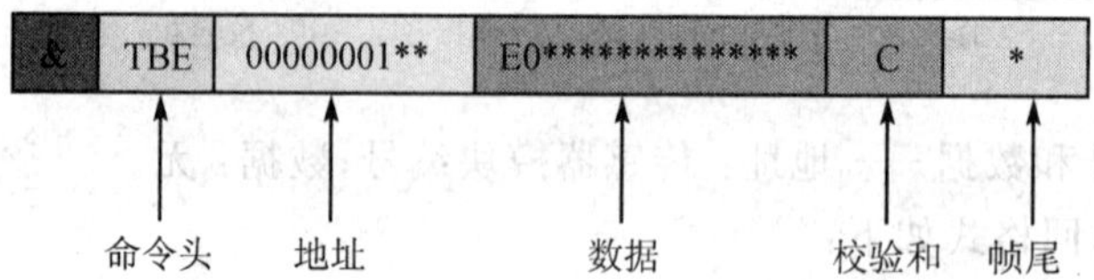

例如：如果想读取网络内某个节点的 WD 传感器，只需往网关发送一帧命令即可，网关会通过无线访问该节点，然后节点从无线返回该节点温度值给网关，网关再从串口以同样的数据格式返回此节点的温度值。具体格式如下：

① 首先 PC 从串口发送此命令到网关：

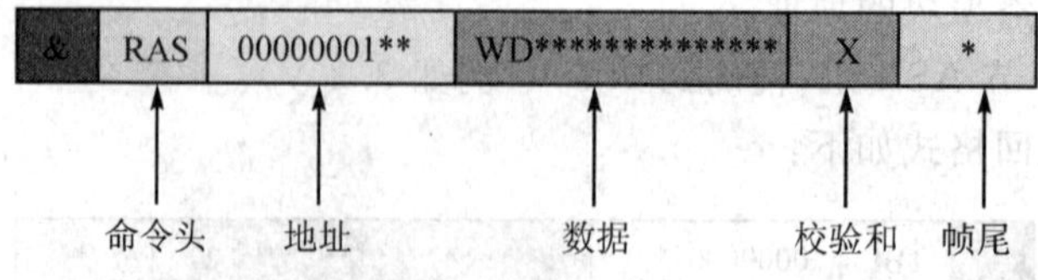

② 如果网关读取成功，则将多串口返回数据：

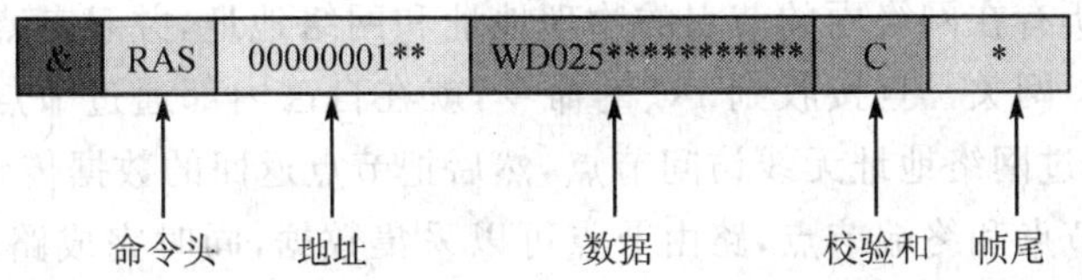

以上表示读取物理地址为 00000001(ASCII 码)的节点的温度传感器,节点返回的温度值为 25 ℃。

(3) 如果读取失败,则返回格式如下:

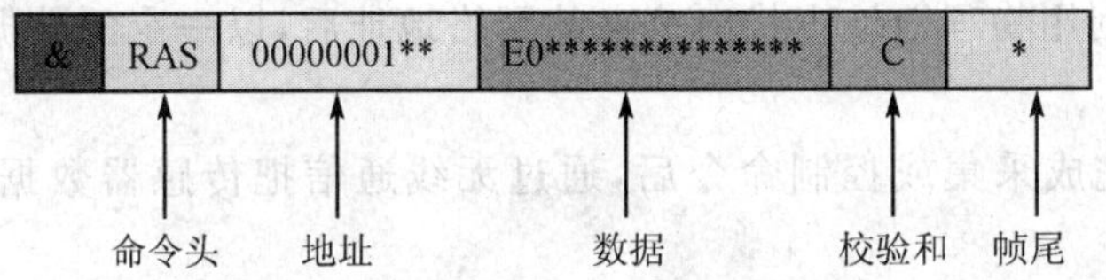

9.5 ZigBee2007 无线传感器网络建立与网络管理

9.5.1 网络通信过程介绍

无线传感器网络由网关上电后自动建立,网络建立后,其他路由器节点或终端节点都可以自由加入网络。由于现在介绍相对简单的传感器网络,所以整个网络都由网关统一管理。可以把在网络中所有节点的物理地址和网络地址存起来,以提供数据发送时的地址。

由图 9.12 可知,无线传感器网络主要由 3 部分组成:PC(PC 软件)、网关和节点(路由节点和终端节点)。

PC(PC 软件)主要完成发送命令到网关,然后收集网关返回的数据,进行数据处理和显示。只有在 PC 上所显示时节点都是以物理地址显示时,才能在硬件上实现一一对应。例如:可以直接控制某一个节点的 LED3 点亮,但这个模块在加入网络时,网络地址是随机分配的,所以在 PC 上只能用物理地址对它发送命令,由网关查找出其网络地址进行无线通信。

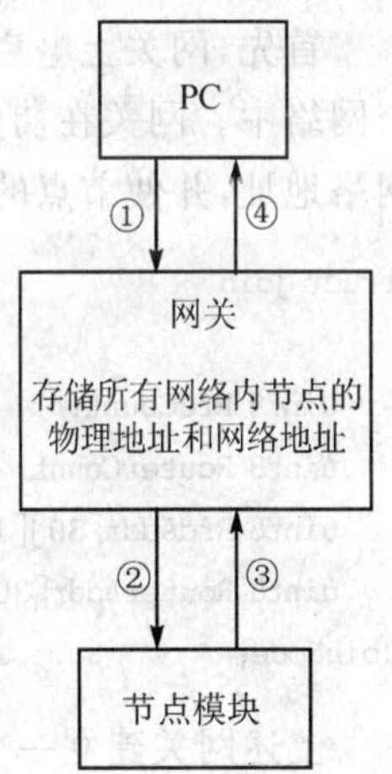

图 9.12 通信过程

但这种做法只适合于小型网络,一旦网络加大,网关的 RAM 是不够存储这些地址的,此时只能把这些地址用 PC 存储。但在这个小型网络,还是采用网关来存储节点地址。

网关内存储了所有在网络内的节点的物理地址和网络地址，并且节点的物理地址和网络地址是相互对应的。网关一旦接收到 PC 的命令，就在自己内部通过节点的物理地址查找出它的网络地址，并通过网络地址无线访问节点，然后把节点返回的数据传到 PC 进行处理。

节点包括路由节点和终端节点，路由节点可以采集数据，同时完成路由的工作，终端节点只完成采集数据和返回数据的工作。

如图 9.12 所示，网络通信过程分为①～④步。

第①步：PC 通过串口，发送命令到网关。此时发送的物理地址，可以是采集数据命令，也可以是读取网络状态命令。

第②步：网关利用物理地址查找出节点的网络地址后，以一定的数据格式通过无线通信把命令传送到节点。

第③步：节点完成采集或控制命令后，通过无线通信把传感器数据或应答信号返回给网关。

第④步：网关收到采集节点的数据后，把数据以同样的格式返回到 PC。

9.5.2 网关网络节点的地址管理

1. 网关地址存放缓冲区

在这个小型无线传感器网络中，所有节点的物理地址和网络地址都存放在网关的内存中。下面具体介绍网关是怎样存储这些地址的。

首先，网关上电启动后会自动建立一个网络。这样其他节点上电后就可以自动加入到这个网络中。网关在初始化时就建立了一个存放节点地址的空间，以便存储节点的物理地址和网络地址，并使节点的物理地址和网络地址相互对应。具体程序如下：

```
struct join
{
    uint8 RfdCount;                  //RFD 计数器，即在网络中 RFD 的个数
    uint8 RouterCount;               //路由器计数器，即在网络中 ROUTER 的个数
    uint8 RfdAddr[30][10];           //存储 RFD 节点地址用，后 2 字节为网络地址，前 8 字节为物理地址
    uint8 RouterAddr[30][10];        //存储 ROUTER 节点地址用，后 2 字节为网络地址，前 8 字节为物理地址
}JoinNode;                           //加入网络中的节点数和地址统计
```

上述网关建立一个结构体存储现有节点的地址。每加入一个节点后，就按节点的性质存入结构体数组中，然后把相应的计数器加 1。

在每个节点初始化完成后，开始自动加入网络，加入网络成功后，节点模块就把自己的网络地址和物理地址以及自己的属性（路由节点或终端节点）发送给网关，然后网关把这些地址

存入以上对应的数组中。下面介绍怎样实现网络地址管理。

2. 数据发送函数

程序清单 9.4 所示函数为网络中数据发送函数，可以用于网络中任意两个模块的数据通信。这 3 个参数分别为发送数据缓冲区、发送目的地址和发送数据长度。发送成功，返回 1；发送失败，返回 0。

程序清单 9.4

```
//------------------------------------------------------------------------------------
//发送一组数据
//------------------------------------------------------------------------------------
uint8 SendData(uint8 * buf, UINT16 addr, uint8 Leng)
{
    afAddrType_t SendDataAddr;

    SendDataAddr.addrMode = (afAddrMode_t)Addr16Bit;
    SendDataAddr.endPoint = SAMPLEAPP_ENDPOINT;
    SendDataAddr.addr.shortAddr = addr;
        if ( AF_DataRequest( &SendDataAddr, &SampleApp_epDesc,
                         2,
                         Leng,
                         buf,
                         &SampleApp_TransID,
                         AF_DISCV_ROUTE,
                         AF_DEFAULT_RADIUS ) == afStatus_SUCCESS )
    {
        return 1;
    }
    else
    {
        return 0;
    }
}
```

3. 发送和接收数据

程序清单 9.5 所示为无线数据传输的格式，这里使用了联合体，便于数据处理。可以看出，这里采用了相同长度的数据包，分为命令头、长地址、短地址和有效数据。其中长地址和短地址主要用于节点返回数据时同时返回自己的地址。

程序清单 9.5

```
union h{
  uint8 RxBuf[29];
  struct RFRXBUF
  {
        uint8 HeadCom[3];                          //命令头
        uint8 Laddr[8];
        uint8 Saddr[2];
        uint8 DataBuf[16];                         //数据缓冲区
  }RXDATA;
}RfRx;                                             //无线接收缓冲区
union j{
  uint8 TxBuf[29];
  struct RFTXBUF
  {
        uint8 HeadCom[3];                          //命令头
        uint8 Laddr[8];
        uint8 Saddr[2];
        uint8 DataBuf[16];                         //数据缓冲区
  }TXDATA;
}RfTx;                                             //无线发送缓冲区
```

4. 节点加入网络后发送自己的地址到网关

程序清单 9.6 所示为路由节点和终端节点加入网络成功后，自动发送自己的节点类型、物理地址和网络地址到网关，以便网关存储这两个地址。

程序清单 9.6

```
#ifdef    WXL_RFD
            memset(RfTx.TxBuf,'x',29);
            RfTx.TXDATA.HeadCom[0] = 'J';
            RfTx.TXDATA.HeadCom[1] = 'O';
            RfTx.TXDATA.HeadCom[2] = 'N';
            ieeeAddr = NLME_GetExtAddr();
            memcpy(RfTx.TXDATA.Laddr,ieeeAddr,8);
            SrcSaddr = NLME_GetShortAddr();
            RfTx.TXDATA.Saddr[0] = SrcSaddr;
            RfTx.TXDATA.Saddr[1] = SrcSaddr>>8;
            RfTx.TXDATA.DataBuf[0] = 'R';
```

```
                RfTx.TXDATA.DataBuf[1] = 'F';
                RfTx.TXDATA.DataBuf[2] = 'D';
                SendData(RfTx.TxBuf, 0x0000, 29);  //终端节点发送自己的节点信息到主机
#endif
#ifdef    WXL_ROUTER
                memset(RfTx.TxBuf,'x',29);
                RfTx.TXDATA.HeadCom[0] = 'J';
                RfTx.TXDATA.HeadCom[1] = 'O';
                RfTx.TXDATA.HeadCom[2] = 'N';
                ieeeAddr = NLME_GetExtAddr();
                memcpy(RfTx.TXDATA.Laddr,ieeeAddr,8);
                SrcSaddr = NLME_GetShortAddr();
                RfTx.TXDATA.Saddr[0] = SrcSaddr;
                RfTx.TXDATA.Saddr[1] = SrcSaddr>>8;
                RfTx.TXDATA.DataBuf[0] = 'R';
                RfTx.TXDATA.DataBuf[1] = 'O';
                RfTx.TXDATA.DataBuf[2] = 'U';
                SendData(RfTx.TxBuf, 0x0000, 29);  //路由节点发送自己的节点信息到主机
#endif
```

5. 网关收到节点发送的地址和类型数据帧的处理

程序清单 9.7 所示为网关收到自己各个节点发送上来的节点类型和地址数据帧的处理程序。程序首先判断是路由节点还是终端节点,然后将相应的地址存入对应的缓冲区内。但存入缓冲区之前,首先判断缓冲区内有无相同物理地址的节点。

程序清单 9.7

```
  uint8 i, j;
  memcpy(RfRx.RxBuf,pkt->cmd.Data,29);
  osal_stop_timerEx( SampleApp_TaskID, SAMPLEAPP_SEND_PERIODIC_MSG_EVT);
  if((RfRx.RXDATA.HeadCom[0] == 'J') && (RfRx.RXDATA.HeadCom[1] == 'O') && (RfRx.RXDATA.HeadCom
[2] == 'N'))//有新节点加入网络
  {
      if((RfRx.RXDATA.DataBuf[0] == 'R') && (RfRx.RXDATA.DataBuf[1] == 'F') && (RfRx.RXDATA.
DataBuf[2] == 'D'))//RFD 节点
      {
          for(i = 0; i<8; i++)
          {
              JoinNode.RfdAddr[JoinNode.RfdCount][i] = RfRx.RXDATA.Laddr[i];
          }
```

```
        for(i = 0; i<2; i++)
        {
            JoinNode.RfdAddr[JoinNode.RfdCount][8 + i] = RfRx.RXDATA.Saddr[1 - i];
        }

        for(j = 0; j<JoinNode.RfdCount; j++)                          //判断有无重复加入的节点
        {
            HaveFlag = 1;
            for(i = 0; i<8; i++)
            {
                if(JoinNode.RfdAddr[JoinNode.RfdCount][i] != JoinNode.RfdAddr[j][i])
                {
                    HaveFlag = 0;
                    break;                                            //不是
                }
            }
            if(HaveFlag == 0)continue;
            JoinNode.RfdCount --;                                     //是
            JoinNode.RfdAddr[j][8] = RfRx.RXDATA.Saddr[1];
            JoinNode.RfdAddr[j][9] = RfRx.RXDATA.Saddr[0];            //修改它的网络地址
            break;
        }
        JoinNode.RfdCount ++ ;
    }
    else if((RfRx.RXDATA.DataBuf[0] == 'R') && (RfRx.RXDATA.DataBuf[1] == 'O') && (RfRx.RXDA-
TA.DataBuf[2] == 'U'))                                                //路由节点
    {
        for(i = 0; i<8; i++)
        {
            JoinNode.RouterAddr[JoinNode.RouterCount][i] = RfRx.RXDATA.Laddr[i];
        }
        for(i = 0; i<2; i++)
        {
            JoinNode.RouterAddr[JoinNode.RouterCount][8 + i] = RfRx.RXDATA.Saddr[1 - i];
        }

        for(j = 0; j<JoinNode.RouterCount; j++)                       //判断有无重复加入的节点
        {
            HaveFlag = 1;
```

```
            for(i = 0; i<8; i++)
            {
                if(JoinNode.RouterAddr[JoinNode.RouterCount][i] != JoinNode.RouterAddr[j][i])
                {
                    HaveFlag = 0;
                    break;                                          //不是
                }
            }
            if(HaveFlag == 0)continue;
            JoinNode.RouterCount --;                                //是
            JoinNode.RouterAddr[j][8] = RfRx.RXDATA.Saddr[1];
            JoinNode.RouterAddr[j][9] = RfRx.RXDATA.Saddr[0];   //修改它的网络地址
            break;
        }
        JoinNode.RouterCount ++ ;
    }
}
```

因为同一个节点加入同一个网络,所以在不同位置加入可能会分配到不同的网络地址。为了避免这种情况,所以在存节点的地址之前进行了物理地址比较。如果是同一个节点以不同的网络地址加入网络,则只需更新它的网络地址即可。节点地址存入缓冲区后,对应节点的计数器会自动加 1,以计算现有网络中路由器和终端节点的个数。

9.6　网关与节点间的无线采集过程

整个网络的工作都是以网关为主的,平时所有节点都处于接收状态,只有收到网关的命令信号才开始采集数据。网关平时也工作于接收状态,当有新的节点加入网络时,给新的节点分配网络地址,然后存储它的物理地址和网络地址及节点类型。一旦网关从串口接收到一组命令,网关和节点就会做出以下处理:

1. 网关从串口接收命令处理

首先建立串口接收和串口发送缓冲区,如程序清单 9.8 所示。

程序清单 9.8

```
union f1{
  uint8 RxBuf[32];
  struct UARTCOMBUF
```

```
    {
        uint8 Head;                                   //头
        uint8 HeadCom[3];                             //命令头
        uint8 Laddr[8];                               //物理地址
        uint8 Saddr[2];                               //网络地址
        uint8 DataBuf[16];                            //数据缓冲区
        uint8 CRC;                                    //校验位
      uint8 LastByte;                                 //帧尾
    }RXDATA;
}UartRxBuf;                                           //从串口接收到的数据帧
union e{
    uint8 TxBuf[32];
    struct UARTBUF
    {
        uint8 Head;                                   //头
        uint8 HeadCom[3];                             //命令头
        uint8 Laddr[8];                               //物理地址
        uint8 Saddr[2];                               //网络地址
        uint8 DataBuf[16];                            //数据缓冲区
        uint8 CRC;                                    //校验位
        uint8 LastByte;                               //帧尾
    }TXDATA;
}UartTxBuf;                                           //从串口返回数据帧
```

网关采用串口中断接收数据，当接收完一组数据后，判断是否是读传感器命令。如果是读传感器命令，则无线发送从串口收到的数据帧。

程序清单 9.9 所示为网关从串口收到命令后的处理程序。收到一组命令后，程序首先判断是否读自己内部的网络状态(网络拓朴图)。

程序清单 9.9

```
    uint16 SrcSaddr;
    uint8 findflag, j, i;
    uint8 flag;                                       //是否找到所要访问节点的网络地址标志位
    uint8 ReadFlag;                                   //读自己标志位，还是读网络
    memcpy(&UartRxBuf.RxBuf[0], UatrRxBuf, 32);
    switch(UartRxBuf.RXDATA.HeadCom[0])               //串口命令头
    {
        case 'R':
            if((UartRxBuf.RXDATA.HeadCom[1] == 'N') && (UartRxBuf.RXDATA.HeadCom[2] == 'D'))
                                                      //网络发现
```

```
        {
            ReadFlag = 1;                         //读自己
        }
        else
        {
            ReadFlag = 0;                         //读网络
        }
        break;
    case 'T':
        ReadFlag = 0;
        break;
}
if(ReadFlag)
{
    UartOutNetDis();                              //串口输出网络结构
}
else
{
    memcpy(&RfTx.TxBuf[0],&UartRxBuf.RxBuf[1],29);    //装入数据
    SrcSaddr = 0;
    flag = 0;
    for(j = 0; j<JoinNode.RouterCount; j++)
    {
        findflag = 1;
        for(i = 0; i<8; i++)
        {
            if(RfTx.TXDATA.Laddr[i] != JoinNode.RouterAddr[j][i])
            {
                findflag = 0;
                break;                            //不是
            }
        }
        if(findflag == 0)continue;
        SrcSaddr = JoinNode.RouterAddr[j][8];
        SrcSaddr <<= 8;
        SrcSaddr += JoinNode.RouterAddr[j][9]; //查找到网络地址
        flag = 1;
        break;
    }
```

```
if(flag == 0)
{
    for(j = 0; j<JoinNode.RfdCount; j ++ )
    {
        findflag = 1;
        for(i = 0; i<8; i ++ )
        {
            if(RfTx.TXDATA.Laddr[i] != JoinNode.RfdAddr[j][i])
            {
                findflag = 0;
                break;                                          //不是
            }
        }
        if(findflag == 0)continue;
        SrcSaddr = JoinNode.RfdAddr[j][8];
        SrcSaddr <<= 8;
        SrcSaddr += JoinNode.RfdAddr[j][9];                     //查找到网络地址
        flag = 1;
        break;
    }
}
if(flag == 1)
{
    if(SendData(RfTx.TxBuf, SrcSaddr, 29) == 0)                 //发送数据失败
    {
        memset(&RfTx.TxBuf[3],'x',26);
        memcpy(RfTx.TXDATA.Laddr,UartRxBuf.RXDATA.Laddr,8);     //加入地址
        RfTx.TXDATA.DataBuf[0] = 'E';
        RfTx.TXDATA.DataBuf[1] = '0';                           //串口输出 E0

        HalUARTWrite( SERIAL_APP_PORT, RfTx.TxBuf, 29 );        //从串口输出
    }
    else
    {
        osal_start_timerEx( SampleApp_TaskID,                   //启动超时计数器
        SAMPLEAPP_SEND_PERIODIC_MSG_EVT,
        SAMPLEAPP_SEND_PERIODIC_MSG_TIMEOUT );
    }
}
```

```
else
{
    memset(&RfTx.TxBuf[3],'x',26);
    memcpy(RfTx.TXDATA.Laddr,UartRxBuf.RXDATA.Laddr,8);        //加入地址
    RfTx.TXDATA.DataBuf[0] = 'E';
    RfTx.TXDATA.DataBuf[1] = '1';                              //串口输出 E0
    HalUARTWrite ( SERIAL_APP_PORT, RfTx.TxBuf, 29);           //从串口输出
}
```

如果是读网络状态，就从串口输出自己的网络状态，即现有网络中有多少个路由器和终端节点，以及每一个节点的物理地址和网络地址。

如果不是读网络状态，就在自己的地址缓冲区内查找所要访问的节点的网络地址。如果在地址缓冲区找得到串口命令所要访问的节点的网络地址，网关就从串口发送命令到该节点，并在发送时打开超时计数器。如果节点在一定时间内把应答信号或采集数据返回网关，网关就把返回的数据以一定格式返回给 PC 机。

如果在一定时间内没有收到应答信号或是采集数据值，网关就从串口以一定格式返回"E1"给 PC 机，表示读取节点超时或是节点此时不在网络范围内。如果在地址缓冲区没有找到所要访问节点的网络地址，就直接从串口返回"E0"数据帧，表示网络内没有这些节点存在。

2. 节点无线响应网关发送过来的命令

程序清单 9.10 所示为路由节点和终端节点通过无线通信接收到网关的命令后的处理函数。

程序清单 9.10

```
#if (defined(WXL_ROUTER) || defined(WXL_RFD))                          //ROUTER OR RFD
  uint8 temp;
  uint16 temp1;
  uint8 * ieeeAddr;
  uint16 Saddr;
  ieeeAddr = NLME_GetExtAddr();
  memcpy(RfRx.RxBuf,pkt->cmd.Data,29);
  switch(RfRx.RXDATA.HeadCom[0]){

    case 'R':                                                          //读
      if((RfRx.RXDATA.HeadCom[1] == 'A') && (RfRx.RXDATA.HeadCom[2] == 'S'))   //读传感器
      {
        if((RfRx.RXDATA.DataBuf[0] == 'G') && (RfRx.RXDATA.DataBuf[1] == 'M'))    //读光敏
        {
          memset(RfTx.TxBuf,'x',29);
```

```
        RfTx.TXDATA.HeadCom[0] = 'R';
        RfTx.TXDATA.HeadCom[1] = 'A';
        RfTx.TXDATA.HeadCom[2] = 'S';
        memcpy(RfTx.TXDATA.Laddr,ieeeAddr,8);
        Saddr = NLME_GetShortAddr();
        RfTx.TXDATA.Saddr[0] = Saddr>>8;
        RfTx.TXDATA.Saddr[1] = Saddr;
        RfTx.TXDATA.DataBuf[0] = 'G';
        RfTx.TXDATA.DataBuf[1] = 'M';
        temp1 = GetPhoto();                                    //读出光敏值
        temp = temp1>>4;
        RfTx.TXDATA.DataBuf[2] = temp/100 + 0x30;
        temp = temp % 100;
        RfTx.TXDATA.DataBuf[3] = temp/10 + 0x30;
        RfTx.TXDATA.DataBuf[4] = temp % 10 + 0x30;
        RfHaveTxDara = 1;;
    }
    else if((RfRx.RXDATA.DataBuf[0] == 'W') && (RfRx.RXDATA.DataBuf[1] == 'D'))
                                                               //读温度
    {
        memset(RfTx.TxBuf,'x',29);
        RfTx.TXDATA.HeadCom[0] = 'R';
        RfTx.TXDATA.HeadCom[1] = 'A';
        RfTx.TXDATA.HeadCom[2] = 'S';
        memcpy(RfTx.TXDATA.Laddr,ieeeAddr,8);
        Saddr = NLME_GetShortAddr();
        RfTx.TXDATA.Saddr[0] = Saddr>>8;
        RfTx.TXDATA.Saddr[1] = Saddr;
        RfTx.TXDATA.DataBuf[0] = 'W';
        RfTx.TXDATA.DataBuf[1] = 'D';
        temp = ReadTc77();                                     //读出温度值
        RfTx.TXDATA.DataBuf[2] = temp/10 + 0x30;
        RfTx.TXDATA.DataBuf[3] = temp % 10 + 0x30;
        RfHaveTxDara = 1;
    }
    else if((RfRx.RXDATA.DataBuf[0] == 'K') && (RfRx.RXDATA.DataBuf[1] == 'T'))
                                                               //读可调电位器
    {
        memset(RfTx.TxBuf,'x',29);
        RfTx.TXDATA.HeadCom[0] = 'R';
        RfTx.TXDATA.HeadCom[1] = 'A';
```

```
            RfTx.TXDATA.HeadCom[2] = 'S';

            memcpy(RfTx.TXDATA.Laddr,ieeeAddr,8);
            Saddr = NLME_GetShortAddr();
            RfTx.TXDATA.Saddr[0] = Saddr>>8;
            RfTx.TXDATA.Saddr[1] = Saddr;
            RfTx.TXDATA.DataBuf[0] = 'K';
            RfTx.TXDATA.DataBuf[1] = 'T';
            temp1 = GetADJ();                               //读出可调电位器 ADC 值

            temp = temp1>>4;
            RfTx.TXDATA.DataBuf[2] = temp/100 + 0x30;
            temp = temp % 100;
            RfTx.TXDATA.DataBuf[3] = temp/10 + 0x30;
            RfTx.TXDATA.DataBuf[4] = temp % 10 + 0x30;
            RfHaveTxDara = 1;
        }
    }
    else if((RfRx.RXDATA.HeadCom[1] == 'N') && (RfRx.RXDATA.HeadCom[2] == 'S'))
                                                            //读模块连接状态
    {
        memset(RfTx.TxBuf,'x',29);
        RfTx.TXDATA.HeadCom[0] = 'R';
        RfTx.TXDATA.HeadCom[1] = 'N';
        RfTx.TXDATA.HeadCom[2] = 'S';
        memcpy(RfTx.TXDATA.Laddr,ieeeAddr,8);
        Saddr = NLME_GetShortAddr();
        RfTx.TXDATA.Saddr[0] = Saddr>>8;
        RfTx.TXDATA.Saddr[1] = Saddr;

      temp = pkt ->LinkQuality;                             //读出连接质量

        RfTx.TXDATA.DataBuf[0] = temp/100 + 0x30;
        temp % = 100;
        RfTx.TXDATA.DataBuf[1] = temp/10 + 0x30;
        RfTx.TXDATA.DataBuf[2] = temp % 10 + 0x30;

        NLME_GetCoordExtAddr(&RfTx.TXDATA.DataBuf[3]);
        temp1 = NLME_GetCoordShortAddr();                   //读出父节点物理地址和网络地址
        RfTx.TXDATA.DataBuf[11] = temp1>>8;
        RfTx.TXDATA.DataBuf[12] = temp1;
```

```
        RfHaveTxDara = 1;
    }                                                               //end 读模块连接状态
    break;
case 'T':                                                           //测试
    if((RfRx.RXDATA.HeadCom[1] == 'L') && (RfRx.RXDATA.HeadCom[2] == 'D'))  //LED 测试
    {
        if(RfRx.RXDATA.DataBuf[0] == 'C')
        {
            if((RfRx.RXDATA.DataBuf[1] == 'D') && (RfRx.RXDATA.DataBuf[2] == '3'))
            {
                if(RfRx.RXDATA.DataBuf[3] == '1')
                {
                    HalLedSet ( HAL_LED_3, HAL_LED_MODE_ON );       //开
                }
                else if(RfRx.RXDATA.DataBuf[3] == '0')
                {
                    HalLedSet ( HAL_LED_3, HAL_LED_MODE_OFF );;     //关
                }
            }
            else if((RfRx.RXDATA.DataBuf[1] == 'D') && (RfRx.RXDATA.DataBuf[2] == '4'))
            {
                if(RfRx.RXDATA.DataBuf[3] == '1')
                {
                    HalLedSet ( HAL_LED_4, HAL_LED_MODE_ON );;      //开
                }
                else if(RfRx.RXDATA.DataBuf[3] == '0')
                {
                    HalLedSet ( HAL_LED_4, HAL_LED_MODE_OFF );;     //关
                }
            }
        }//end if(RfRx.RXDATA.DataBuf[0] == 'C')
        else if(RfRx.RXDATA.DataBuf[0] == 'T')
        {
            if((RfRx.RXDATA.DataBuf[1] == 'D') && (RfRx.RXDATA.DataBuf[2] == '3'))
            //控制 LED3
            {
                if(RfRx.RXDATA.DataBuf[3] == '1')
                {
                    HalLedSet ( HAL_LED_3, HAL_LED_MODE_FLASH );  //开始闪烁
                }
                else if(RfRx.RXDATA.DataBuf[3] == '0')
```

```
            {
                HalLedSet ( HAL_LED_3, HAL_LED_MODE_OFF );      //关
            }
        }
        else if((RfRx.RXDATA.DataBuf[1] == 'D') && (RfRx.RXDATA.DataBuf[2] == '4'))
                                                                //控制 LED4
        {
            if(RfRx.RXDATA.DataBuf[3] == '1')
            {
                HalLedSet ( HAL_LED_4, HAL_LED_MODE_FLASH );;   //开始闪烁
            }
            else if(RfRx.RXDATA.DataBuf[3] == '0')
            {
                HalLedSet ( HAL_LED_4, HAL_LED_MODE_OFF );      //关
            }
        }
    }
    memset(RfTx.TxBuf,'x',29);
    RfTx.TXDATA.HeadCom[0] = 'T';
    RfTx.TXDATA.HeadCom[1] = 'L';
    RfTx.TXDATA.HeadCom[2] = 'D';

    memcpy(RfTx.TXDATA.Laddr,ieeeAddr,8);
    Saddr = NLME_GetShortAddr();
    RfTx.TXDATA.Saddr[0] = Saddr>>8;
    RfTx.TXDATA.Saddr[1] = Saddr;

    RfTx.TXDATA.DataBuf[0] = 'O';
    RfTx.TXDATA.DataBuf[1] = 'K';                               //测试成功
    RfHaveTxDara = 1;

}
                                                                //end LED 测试
if((RfRx.RXDATA.HeadCom[1] == 'B') && (RfRx.RXDATA.HeadCom[2] == 'E'))   //BEEP 测试
{
    if(RfRx.RXDATA.DataBuf[0] == '1')
    {
        P5DIR |= 0X20;
        P5OUT |= 0X20;                                          //BEEP 响
    }
    else if(RfRx.RXDATA.DataBuf[0] == '0')
    {
```

```
            P5DIR | = 0X20;
            P5OUT & = ~0X20;                                  //停止发声
        }
        memset(RfTx.TxBuf,'x',29);
        RfTx.TXDATA.HeadCom[0] = 'T';
        RfTx.TXDATA.HeadCom[1] = 'B';
        RfTx.TXDATA.HeadCom[2] = 'E';

        memcpy(RfTx.TXDATA.Laddr,ieeeAddr,8);
        Saddr = NLME_GetShortAddr();
        RfTx.TXDATA.Saddr[0] = Saddr>>8;
        RfTx.TXDATA.Saddr[1] = Saddr;

        RfTx.TXDATA.DataBuf[0] = 'O';
        RfTx.TXDATA.DataBuf[1] = 'K';                         //测试成功
        RfHaveTxDara = 1;
    }                                                         //end BEEP 测试
    if((RfRx.RXDATA.HeadCom[1] == 'B') && (RfRx.RXDATA.HeadCom[2] == 'L'))
                                                              //测试电池电压
    {
        memset(RfTx.TxBuf,'x',29);
        RfTx.TXDATA.HeadCom[0] = 'T';
        RfTx.TXDATA.HeadCom[1] = 'B';
        RfTx.TXDATA.HeadCom[2] = 'L';

        memcpy(RfTx.TXDATA.Laddr,ieeeAddr,8);
        Saddr = NLME_GetShortAddr();
        RfTx.TXDATA.Saddr[0] = Saddr>>8;
        RfTx.TXDATA.Saddr[1] = Saddr;
        temp = ReadBatt();                                    //读出电池电压值
        RfTx.TXDATA.DataBuf[0] = temp/10 + '0';
        RfTx.TXDATA.DataBuf[1] = '.';
        RfTx.TXDATA.DataBuf[2] = temp % 10 + '0';
        RfTx.TXDATA.DataBuf[3] = 'V';
        RfHaveTxDara = 1;
    }
  break;
} //end
if(RfHaveTxDara)                                              //如果有数据要发送
{
  SendData(RfTx.TxBuf, 0x0000, 29);                           //发送数据
```

```
    RfHaveTxDara = 0;
}
```

从程序清单 9.10 可以看出,其实在协议栈里无线网络通信非常简单。节点收到命令之后,首先判断是什么命令,然后再做相应的处理。

如果是读传感器,节点就读出相应传感器的值,然后返回给网关。如果是网关发送过来的控制命令,节点就做相应的动作,然后返回 OK 给主机,表示控制成功。

从程序 9.10 可以看出,每个节点返回数据之前,都会读出自己的物理地址和现在的网络地址一起返回给主机。主机可以根据这些地址判断是哪个节点返回的数据,然后上传 PC 机。

9.7 程序编译、下载

1. 物理地址修改

在 ZigBee2007/PRO 中,要求每一个模块的物理地址都是唯一的 64 位地址(8 字节),不然在网络中可能会产生重复的网络地址。因此在下载程序之前,必须首先修改模块的物理地址,之后才能进行程序下载。从前面的介绍可以看出,为了更直观地观看节点的物理地址,最好将其 8 字节的物理地址都设成 ASCII 码的 0~9,这样不管在 PC 软件中,还是用串口助手操作都比较方便。

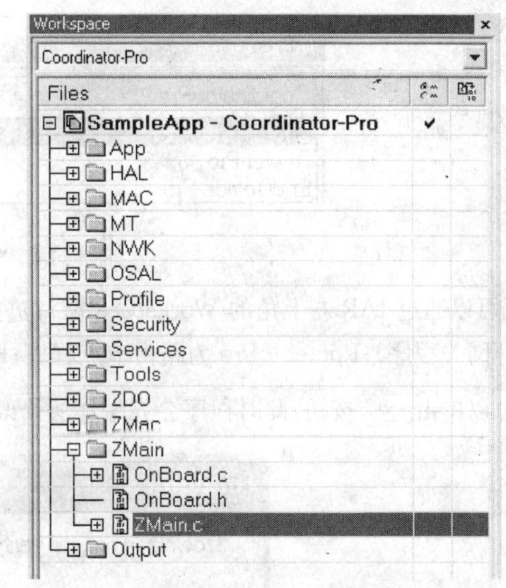

图 9.13 ZigBee2007 无线传感器网络工程文件

当用 IAR 打开 ZigBee2007/PRO 工程文件后,可以在图 9.13 内 WorkSpace 窗口的 Files 目录下展开 ZMain 文件,然后双击 ZMain.c 文件。这样 ZMain.c 文件就被打开了,然后把程序拉到第 193 行,如下所示:

```
#if defined ( ZDO_COORDINATOR )
aExtendedAddress[0] = 0x30;
#elif defined ( RTR_NWK )
aExtendedAddress[0] = 0x31;
#else
aExtendedAddress[0] = 0x32;
```

```
#endif
  aExtendedAddress[1] = 0x30;
  aExtendedAddress[2] = 0x30;
  aExtendedAddress[3] = 0x30;
  aExtendedAddress[4] = 0x30;
  aExtendedAddress[5] = 0x30;
  aExtendedAddress[6] = 0x30;
  aExtendedAddress[7] = 0x31;
```

首先在这几行中修改模块的物理地址，修改后再编译就可以下载程序到用户的模块中了。模块工作后，就会按用户修改的物理地址加入网络了。

2. 程序的编译和下载

ZigBee2007/PRO 分 3 种程序：网络协调器、路由节点和终端节点。在下载程序之前，可以直接选择程序的功能，如图 9.14 所示。

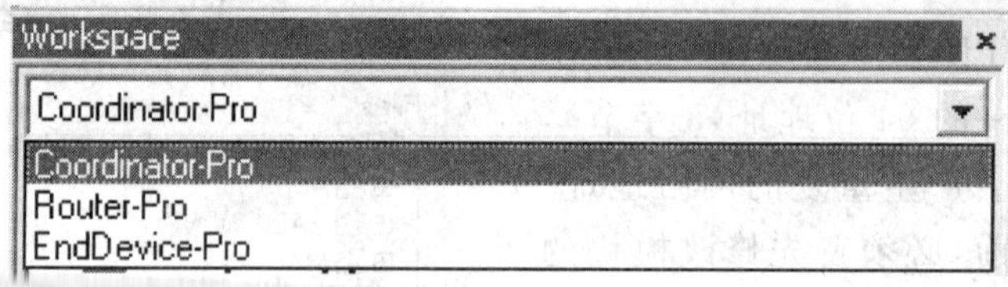

图 9.14　节点功能选择

可以通过 IAR 左上角的 Workspace 窗口进行选择。其中：Coordinator - Pro 为网络协调者程序(即网关程序)；Router - Pro 为路由节点程序；EndDevice - Pro 为终端节点程序。选择好程序功能后，可以单击 按钮，此时程序会先编译所修改的，然后就可以进行下载了，如图 9.15 所示。

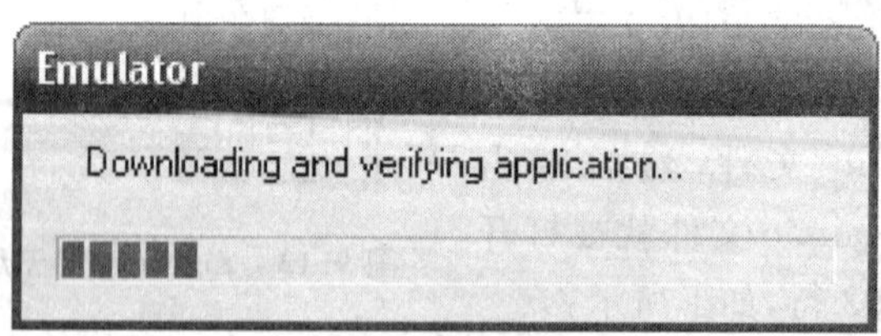

图 9.15　程序下载中

9.8　实验效果

当模块和网关中下载好了程序之后，就可以开始实验了。首先通过 USB 电缆把网关连接

到 PC 机上，可以观察到网关的 LED2 闪烁后停止（LED2 闪烁期间，LED1 灯为熄灭状态），紧跟着 LED1 常亮，表示网络建立成功。

网络建立成功后，可以打开路由器或终端节点的电源，此时同样节点的 LED2 闪烁后停止（LED2 闪烁期间，LED1 灯为熄灭状态），紧跟着 LED1 常亮，表示节点加入网络成功。当有节点加入成功后，此时 PC 机就可以通过串口发送命令到网关进行无线传感器网络的采集与控制了。

1. 利用 PC 软件进行实验

在完成此程序和硬件后，根据上面所讲的数据命令格式，开发一套用于无线传感器网络的 PC 软件。其方法同上，只要把网关通过 USB 电缆连接到网络，就可以用 PC 软件进行无线传感器网络的采集与控制了。

如图 9.16 所示，网络拓扑图可以显示当前网络中的所有节点，并显示节点的子父关系和

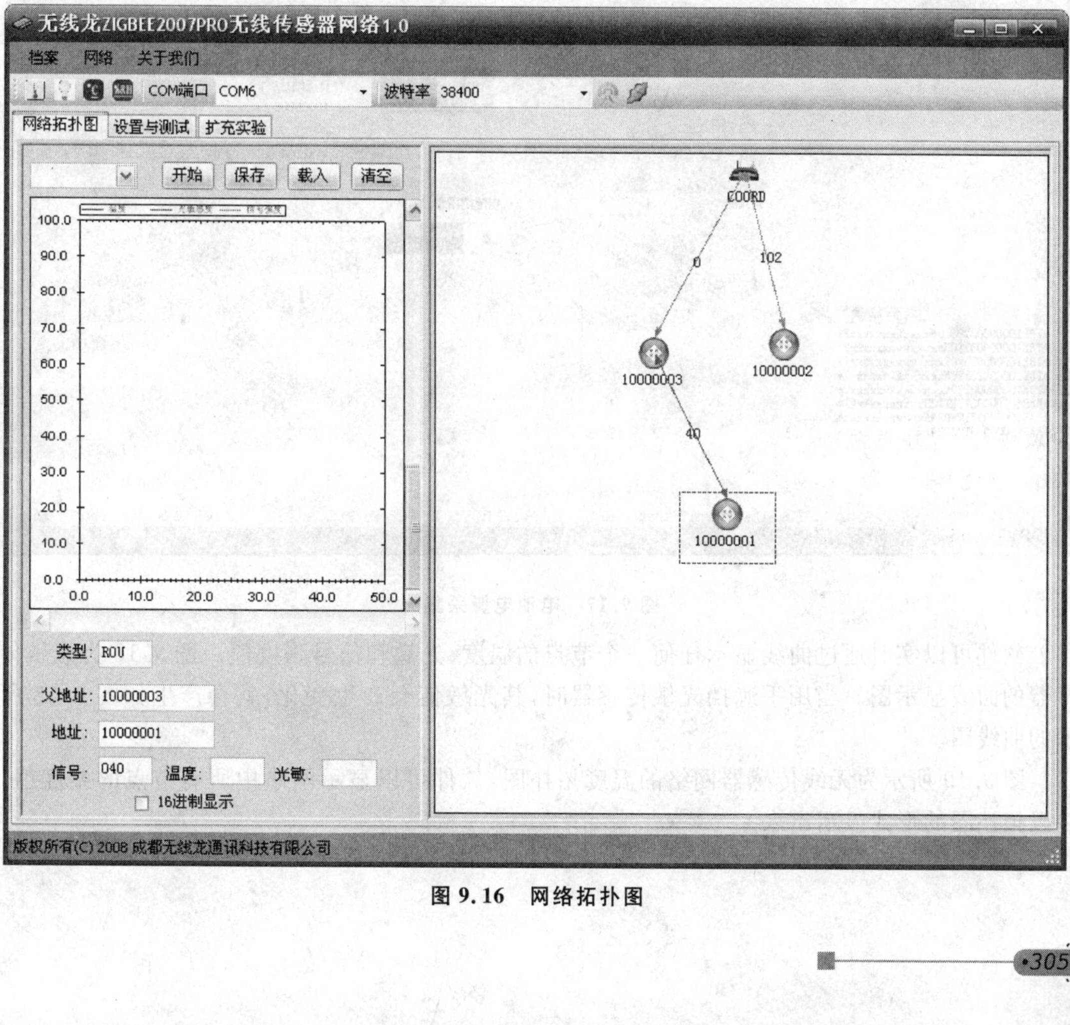

图 9.16　网络拓扑图

LQI 值。

软件可以对整个网络的组成一目了然，可以知道所有节点的子父关系。当两个节点的距离变化时，其 LQI 值会相对变化。LQI 值会实时显示当前值，连接线的颜色也会相应产生变化。

软件可以单独读取节点的任何一个传感器或单独控制任何一个节点的 LED、BEEP 等。图 9.17 为软件采集一个节点的电池电量，用户可以很清晰地看到每一个节点当前的电池电量。

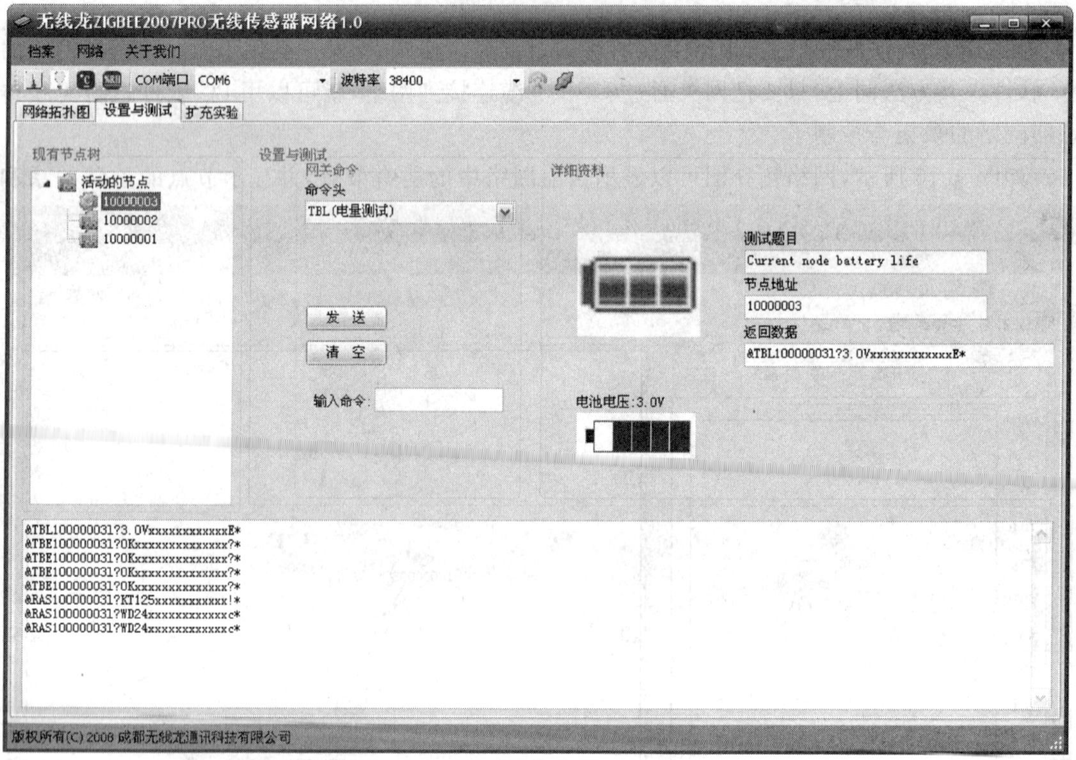

图 9.17　电池电量采集

软件可以实时通过曲线显示任何一个节点的温度、光敏和信号强度值。图 9.18 为光敏传感器的曲线显示图。当用手遮挡光敏传感器时，其光敏值会产生变化，就会产生如图 9.18 所示的曲线图。

图 9.19 所示为无线传感器网络的温度拓扑图，软件可以显示网络中所有节点的温度值，并以拓扑图的形式显示出来。

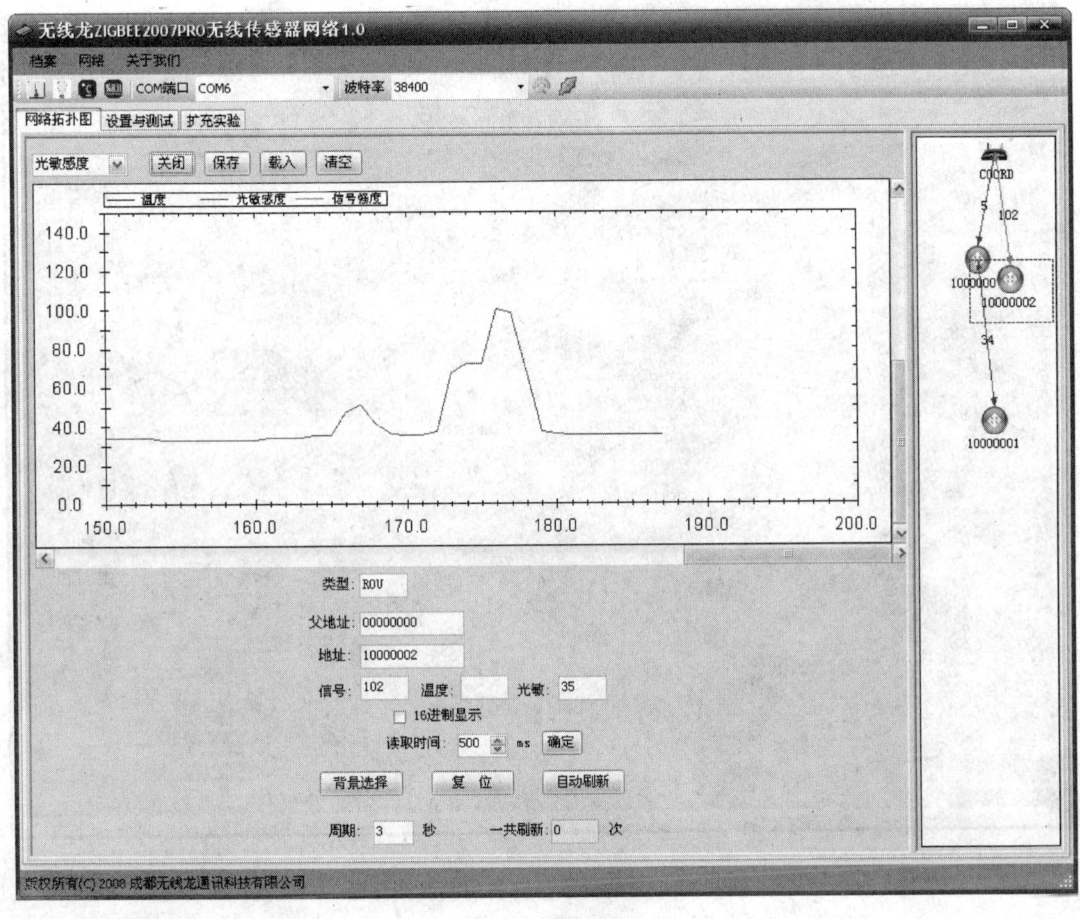

图 9.18 实时曲线采集传感器

2. 利用串口调试助手

如果没有 PC 软件对网关进行控制,也可以通过串口调试助手进行数据采集的控制。但串口调试助手用起来很不方便,数据格式和命令都必须很小心地填写。

例 1: 按上面提到的数据格式,从串口调试助手以 38 400 的波特率,8 位数据位,无奇偶校验位,1 位停止位的模块发送数据“&RAS00000001 * * WD * * * * * * * * * * * * * * C *”。

当从串口发送这个命令后,马上可以看到串口接收区内返回数据。

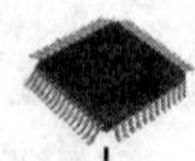

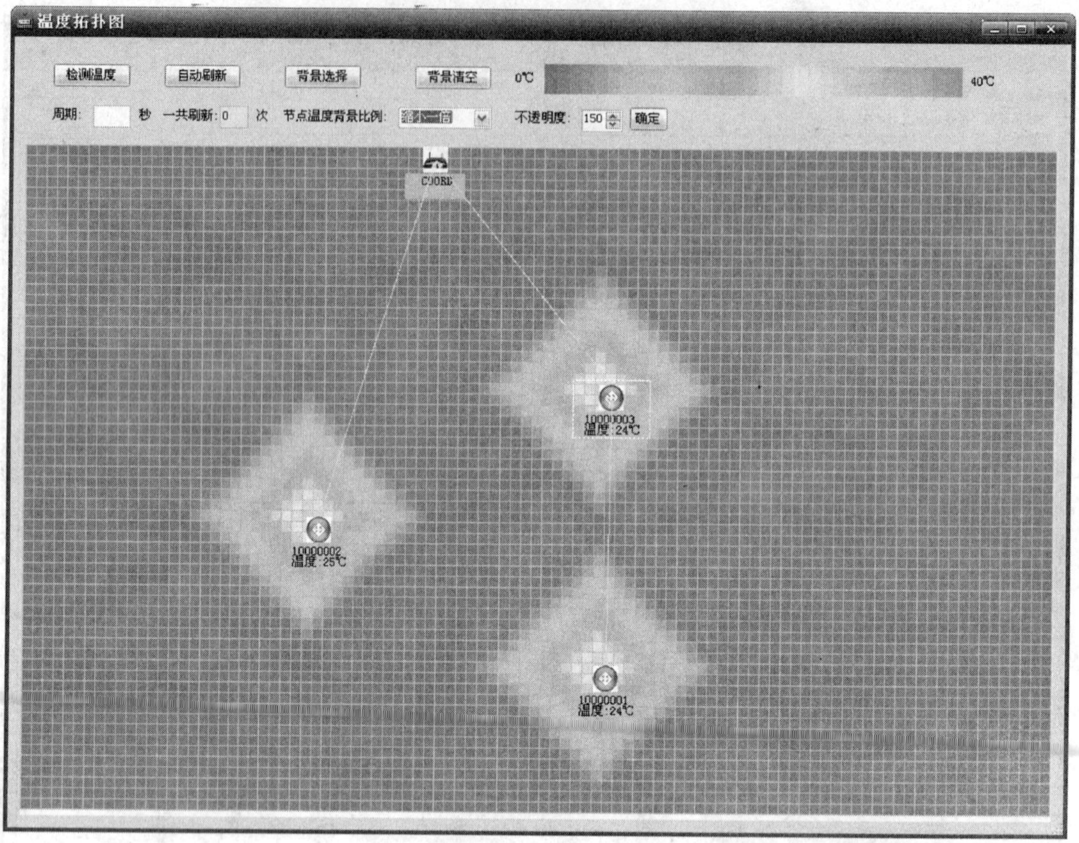

图 9.19　无线传感器网络的温度拓扑图

按上面的格式可知，此时读取物理地址为 10000001 的节点的温度值为 24 ℃，如图 9.20 所示。

例 2： 从串口发送“&TLD10000001＊＊TD31＊＊＊＊＊＊＊＊＊＊＊＊＊C＊”到网关。

从串口发送以上一组数据，如果物理地址为 10000001 的节点在网络内，则串口调试助手接收区内会马上返回“&TLD10000001HOKxxxxxxxxxxxxxx＊”，表示控制节点的 LED3 闪烁成功，如图 9.21 所示。

此时开发板上的 LED3 开始不断闪烁，如图 9.22 所示。

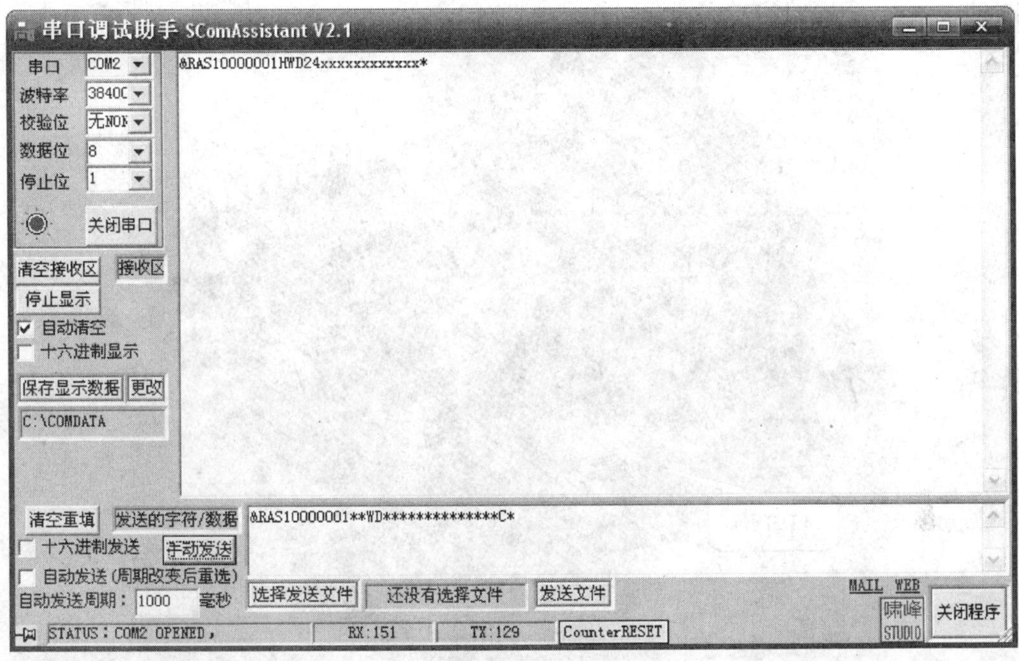

图 9.20 串口演示读温度值

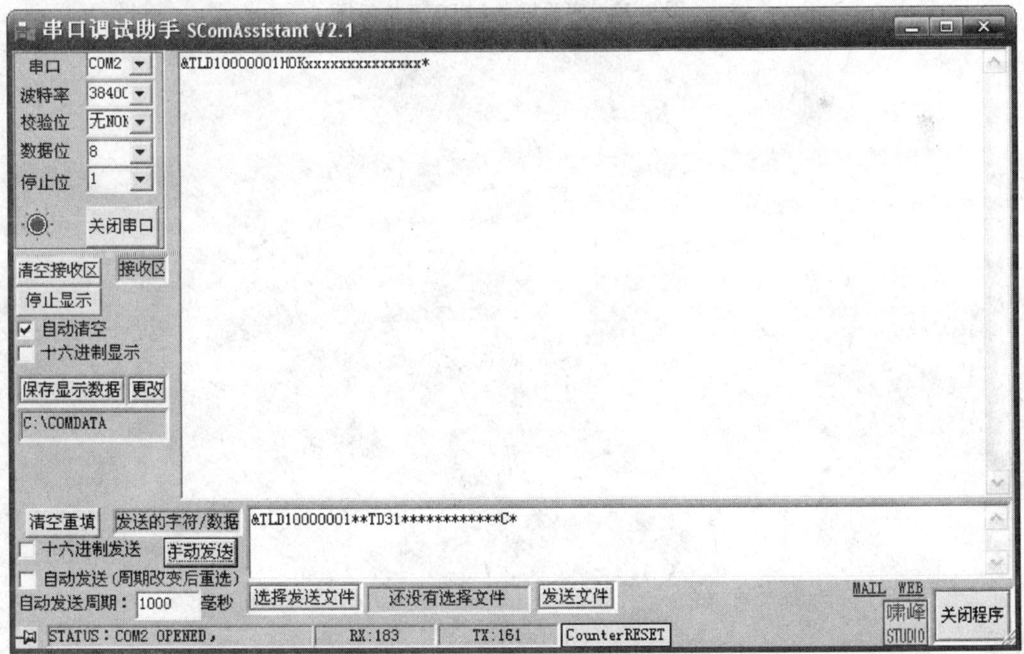

图 9.21 串口演示 LED3 闪烁

图 9.22　实验板上 LED3 开始闪烁

附录A 网络层所定义的特性常量

表 A.1 网络层所定义的特性常量

常 量	描 述	值
nwkcCoordinatorCapable	布尔标记，表明设备是否具有成为 ZigBee 协调器的能力。其中 0x00 表明设备不具备这样的能力；0x01 表明设备具有成为 ZigBee 协调器的能力	在初始化时设定
nwkcDefaultSecurityLevel	使用的缺省安全级别	ENC - MIC - 64
nwkcDiscoveryRetryLimit	路由发现重试的最大次数	0x03
nwkcMaxDepth	一台设备拥有的最大深度（离 ZigBee 协调器的最小逻辑跳数）	0x0F
nwkcMinHeaderOverhead	由网络层加到载荷中的最大字节数	0x08
nwkcProtocolVersion	设备中 ZigBee 网络层协议的版本	0x02
nwkcWaitBeforeValidation	在接收路由应答和发送有效路由信息之间，多播路由请求发送者持续时间（单位：ms）	0x500
nwkcRepairThreshold	链路失败和网络层启动维修机制后，所能允许的最大通信错误数	0x03
nwkcRouteDiscoveryTime	直到路由发现终止所需的持续时间（单位：ms）	0x2710
nwkcMaxBroadcastJitter	最大广播不稳定时间（单位：ms）	0x40
nwkcInitialRREQRetries	路由请求命令帧的第一个广播传输的重试次数	0x03
nwkcRREQRetries	中间 ZigBee 路由器或协调器请求命令帧广播重传次数	0x02
nwkcRREQRetryInterval	广播路由请求命令帧重传的间隔（单位：ms）	0xFF
nwkcMinRREQJitter	路由请求命令帧重传的最小不稳定时间（2 ms 间隔）	0xFE
nwkcMaxRREQJitter	路由请求命令帧重传的最大不稳定时间（2 ms 间隔）	0x40
nwkcMACFrameOverhead	ZigBee 网络层使用的 MAC 层帧头的大小。ZigBee 协议栈 Profile 能增加这个常量值，以保证与 IEEE 802.15.4 2003 协议兼容	0x0B

附录B

网络层信息库属性

网络层信息库(NIB)由管理设备网络层所需要的属性(见表 B.1)组成。每一个属性都可以分别使用 NLME - GET. request 和 NLME - SET. request 原语进行读写。

表 B.1 网络层信息库属性

属 性	代 码	类 型	有效值范围	描 述	缺省值
nwkSequenceNumber	0x81	整型	0x00～0xFF	加到输出帧上的序列号	随机值
nwkPassiveAck-Timeout	0x82	整型	0x00～0x0A	父设备与所有子设备重传广播信息的最长持续时间(单位: s,被动确认超时)	0x03
nwkMaxBroadcast-Retries	0x83	整型	0x00～0x05	广播帧传送失败后最大重传次数	0x03
nwkMaxChildren	0x84	整型	0x00～0xFF	现有网络上所能拥有的最大子设备数	0x07
nwkMaxDepth	0x85	整型	0x01～*nwkcMaxDepth*	设备拥有的深度	0x05
nwkMaxRouters	0x86	整型	0x01～0xff	设备能接入的路由器数。网络中所有设备的此值都是由 ZigBee 协调器来决定的	0x05
nwkNeighborTable	0x87	设置	可变	设备中现有的邻居表	未设置
nwkNetworkBroadcast-DeliveryTime	0x88	整型	(*nwkPassiveAckTimeouT* * *nwkBroadcastRetries*)～0xFF	广播信息漫布整个网络的持续时间(单位: s)	*nwkPassiveAckTimeout* * *nwkBroadcastRetries*
nwkReportConstantCost	0x89	整型	0x00～0x01	如果设置为 0,则网络层将使用 MAC 层所报告的 LQI 值计算所有邻居节点链路的成本;否则它将报告一个常量值	0x00
nwkRouteDiscovery-RetriesPermitted	0x8A	整型	0x00～0x03	在失败路由请求后允许重试的最大次数	Nwkc Discovery RetryLimit
nwkRouteTable	0x8B	设置	可变	设备的现有路由表	未设置

续表 B.1

属性	代码	类型	有效值范围	描述	缺省值
nwkSymLink	0x8E	布尔型	TRUE 或 FALSE	现有的路由对称设置 TRUE,表示路由默认由对称链路组成。路由发现期间建立了前向和后向路由,并且二者是相同的。FALSE 表示路由不是由对称链路组成。在路由发现期间,只有前向路由被保留	FALSE
nwkCapabilityInformation	0x8F	比特组	0bit: 备份协调器 1bit: 设备类型 2bit: 电源类型 3bit: 网络空闲时接收	包含网络链接期间建立的设备能力信息	0x00
nwkAddrAlloc	0x90	整型	0x00～0x02	确定分配地址方法的值: 0x00＝使用分布式地址分配;0x01＝保留;0x02＝使用随机地址分配	0x00
nwkUseTreeRouting	0x91	布尔型	TRUE 或 FALSE	确定网络层是否有使用分等级路由(树形路由)能力的标志: TRUE＝有使用分等级路由的能力;FALSE＝不使用分等级路由	TRUE
nwkManagerAddr	0x92	整型	0x0000～0xFFF7	指定的网络管理地址	0x0000
Reserved	0x93				
Reserved	0x94				
nwkTransactionPersistenceTime	0x95	整型	0x0000～0xFFFF	协调器存储处理的最大时间(在超帧周期)且表明在它的信标内。这个属性反映了 MAC PIB 属性中的 *Transaction - PersistenceTime* 的值且高层对此值的任何改变将反映在 MAC PIB 属性值中	0x01F4
nwkShortAddress	0x96	整型	0x0000～0xFFF7	设备使用的 PAN 通信的 16 位地址。这个属性反映了 MAC PIB 属性中的 *macShortAddress* 的值且高层对此值的任何改变将反映在 MAC PIB 属性值中	0xFFFF

续表 B.1

属 性	代 码	类 型	有效值范围	描 述	缺省值
nwkStackProfile	0x97	整型	0x00～0x0F	设备中使用的 ZigBee 协议栈的 Profile 标识符	0
Reserved	0x98				
nwkGroupIDTable	0x99	设置	可变	设备是这个网络组的成员，标识符的设置范围在 0x00～0xFF 之间	未设置
nwkExtendedPANID	0x9A	64 位扩展地址	0x000000 0000000000～0xFFFFFFFF FFFFFFFE	设备是这个网络成员的扩展 PAN 标识符。0x000000000 0000000 标识扩展的 PAN 标识未知	0x0000000 000000000
nwkUseMulticast	0x9B	布尔型	TRUE 或 FALSE	确定多播信息在哪一层发生的标志：TRUE＝多播发生在网络层；FALSE＝多播发生在应用子层且使用应用子层帧报头	TRUE
nwkRouteRecordTable	0x9C	设置	可变	路由记录表	未设置
nwkSetConcentrator	0x9D	布尔型	TRUE 或 FALSE	确定设备是否是集中器的标志：TRUE＝设备是集中器；FALSE＝设备不是集中器	FALSE
nwkConcentratorRadius	0x9E	整型	0x00～0xFF	协调器路由发现的跳计数器半径	0x0000
nwkConcentrator-DiscoveryTime	0x9F	整型	0x00～0xFF	两个协调器路由发现的间隔时间（单位：s）。如果设置成 0x0000，则只有高层在启动时发现路由	0x0000
nwkLinkStatusPeriod	0xA0	整型	0x00～0xFF	链路状态命令帧之间的间隔（单位：s）	0x0F
nwkRouterAgeLimit	0xA1	整型	0x00～0xFF	在链路成本复位到 0 前，丢失的链路状态命令帧个数	3
nwkUniqueAddr	0xA2	布尔型	TRUE 或 FALSE	确认网络层是否检测和改正冲突地址的标志：TRUE＝所用地址是唯一的；FALSE＝所用地址不唯一	TRUE
nwkAddressMap	0xA3	设置	可变	把当前的 64 位 IEEE 设置到 16 位网络地址表内	未设置
nwkTimeStamp	0xA4	布尔型	TRUE 或 FALSE	确定输入输出数据包是否提供一个时间表示的标志：TURE＝提供时间表示；FALSE＝未提供时间表示	FALSE

参考文献

[1] CC2430 A True System－on－Chip solution for 2.4 GHz IEEE 802.15.4 / ZigBee[OL]. http://www.chipcon.com，www.TI.com.

[2] CC2520 2.4 GHz IEEE 802.15.4/ZigBee－ready RF Transceiver[OL]. http://www.chipcon.com，www.TI.com.

[3] MSP430x241x，MSP430x261x MIXED SIGNAL MICROCONTROLLER[OL]. http://www.TI.com.

[4] CC2431 System－on－Chip for 2.4 GHz ZigBee/ IEEE 802.15.4 with Location Engine[OL]. http://www.chipcon.com、www.TI.com.

[5] ZigBee Specification 2007[OL]. http://www.zigbee.org.

[6] ZigBee Specification 2006[OL]. http://www.zigbee.org.

[7] IEEE Std 802.15.4 2003[OL]. http://www.zigbee.org.

[8] 8051 IAR Embedded Workbench Help[OL]. http://www.iar.com.

[9]解析 ZigBee 堆栈架构[OL]. http://www.eetchina.com/ART_8800403003_640279_1fddbe6c.htm.

[10] 如何建立完善的单片机开发实验平台[OL]. http://www.ourmpu.com/mcujx/kfdh00.htm.

[11] 无线定位系统及其发展趋势[J]. 山西电子技术，2006(6).

[12] 贝克. 嵌入式系统中的模拟设计/嵌入式系统译丛[M]. 北京：北京航空航天大学出版社，2005.

[13] 楼然苗. 51 系列单片机设计实例[M]. 北京：北京航空航天大学出版社，2006.

[14] 刘和平，刘钊，郑群英，等. PIC18FXXX 单片机程序设计及应用[M]. 北京：北京航空航天大学出版社，2005.

[15] 郑宝玉，等，译. 现代无线通信[M]. 北京：电子工业出版社，2006.

[16] 周航慈. 单片机应用程序设计技术[M]. 北京：北京航空航天大学出版社，1991.

[17] 北京教育科学研究院. 无线电技术基础[M]. 北京：人民邮电出版社，2005.

[18] 郭兵. SOC 技术原理应用[M]. 北京：清华大学出版社，2006.

[19] 赵阿群，陈少红，赵直，等. 计算机网络基础[M]. 北京：北京交通大学出版社，2005.

[20] 蒋挺，赵成. 紫蜂技术及其应用[M]. 北京：北京邮电大学出版社，2006.

[21] 徐爱钧，彭秀华. 单片机高级语言 C51 Windows 环境编程与应用[M]. 北京：电子工业出版社，2003.

[22] 李文仲，段朝玉. ZigBee 无线网络入门与实战[M]. 北京：北京航空航天大学出版社，2007.

[23] 李文仲，段朝玉. ZigBee2006 无线网络与无线定位实战[M]. 北京：北京航空航天大学出版社，2008.

参考文献

[1] CC2430 A True System-on-Chip solution for 2.4 GHz IEEE 802.15.4/ZigBee[OL]. http://www.chipcon.com;www.TI.com.

[2] CC2520 2.4 GHz IEEE 802.15.4/ZigBee-ready RF Transceiver[OL]. http://www.chipcon.com;www.TI.com.

[3] MSP430x41x MIXED SIGNAL MICROCONTROLLER[OL]. http://www.TI.com.

[4] CC2431 System-on-Chip for 2.4 GHz ZigBee/IEEE 802.15.4 with Location Engine[OL]. http://www.chipcon.com;www.TI.com.

[5] ZigBee Specification 2007[OL]. http://www.zigbee.org.

[6] ZigBee Specification 2006[OL]. http://www.zigbee.org.

[7] IEEE Std 802.15.4-2006[OL]. http://www.zigbee.org.

[8] 8051 IAR Embedded Workbench Help[OL]. http://www.iar.com.

[9] [illegible] ZigBee [illegible][OL]. http://www.[illegible].com/ART_8800408008_[illegible].htm.

[10] [illegible][OL]. http://www.[illegible].htm.

[illegible] 2006(6).

[12] [illegible]. 北京：北京航空航天大学出版社，2005.

[13] [illegible][M]. 北京：[illegible]出版社，2006.

[14] [illegible]

[15] [illegible]

[16] [illegible][M]. 北京：北京航空航天大学出版社，[illegible].

[17] [illegible]技术基础[M]. 北京：人民邮电出版社，[illegible].

[18] [illegible] SOC 技术基础与应用[M]. 北京：清华大学出版社，2006.

[19] [illegible][M]. 北京：北京交通大学出版社，2005.

[20] [illegible][M]. 北京：北京航空航天大学出版社，[illegible].

[21] [illegible] C51 Windows 环境编程与应用[M]. 北京：[illegible]工业出版社，[illegible].

[22] [illegible]入门与实践[M]. 北京：北京航空航天大学出版社，2002.

[23] [illegible][M]. [illegible]出版社，2008.